한 번 읽으면
절대 잊을 수 없는
생물 교과서

일러두기
- 이 책의 내용은 일본의 교과과정을 전제로 설명하고 있으며, 한국의 교과과정과는 다를 수 있습니다.

한 번 읽으면
절대 잊을 수 없는
생물 교과서

야마카와 요시테루 지음 | 정한뉘 옮김

시그마북스

한 번 읽으면 절대 잊을 수 없는
생물 교과서

발행일 2025년 12월 1일 초판 1쇄 발행
지은이 야마카와 요시테루
옮긴이 정한뉘
발행인 강학경
발행처 시그마북스
마케팅 정제용
에디터 최연정, 최윤정, 양수진
디자인 김문배, 강경희, 정민애

등록번호 제10-965호
주소 서울특별시 영등포구 양평로 22길 21 선유도코오롱디지털타워 A402호
전자우편 sigmabooks@spress.co.kr
홈페이지 http://www.sigmabooks.co.kr
전화 (02) 2062-5288~9
팩시밀리 (02) 323-4197
ISBN 979-11-6862-425-2 (03470)

ICHIDO YONDARA ZETTAI NI WASURENAI SEIBUTSU NO KYOKASHO
Copyright ⓒ 2025 by Yoshiteru Yamakawa
All rights reserved.
Original Japanese edition published by SB Creative Corp.
Korean translation rights ⓒ 2025 by Sigma Books
Korean translation rights arranged with SB Creative Corp., Tokyo
through EntersKorea Co., Ltd. Seoul, Korea

이 책의 한국어판 저작권은 (주)엔터스코리아를 통해 저작권자와 독점 계약한 시그마북스에 있습니다.
저작권법에 의하여 한국 내에서 보호를 받는 저작물이므로 무단전재와 무단복제를 금합니다.

파본은 구매하신 서점에서 교환해드립니다.

* **시그마북스**는 (주)시그마프레스의 단행본 브랜드입니다.

| 들어가며 |

생명과학은 하나의 이야기!

"**생명과학은 처음부터 끝까지 암기하는 과목이야.**"

혹시 여러분도 이렇게 생각하고 있으신가요?

분명 고등학교 생명과학 핵심 용어는 500여 개나 됩니다. 생명 현상은 매우 복잡하고 다양해서 간단한 수식으로 정리할 수 없습니다. 그래서 이해하는 데 필요한 최소한의 용어와 현상을 어느 정도 알고 있어야, 용어들을 조합해서 복잡한 내용을 이해할 수 있습니다.

예를 들어 '유전체'라는 개념을 이해하려면 먼저 DNA의 분자 구조를 알아야 합니다. 그리고 DNA를 이해하려면 일정 수준의 화학 지식이 필요합니다. 이처럼 근본적인 내용까지 파고들다 보면 다른 학문의 지식까지 수평적으로 공부하게 되는 구조야말로 생명과학의 특징입니다. 사칙연산만 알면 쉬운 문제부터 차근차근 풀어나갈 수 있는 수학과는 대조적이지요.

고등학교 생명과학을 배우다가 좌절한 사람은 대부분 기초 개념을 배우는 단계에서 흥미를 잃고, 그 너머에서 기다리고 있는 진짜 재미를 발견하기 전에 돌아섰을 것입니다.

하지만 저는 **생명과학을 단순히 용어만 외우는 지루한 과목으로 단정 짓기에는 아깝다고 생각합니다. 왜냐하면 생명 현상에는 일상을 바라보는 시각이 한순간에 뒤바뀔 만큼 재미있고 흥미로운 진실이 숨어 있거든요.**

교단에 선 사람으로서 저는 어떻게 해야 외워야 할 기초 개념을 최소화하면서도 생명 현상의 재미를 최대한 전달할 수 있을지 고민해왔습니다. 그리고 이를 위한 방법을 고안해 평소 수업에서도 가르치는 마음가짐을 책에 담았습니다. 구체적으로는 다음과 같습니다.

① 생명 현상을 '인간' 중심의 이야기로 이해하기

단어장에 있는 영어 단어를 위에서부터 차례대로 외우는 것만큼 지루한 것도 없습니다. 마찬가지로 생명 현상도 용어의 정의부터 외우는 대신 하나의 이야기로 생각하면 어떨까요? 그리고 그 생명 현상이 '우리와 어떻게 관련되어 있을지'에 초점을 맞추어 인간 중심의 과학으로 바라보면 어떨까요?

② 예외는 생각하지 않기

생명과학에도 정리와 법칙은 있습니다. 하지만 물리학이나 화학과 달리 법칙에 어긋나는 예외가 수없이 많지요. 그렇다고 법칙과 예외를 한꺼번에 외우려 하면 처음 배우는 사람은 헷갈릴 뿐입니다. 그래서 예외는 비중을 줄이거나 아예 생략했습니다.

③ 때로는 과감하게 목적론적으로 설명하기

생명과학, 특히 진화학을 목적론적으로 설명하면 오류가 많습니다. 가령 "새는 하늘을 날기 위해 날개를 발달시켰다"라는 설명은 옳지 않습니다. 올바른 설명은 "새의 조상 중 날개가 있는 개체가 환경에 적응했고, 그 형질이 자손에게 전해졌다"입니다. 생물은 의지와 목적을 가지고 진화하지 않기 때문입니다. 하지만 이런 설명은 머릿속에 바로바로 들어오지 않겠지요. 그래서 이 책에서는 심각한 오류가 생기지 않는 범위에서 목적론적인 설명도 포함했습니다.

『한 번 읽으면 절대 잊을 수 없는 생물 교과서』는 과거에 생명과학을 배우다가 포기한 사람이나 한 번도 생명과학에 관심을 가진 적이 없는 사람에게도 자신 있게 추천할 수 있도록 쓴 책입니다. 독자 여러분이 이 책을 읽고 생명과학의 진정한 재미를 발견하기를 바랍니다.

야마카와 요시테루

차례

들어가며	생명과학은 하나의 이야기!	6
Homeroom ①	생명과학이 싫어지는 이유	12
Homeroom ②	생명과학을 배울 때는 인간이 주인공인 이야기로!	13
Homeroom ③	생명과학은 왜 배워야 할까?	16

제1장 세포생물학

생물의 다양성	다양성과 공통성: 생물의 상반된 특징	18
생물의 진화	진화란 무엇일까?	20
생물의 공통성	모든 생물의 공통 특징	22
인류의 진화	인류는 어떻게 진화했을까?	24
세포의 구조	원핵세포와 진핵세포	29
생물과 에너지	에너지는 어디서 만들어질까?	34
호흡과 광합성	생물의 호흡과 식물의 광합성	37

발효	세포 호흡이 아니어도 ATP를 얻을 수 있다!	41
대사와 효소	대사를 담당하는 효소	43

제2장 분자생물학

유전	형질은 어떻게 부모에서 자식에게 전해질까?	50
DNA	DNA란 무엇일까?	54
유전자의 본체	유전 정보를 담당하는 물질의 정체	60
DNA의 복제	DNA는 어떻게 복제될까?	67
DNA의 분배	체세포 분열과 감수 분열	73
유전자와 단백질	유전자는 단백질의 설계도	84
유전자의 발현	유전 정보를 바탕으로 단백질이 합성되는 과정	96
유전체	유전체란 무엇일까?	110

제3장 생리학

몸속 환경과 항상성	신체 기능의 조절	130
신경계	신경계를 통한 정보 전달과 조절	136
내분비계와 호르몬	내분비계를 통한 정보 전달과 조절	143
혈당 조절	혈당은 어떻게 조절될까?	150
체온 조절의 원리	체온은 어떻게 일정하게 유지될까?	157

제4장 면역학

혈액 응고	혈액 응고의 원리	162
생체 방어	면역 반응	168
획득 면역	획득 면역의 원리	176
면역과 질병	면역 반응 때문에 병에 걸린다고?	184

면역과 의료	의료에 응용되는 면역의 원리 189
자기와 비자기	자기와 비자기를 구분하는 원리 200
면역 반응과 항암 치료	항암 치료에 활용하는 면역 반응 207

제5장 생태학

식생	식생과 환경 214
천이	식생은 어떻게 변할까? 220
바이옴	바이옴을 결정하는 기온과 강수량 226
생물 다양성	생태계와 생물의 다양성 231
생태계의 균형	생태계의 균형과 보전 247
인간 활동	인간 활동과 생태계 253

나오며 _ 266
주요 참고문헌 _ 270

한 번 읽으면 절대 잊을 수 없는 생물 교과서 | Homeroom ①

생명과학이 싫어지는 이유

이 책은 일본 고등학교 생명과학 교과서의 기초 내용을 따릅니다. 그렇다면 교과서를 읽으면 되는 거 아니냐고 생각하실지도 모르겠네요. 분명 최신 교과서는 화려한 풀 컬러에 최신 정보가 가득 담겨 있어 생명과학을 배우기에 더할 나위 없이 좋지요.

하지만 교과서는 두 가지 큰 장벽이 있습니다.

첫 번째는 용어와 문체입니다. 고등학교 과학 교과서는 중학교 교육 과정을 바탕으로 심화 내용을 다룹니다. 즉 중학교 과학을 이해하고 있다는 걸 전제로 합니다. 따라서 **그 분야에서 따르기로 약속한 용어와 배경을 모르면 교과서를 읽어도 문장을 이해할 수 없습니다.**

그리고 교과서는 특성상 사실에 충실합니다. 생명 현상을 오해 없이 올바르게 설명하기 위해 적절한 어구와 표현을 구사하다 보니 문장은 정확해도 어투가 딱딱해진다는 문제가 있습니다. 아무리 공부를 위해서라지만 계약서나 취급 설명서에서 볼 법한 문장을 오랫동안 읽고 있자면 지칠 만도 하지요.

그래서 이 책에서는 가능한 한 쉬운 표현으로 생명 현상을 설명했습니다. 그리고 오해가 생길 만한 과학 용어는 아무리 기초적인 용어라 해도 나올 때마다 설명을 덧붙였습니다. 난해한 현상을 설명할 때는 과감한 비유를 들기도 했습니다. 모두 제가 입시 학원에서 학생들을 가르칠 때 실천하는 수업 방식이랍니다. 학생들이 심리적 부담 없이 즐거운 마음으로 수업을 들으면서 새로운 지식을 배우길 바라거든요.

| 한 번 읽으면 절대 잊을 수 없는 생물 교과서 | Homeroom ② |

생명과학을 배울 때는 인간이 주인공인 이야기로!

고등학교 교과서를 읽을 때 느끼는 또 다른 장벽은 **각 분야가 확실하게 구분되어 있고, 그 사이의 연계를 느끼기 힘들다는 점**입니다. 교과서는 한 권 안에 서로 다른 이야기들이 섞여 있는데, 이는 **대학에서 배우는 생명과학의 기초 과목인 세포생물학, 분자생물학, 생리학, 면역학, 생태학을 한 권으로 압축하면서 생긴 부작용**입니다.

이 때문에 교과서에서는 내용이 바뀔 때마다 주인공도 바뀝니다. 이를테면 세포생물학과 분자생물학에서는 수많은 생물이 주인공이지만, 생리학과 면역학의 주인공은 인간이고, 생태학에서는 다양한 동식물과 미생물까지도 주인공이 됩니다. 애초에 생명과학이라는 학문은 인간만 중요시하는 게 아니라 모든 생물을 동등하게 연구하는 학문이므로 주인공이 계속 바뀌는 게 당연하다면 당연하지만, 배우는 사람의 이해를 방해하는 요인이기도 합니다.

그래서 **이 책에서는 모든 분야의 주인공을 인간으로 두었습니다.** 분자생물학은 인간의 유전체를 중심으로 설명하고, 생태학은 인간과 다른 생물의 관계, 그리고 인간과 환경의 관계를 중심으로 설명했습니다. 생명과학을 현실과 동떨어진 이론이 아니라 우리 주변에서 일어나는 현상을 다루는 학문으로 바라볼 수 있도록 노력했습니다. 일관된 이야기로 재구성한 내용을 한 번 읽고 나면 확실히 머릿속에 각인될 것입니다.

그림 H-1 주인공이 계속 바뀌는 고등학교 교과서

제1장 세포생물학
주인공은 모든 생물
- 생물의 특징
- 에너지와 대사

제2장 분자생물학
주인공은 모든 생물
- 유전체와 DNA
- 유전 정보의 복제와 분배
- 유전 정보의 발현

제3장 생리학
주인공은 인간
- 체액의 작용
- 몸 안에서 일어나는 정보 전달과 조절 작용

제4장 면역학
주인공은 인간
- 생체 방어
- 면역의 원리
- 면역과 질병

제5장 생태학
주인공은 모든 생물
- 식생과 천이
- 바이옴
- 생태계와 생물 다양성
- 생태계의 균형과 보전

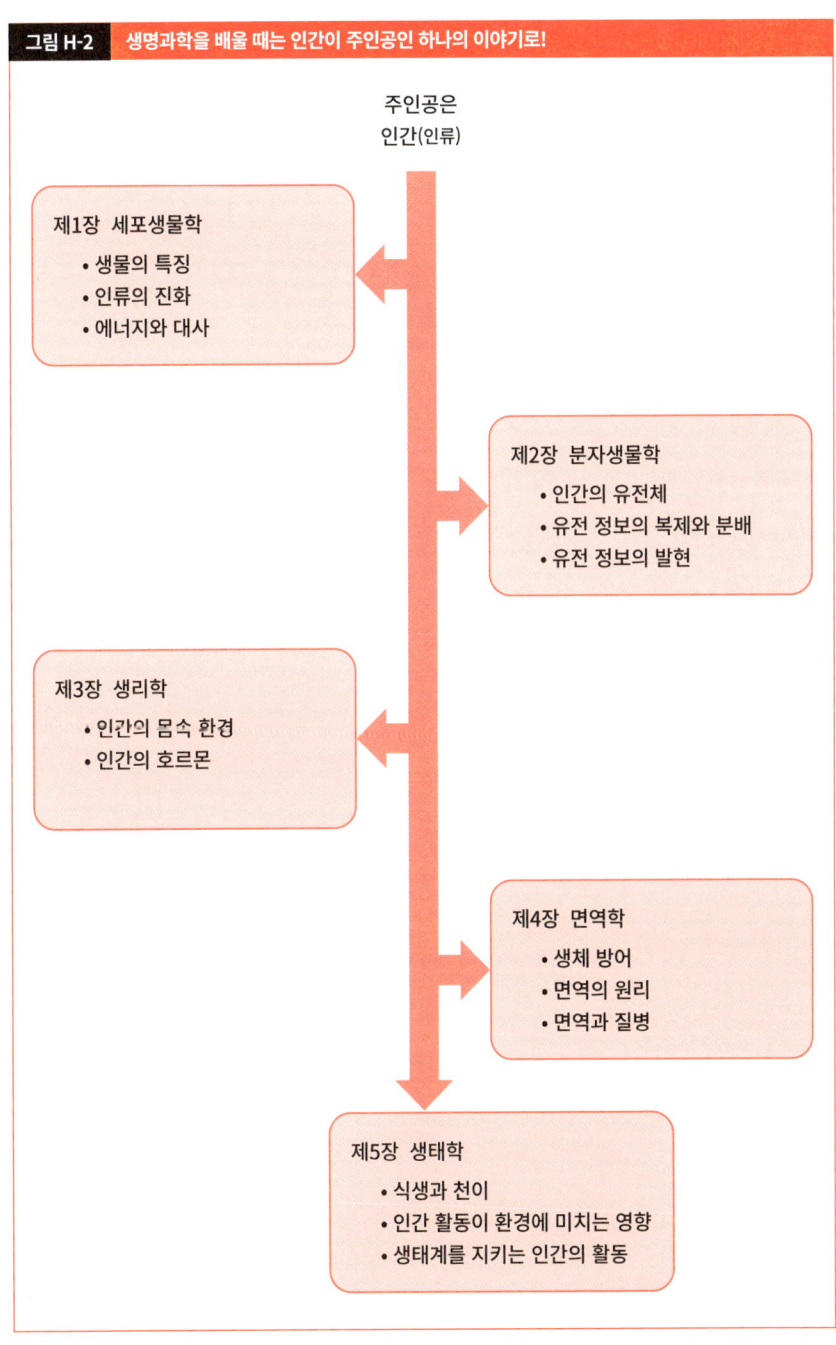

| 한 번 읽으면 절대 잊을 수 없는 생물 교과서 | | Homeroom ③ |

생명과학은 왜 배워야 할까?

시간이 갈수록 생명과학의 중요성이 주목받고 있습니다. 신문이나 뉴스에서 유전체 편집, 자가 면역 질환, 온실 효과, 생물 다양성 감소 등에 관한 소식을 접한 분도 있을 텐데요. 모두 생명과학과 관련된 키워드지요. 생명과학은 우리 생활과 밀접한 관련이 있는 주제입니다. 그리고 생명과학을 배우면 우리 주변에서 일어나는 일은 물론 인류가 끌어안고 있는 문제까지 깊이 있게 이해할 수 있습니다.

 이 책은 대학에서 문과를 전공한 사람, 혹은 이과를 전공했지만 생명과학을 배우지 않은 사람, 생명과학을 이수했지만 내용을 잊어버린 사람을 위한 책입니다. 그러나 기초부터 생명과학을 차근차근 배우는 단순한 입문서는 아닙니다. 기초를 배우는 동시에 최신 지식과 응용, 그리고 인류가 안고 있는 문제까지 다루고자 합니다. 거창하게 들릴지도 모르지만, 마지막까지 읽고 책을 덮을 때쯤이면 인류가 직면한 문제를 자기 일처럼 생각하게 될 것입니다.

제 1 장

세포
생물학

| 제 1 장 | 세포생물학 | 생물의 다양성 |

다양성과 공통성: 생물의 상반된 특징

 지구상에는 수천만 종의 생물이 살고 있다

지구에는 다양한 환경이 존재하고, 저마다 환경에 적응하여 살아가는 생물들이 있습니다. 대체 지구에는 얼마나 많은 종류의 생물이 있을까요?

현재 **학명**(생물학에서 정한 분류에 따른 생물의 이름)이 붙은 생물 **종**만 추려도 190만 종으로 확인되었고, 아직 학명이 없는 종까지 포함하면 지구상에 존재하는 생물 종은 수천만에 이를 것으로 추정됩니다.

 종이란 무엇일까?

종이라는 용어를 여러분도 한 번쯤은 들어본 적이 있을 텐데요. 생물학을 배우면서 '종'은 꼭 배워야 하는 개념이지만, 그렇게 어려운 용어가 아니랍니다. 연구자들 사이에서도 '종'의 정의를 두고 의견이 나뉘곤 하거든요. 대체로 "형태적, 생리적 특징에 의해 다른 생물군과 구별되는 생물군"을 종이라고 합니다. 하지만 이대로라면 관찰하는 사람의 주관에 따라 분류가 달라질 텐데요. 더 명확한 정의는 없을까요?

일본 고등학교 생명과학 교과서에서는 종을 **"자연 상태에서 짝짓기하여 생식 능력이 있는 자손을 낳을 수 있는 생물군"**으로 정의합니다. 여기서 포인트는 "생식 능력이 있는 자손"인데요. 예를 들어 암말과 수탕나귀의 잡종인 노새는 생식 능력이 없어 자손을 만들지 못하므로

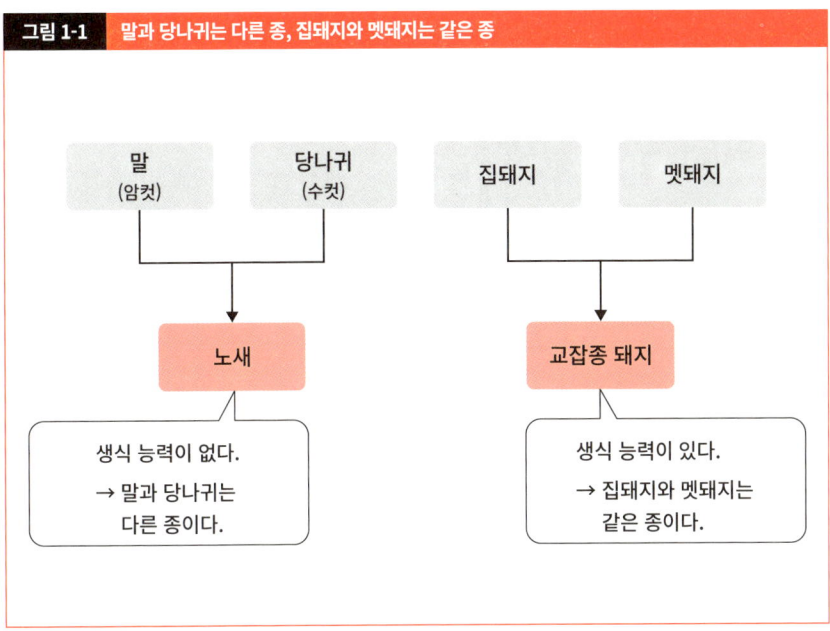

그림 1-1　말과 당나귀는 다른 종, 집돼지와 멧돼지는 같은 종

말과 당나귀는 서로 다른 종으로 구분합니다. 그렇지만 집돼지와 멧돼지의 잡종은 생식 능력이 있으므로 집돼지와 멧돼지는 같은 종입니다.

　자연 상태에서는 짝짓기하지 않거나, 짝짓기해도 생식 능력이 있는 자손이 태어나지 않는 상태를 **생식적 격리**라고 합니다. 이 생식적 격리가 성립하는지가 종을 구분하는 가장 보편적인 기준입니다.

　이처럼 종의 정의는 명확하지만, 허점도 있습니다. 정의에 따르면 짝짓기는 **유성 생식**(정자와 난자의 수정으로 개체가 만들어지는 현상)으로 유전자가 교환되는 현상을 가리키는데, 원핵생물(29쪽)처럼 유성 생식하지 않는 생물에게는 이 정의를 적용할 수 없습니다. 그래서 원핵생물은 종을 분류할 때 DNA의 염기 서열을 비교하는 방식을 따릅니다.

　이처럼 종의 정의는 하나가 아니며, 오늘날에는 스무 개가 넘는 정의 중에서 분류군이나 연구 목적에 맞게 구별하여 사용합니다.

제 1 장 | 세포생물학　　　　　　　　　　　　　　　　　　　| 생물의 진화

진화란 무엇일까?

🧬 헷갈리기 쉬운 진화의 정의

진화란 **생물의 형질(생물의 형태와 성질)이 다음 세대로 전해지는 과정에서 변하는 현상**입니다. 영화나 애니메이션을 보면 등장인물이나 괴물이 특별한 형태와 능력을 얻는 장면에서 '진화'라는 표현을 쓰곤 합니다. 예를 들어 "제2 형태에서 제3 형태로 진화했다!"라는 식으로요. 하지만 여기서 사용하는 '진화'는 올바른 표현이 아닙니다. 왜냐하면 **진화는 개체 단위에서 일어나지 않기 때문입니다.** 진화는 부모에서 자식으로, 자식에서 손주로 형질이 전해지는 과정에서 형질이 서서히 변하는 현상입니다. 개체가 어떠한 노력과 수행 끝에 얻은 '발전' 혹은 '변화'는 획득 형질이라고 하며, 유전되지 않으므로 진화와 상관이 없습니다. 앞의 대사를 생물학적으로 맞게 고치면 "제2 형태에서 제3 형태로 **변태**했다!"가 되겠네요. 그리고 진화에 관한 또 다른 오해를 풀자면, **진화는 반드시 능력이 뛰어나고 기능이 많은 개체가 되는 방향으로 이루어지지는 않는답니다.** 생물이 환경에 적응하는 과정에서 필요한 형질은 발달하고, 불필요한 형질은 퇴화하기도 합니다.

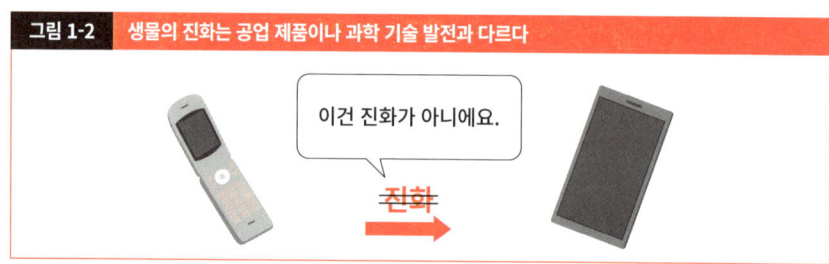

그림 1-2　생물의 진화는 공업 제품이나 과학 기술 발전과 다르다

이건 진화가 아니에요.

진화

🧬 생물의 다양성은 진화의 결과

지구에 다양한 종의 생물이 존재하는 이유는 진화 과정에서 조상에게 없던 형질을 가진 새로운 종이 나타나 다양한 환경에 적응해왔기 때문입니다.

다음 그림은 척추동물의 진화를 나타낸 도표입니다. 이처럼 생물이 진화해 온 경로를 **계통**, 계통을 나뭇가지처럼 나타낸 그림을 **계통수**라고 합니다.

계통수를 보면 척추동물의 공통 조상으로부터 어류, 양서류, 파충류, 조류, 포유류가 갈라져 나왔음을 알 수 있습니다. 어류부터 포유류에 척추가 있는 이유는 척추가 있다는 공통 조상의 특징을 계승했기 때문입니다. 마찬가지로 양서류, 파충류, 조류, 포유류에 팔다리가 달린 이유도 팔다리가 달려 있다는 특징을 공통 조상으로부터 이어받았기 때문입니다.

이처럼 계통수를 보면 종이 갈라져 나와도 진화 과정에서 획득한 특징을 그대로 이어받았음을 알 수 있습니다.

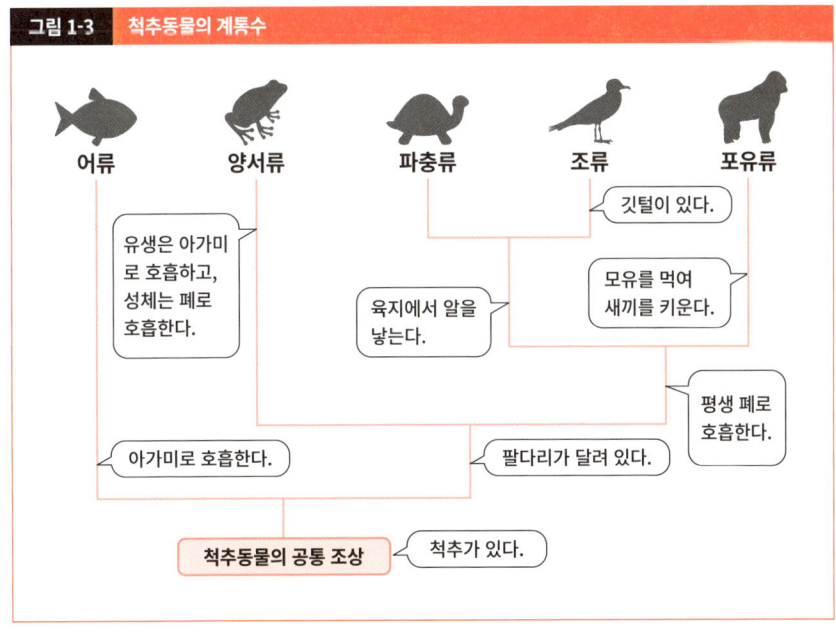

그림 1-3 척추동물의 계통수

| 제 1 장 | 세포생물학　　　　　　　　　　　　　　　　　　　　　　　　　| 생물의 공통성

모든 생물의 공통 특징

 같은 조상에서 진화한 생물의 공통 특징

모든 생물은 공통 조상에서 갈라져 나와 진화했습니다. 그래서 생물은 다음과 같은 특징을 공통으로 가지고 있습니다.

① **세포로 이루어져 있다.** 모든 생물의 몸은 세포로 이루어져 있습니다. 생물은 몸이 하나의 세포로 이루어진 단세포 생물과 여러 개의 세포로 이루어진 다세포 생물로 나뉩니다.

② **유전 정보로 DNA를 가진다.** 생물의 형질을 결정하고 생명 활동을 관장하는 물질은 단백질인데, 이는 유전 정보를 바탕으로 만들어집니다. 이 유전 정보는 DNA에 담겨 있습니다.

③ **자신과 같은 종류의 개체를 만든다.** 생물은 자신과 같은 종류의 개체, 즉 자식을 만들어 형질을 물려줍니다. 이때 난자 또는 정자라는 생식 세포를 통해 부모에서 자식에게 DNA가 전해집니다.

④ **에너지를 이용한다.** 생물이 생명 활동을 하려면 에너지가 필요합니다. 생물은 유기물을 분해할 때 생기는 에너지를 추출해서 생명 활동에 이용합니다. 세포에서 일어나는 일련의 화학 반응에는 ATP(35쪽)라는 물질이 관여하는데, 이는 모든 생물의 공통점입니다.

⑤ **몸 상태를 일정하게 유지한다(항상성).** 생물은 외부 환경 변화와 상관없이 몸 상태를 일정하게 유지하려 합니다.

⑥ **진화한다.** 유전 정보는 항상 그대로가 아닙니다. 세대를 넘어 전해지는 동안 조금씩 조금

씩 변하지요. 그리고 이러한 변화가 생물의 진화를 이끄는 원동력입니다.

바이러스는 생물일까?

독감이나 신종 코로나바이러스 감염증(COVID-19) 같은 질병을 일으키는 원인은 **바이러스**입니다. 여러분도 평소 종종 들어서 익숙할 바이러스도 생물이라고 할 수 있을까요?

바이러스는 유전 정보를 담당하는 유전 물질이 단백질 껍질에 둘러싸인 구조의 입자로, **세포 구조가 없습니다.** 그리고 바이러스는 물질을 분해해서 에너지를 얻는 **생명 활동을 하지 않고,** 분열하며 증식하는 세포와 달리 **스스로 분열해서 증식하지도 않습니다.** 그렇다면 바이러스는 어떻게 증식할까요?

정답은 **"숙주의 세포에 기생해서 세포의 복제 시스템과 에너지를 이용해 자신의 복제를 만들도록 한다"**입니다. 그래서 **유전 물질만큼은 바이러스 고유의 것입니다.** 다만 모든 바이러스가 유전 물질로 DNA를 가지지는 않습니다. RNA(54쪽)를 지닌 바이러스도 있습니다. 이러한 특징 때문에 과학자들은 바이러스를 생물과 무생물의 경계에 걸친 존재로 간주합니다.

예) DNA를 지닌 바이러스: 박테리오파지, 헤르페스 바이러스

RNA를 지닌 바이러스: 에이즈 바이러스, 신종 코로나바이러스

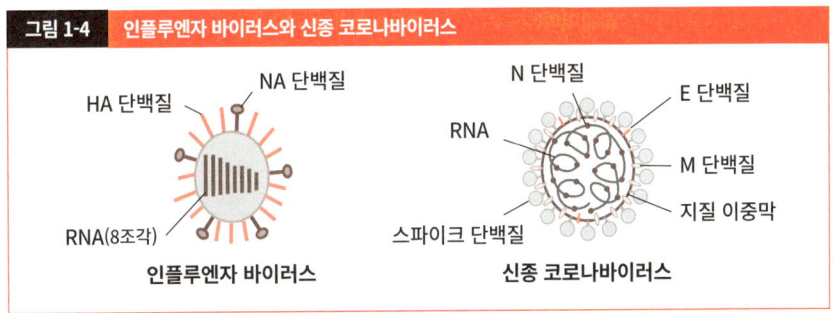

그림 1-4 인플루엔자 바이러스와 신종 코로나바이러스

| 제 1 장 | 세포생물학 | | 인류의 진화 |

인류는 어떻게 진화했을까?

나무 위 생활에 적응한 포유류: 영장류의 탄생

이번에는 인류가 어디서 왔는지 살펴볼까요? 인류의 조상은 포유류 중에서도 나무 위 생활에 적응한 **영장류**(원숭이의 사촌)에서 유래했습니다. 영장류의 조상은 수천만 년 전, 오늘날의 투파이아(나무두더지)와 닮은 원시 식충류에서 갈라져 나온 것으로 추정됩니다.

　영장류의 가장 큰 특징은 발가락 형태입니다. 엄지발가락이 다른 발가락 쪽으로 구부러져 나뭇가지를 꽉 잡을 수 있는 구조인 **맞서는 엄지**(Opposable thumb)가 발달했고, 이에 따라 투파이아 같은 갈고리발톱이 아니라 **평평한 발톱**이 되었습니다. 그리고 두 눈이 얼굴 앞에 있어 입체시가 가능하므로 가지에서 다른 가지로 날아다니는 데 유리합니다. **영장류의 신체적 특징은 나무 위 생활에 적응한 결과입니다.**

| 그림 1-5 | 영장류의 조상 식충류와 영장류의 차이 |

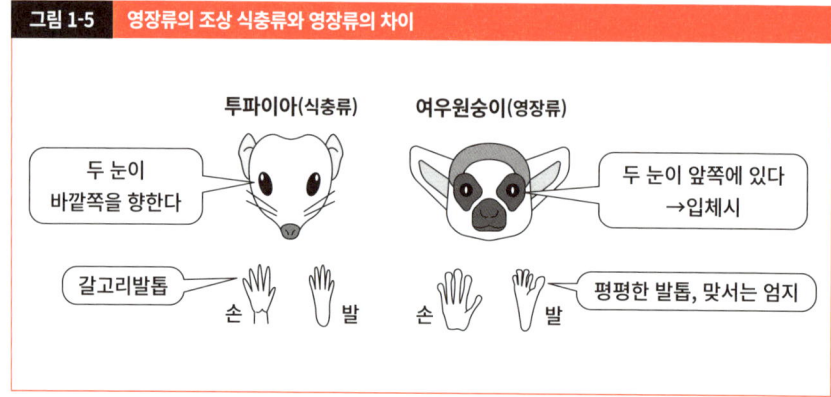

유인원의 탄생

약 2200만 년 전 영장류에서 **유인원**의 조상이 탄생했습니다. 유인원은 다른 영장류보다 비교적 팔이 길고 다리가 짧으며, 꼬리가 없다는 특징이 있습니다. 긴팔원숭이, 오랑우탄, 고릴라, 침팬지 등이 대표적인 유인원입니다. 긴팔원숭이와 오랑우탄은 나무에서 나무로 이동하기 편한 긴 팔과 가동 범위가 큰 어깨 관절을 가지고 있습니다. 반면 침팬지와 고릴라는 **나무 위뿐만 아니라 사족 보행을 하며 지상 생활에도 적응했습니다.** 그렇게 유인원은 생활 영역을 넓혔습니다. 오늘날 유인원 중에서는 침팬지가 인간과 가장 가까운데, 유전체(110쪽)의 98.8%가 상동(공통 조상에서 유래함—옮긴이)이라고 합니다.

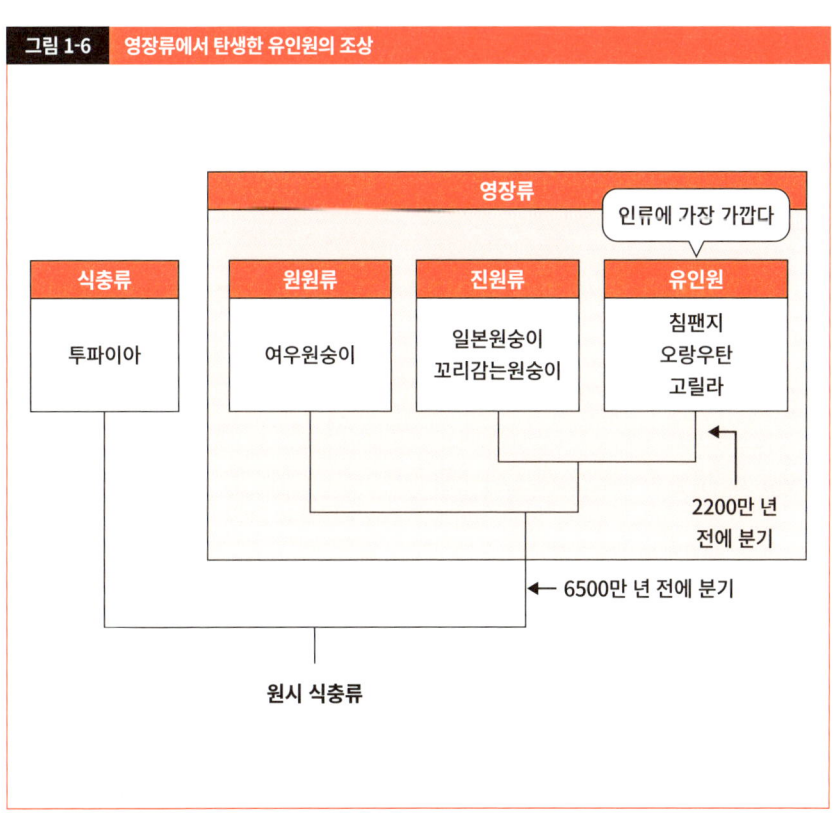

그림 1-6 영장류에서 탄생한 유인원의 조상

초원에 적응한 포유류: 인류의 출현

약 700만 년 전 침팬지와 인간이 나뉘기 전의 공통 조상은 아프리카 열대림에 살았습니다. 아프리카는 900만 년 전부터 건조화가 진행되면서 열대림의 면적이 서서히 줄고 있었죠. 그런 환경 변화 속에서 **사바나에 적응한 종**이 있었으니, 바로 **인류**입니다.

인류는 다른 유인원과 달리 똑바로 서서 뒷다리만으로 걷는 **직립 이족 보행**을 하는 생물입니다. 그래서 발에서 맞서는 엄지가 사라지고, 다섯 발가락이 같은 방향을 향하도록 바뀌었습니다. 그리고 상체의 무게를 지탱할 수 있게 **골반이 옆으로 넓고** 머리뼈와 척추를 연결하는 **큰 구멍**('대후두공'의 순화어-옮긴이)**이 아래를 향하는데,** 모두 직립 이족 보행에 유리한 형질입니다.

초기 인류는 사바나에서 동물을 사냥하며 살았습니다. 열대 초원을 오랫동안 걸어 다니면 체온이 올라가므로 열을 내보내기 위해 땀샘이 발달했고, 땀이 빠르게 증발하도록 몸에 난 털도 점점 사라졌습니다. 몸집이 상대적으로 작은 인류의 조상은 사바나의 맹수 앞에서 연약한 존재에 불과했을 겁니다. 그래서 이들은 집단으로 사냥하기 위해 목소리로 의사소통하는 법을 익히게 되었습니다. 한편 이족 보행을 하면서 자유로워진 손에는 맞서는 엄지가 남아 있었는데, 정교한 손가락은 도구를 만드는 데 적합했습니다. 대뇌가 발달한 인류는 언어를 배우고 문화를 발전시켰습니다.

초기 인류 오스트랄로피테쿠스

가장 오래된 인류 화석은 중앙아프리카 차드의 약 700만 년 전 지층에서 발견된 사헬란트로푸스 차덴시스의 화석입니다. 공통 조상에서 막 갈라져 나온 초기 인류는 아프리카에서 활동 지역을 서서히 넓혀 나갔습니다. 그리고 약 420만 년 전, **오스트랄로피테쿠스**가 등장했습니다. 오스트랄로피테쿠스의 화석은 동아프리카와 서아프리카에서도 다수 발견되었습니다. 이들은 뇌 용량이 고릴라와 거의 같고 안와상융기(눈 위쪽 뼈가 튀어나온 구조)가 발달하여 머리는 유인원에 가까웠지만, 유인원과 달리 송곳니는 퇴화했습니다.

🧬 호모 에렉투스에서 네안데르탈인, 호모 사피엔스까지

약 240만 년 전에는 **호모 하빌리스**와 **호모 에렉투스**라는 종이 등장했습니다. 이들은 오스트랄로피테쿠스보다 상대적으로 팔이 짧고 다리가 길었는데, 이는 숲과 사바나를 오갔던 오스트랄로피테쿠스와 달리 **호모 하빌리스와 호모 에렉투스가 완전히 사바나에 적응했다**는 증거입니다. 이들은 뇌가 훨씬 컸고 더 정교한 도구를 사용했으며, 불을 사용했다는 증거도 발견되었습니다. 이 시기에 인류는 아프리카를 나와 유라시아 대륙으로 진출했습니다.

약 60만 년 전에는 뇌가 한층 큰 인류가 등장했습니다. 그중에서도 약 30만 년 전에 나타난 **네안데르탈인(호모 네안데르탈렌시스)**은 아프리카를 나와 유럽과 중동을 중심으로 영역을 넓혔습니다. 네안데르탈인의 뇌 크기는 현생 인류와 거의 같았으며, 집터에서는 죽은 사람을 매장한 흔적도 발견되었습니다.

우리 **현생 인류(호모 사피엔스)**의 직계 조상은 약 20만 년 전 아프리카에서 탄생했습니다. 이들은 약 7만 년~5만 년 전 아프리카에서 유라시아 대륙으로 진출했고, 이후 전 세계로 퍼져나갔습니다. 과거에는 여러 종이 있었지만, 현재는 호모 사피엔스가 유일합니다.

🧬 호모 사피엔스에게도 남아 있는 네안데르탈인 유전체

독일 막스플랑크연구소의 스반테 페보 박사는 약 4만 년 전 네안데르탈인의 뼈에 남아 있던 유전체를 분석했습니다. 호모 사피엔스의 유전체와 비교한 결과, 아프리카인을 제외한 호모 사피엔스는 네안데르탈인의 유전체 중 1~4%를 물려받았다는 사실이 밝혀졌습니다. 이를 근거로 연구자들은 **호모 사피엔스의 조상이 아프리카를 나와 중동 지역에서 네안데르탈인과 교배했다**고 추정하고 있습니다.

그림 1-7 인류 진화의 역사

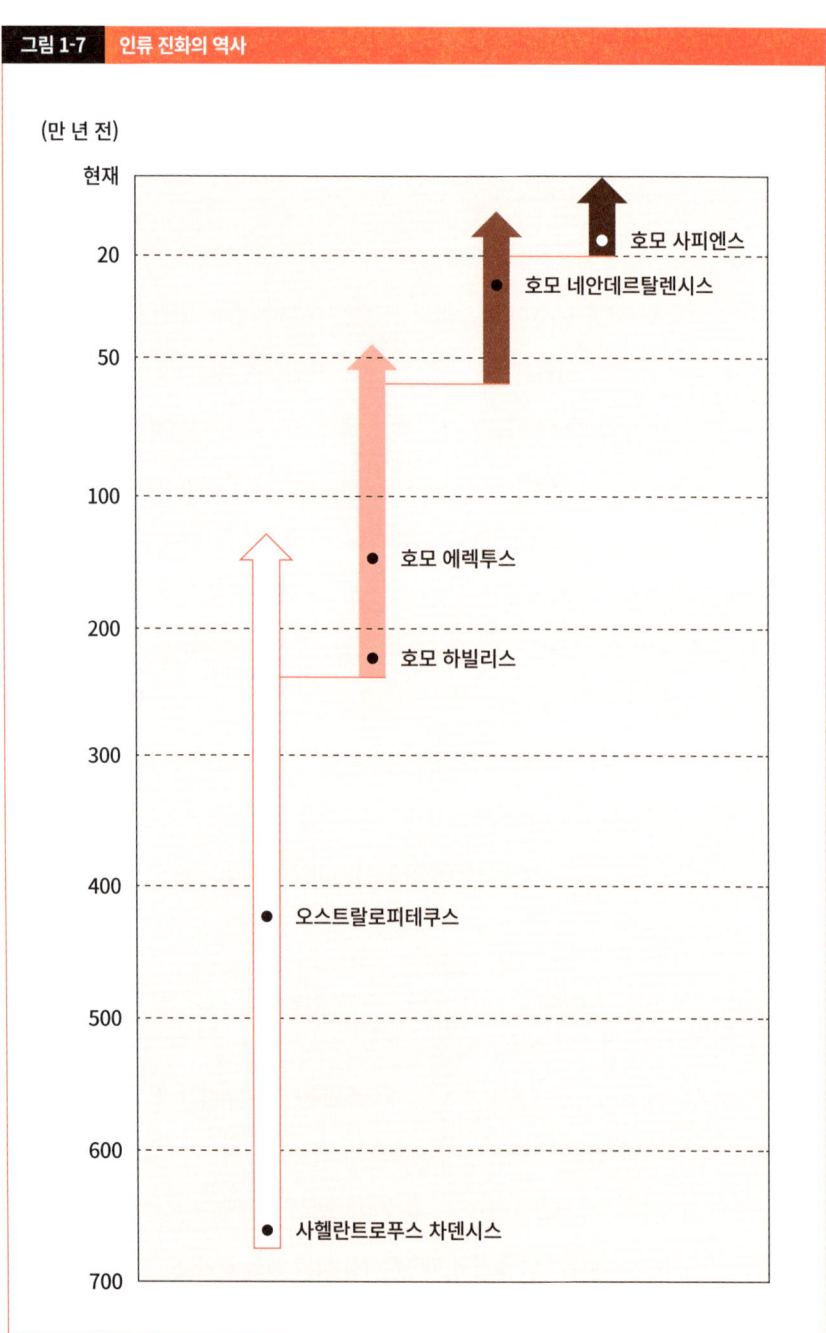

제 1 장 | 세포생물학   세포의 구조

원핵세포와 진핵세포

🔶 구조가 유사한 동물 세포와 식물 세포

이번에는 생물의 몸을 구성하는 세포를 살펴보겠습니다. 세포의 구조만 봐도 종을 뛰어넘은 생물의 공통점과 차이점을 알 수 있습니다. 이를테면 장내세균의 일종인 대장균과 우리 몸의 세포 구조는 확연히 다릅니다. 인간의 세포에는 핵과 미토콘드리아라는 기관이 있지만, 그 자체가 하나의 세포인 대장균에는 없습니다. 반면 식물 세포에는 핵과 미토콘드리아가 있습니다. 그러니까 세포 수준에서 보면 동물과 식물은 닮은 부분이 많은 셈입니다.

　동물 세포와 식물 세포처럼 핵이 있는 세포를 **진핵세포**, 대장균처럼 핵이 없는 세포를 **원핵세포**라고 합니다. 보통 원핵세포는 진핵세포보다 작습니다. 대장균을 인간의 간세포와 비교하면 길이는 10분의 1, 부피는 1,000분의 1밖에 안 됩니다. 인간의 몸을 구성하는 세포는 37조 개인데 몸 안에 장내세균이 100조 마리나 있는 이유는 세균의 세포 크기가 매우 작기 때문이지요.

　원핵세포로 이루어진 생물을 **원핵생물**, 진핵세포로 이루어진 생물을 **진핵생물**이라고 합니다. 원핵생물은 우리 주변에서도 찾을 수 있는데, 대장균을 비롯하여 젖산균, 고초균(발효균), 남세균(남조류) 등이 대표적입니다. 그리고 진핵생물에는 동물, 식물, 그리고 곰팡이와 버섯 같은 균류가 있습니다.

원핵생물: 대장균, 젖산균, 고초균, 남세균
진핵생물: 동물, 식물, 균류

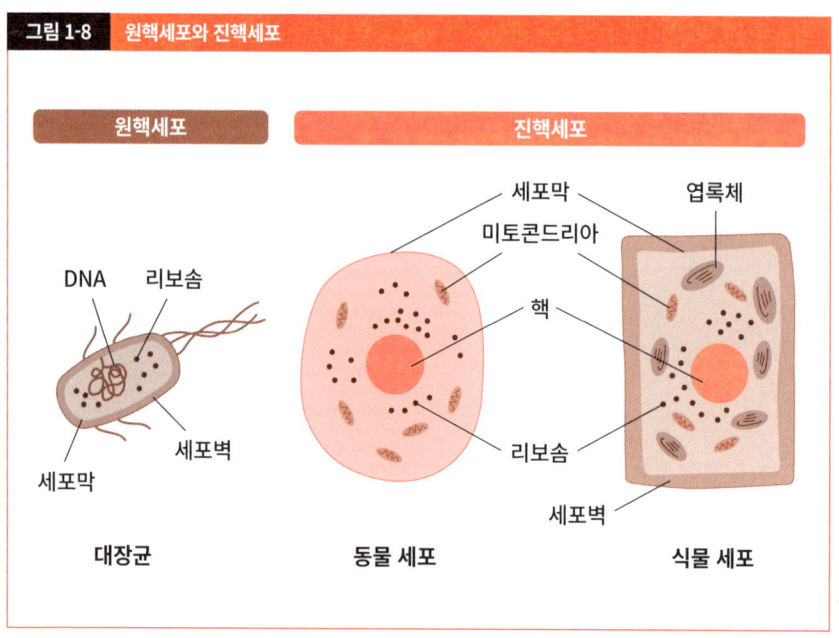

세포 소기관의 역할

세포에는 다양한 기관이 있고, 저마다 특정 역할을 하며 생명 활동에 관여합니다.

진핵세포의 핵에는 DNA와 단백질로 이루어진 **염색체**가 있습니다. 염색체는 유전 정보를 보관하고 발현시키는데, 염색체가 일부 빠지거나 손상되면 세포에 이상이 생기는 만큼 매우 중요한 기관이지요. 미토콘드리아에서 나오는 활성 산소도 염색체가 손상되는 요인 중 하나인데, 핵막(핵을 둘러싼 막)이 염색체를 감싸 활성 산소로부터 염색체를 보호합니다. 따라서 미토콘드리아가 없는 원핵세포에는 핵(핵막)도 없습니다.

미토콘드리아는 세포가 흡수한 유기물을 산화 분해해서 에너지를 만드는 기관입니다. 그러니까 세포의 화력 발전소인 셈이지요. 미토콘드리아에는 미토콘드리아 고유 DNA가 있는데, 이는 미토콘드리아가 원래 독립된 생물이었을 가능성을 뒷받침하는 근거입니다(32쪽, 세포 내 공생).

식물 세포에 존재하는 **엽록체**는 광합성(39쪽)을 담당합니다. 엽록체에도 고유 DNA가 있습니다.

리보솜은 DNA에서 옮겨 적은 유전 정보를 바탕으로 단백질을 만드는 기관입니다. 생물은 단백질이 없으면 살 수 없으므로 리보솜은 원핵생물이든 진핵생물이든 반드시 가지고 있습니다.

세포막은 세포를 감싸 외부로부터 보호합니다. 단순히 세포를 감싸는 데 그치지 않고, 세포에 필요한 물질을 선택적으로 받아들이거나 반대로 불필요한 물질을 내보내는 역할도 합니다. 그리고 세포가 분열할 때 세포의 내용물을 온전히 보존하면서 잘록하게 분리되는 것도 세포막 덕분입니다.

세포벽은 원핵세포와 식물 세포에 있는 구조입니다. 세포막 바깥에서 세포를 감싸 세포가 물을 흡수하여 팽창하거나 파열하지 않도록 막아 줍니다.

그림 1-9 다양한 세포 소기관과 그 역할

세포 소기관	역할	원핵세포	진핵세포 동물세포	진핵세포 식물세포
염색체 (DNA+단백질)	유전 정보를 보관했다가 필요할 때 발현한다	O	O	O
핵(핵막)	염색체를 감싼다	-	O	O
미토콘드리아	유기물을 산화 분해해서 에너지를 만든다	-	O	O
엽록체	광합성을 한다	-	-	O
리보솜	유전 정보를 바탕으로 단백질을 합성한다	O	O	O
세포막	• 세포를 바깥으로부터 보호한다 • 물질을 흡수하거나 배출한다	O	O	O
세포벽	세포가 물을 흡수하여 파열하지 않도록 막는다	O	-	O

O: 세포에 있음   -: 세포에 없음

원래 독립된 생물이었던 미토콘드리아와 엽록체

앞에서도 잠깐 언급했다시피 진핵세포의 **미토콘드리아**와 **엽록체**에는 고유 DNA가 있습니다. 그리고 두 세포 소기관은 모두 이중막으로 둘러싸인 구조입니다. 이러한 특징을 근거로 과학자들은 미토콘드리아와 엽록체가 원래 독립된 원핵생물이었을지도 모른다고 추정하고 있습니다. 산소로 유기물을 분해하는 세균(**호기성 세균**)이 다른 세포에 들어가 미토콘드리아가 되거나 광합성을 하는 세균(**남세균**)이 들어가 엽록체가 되었다는 뜻이지요. 이처럼 세포 안에 다른 세포가 공생하는 현상을 세포 내 공생이라고 합니다. 화석을 비롯한 여러 증거가 발견되면서 지구에 최초로 탄생한 생명은 약 40억 년 전에 나타난 원핵생물로 추정되고 있습니다. 진핵생물은 시간이 한참 지나서 약 20억 년 전에 나타났으며, 이 시기에 세포 내 공생이 일어난 것으로 보입니다.

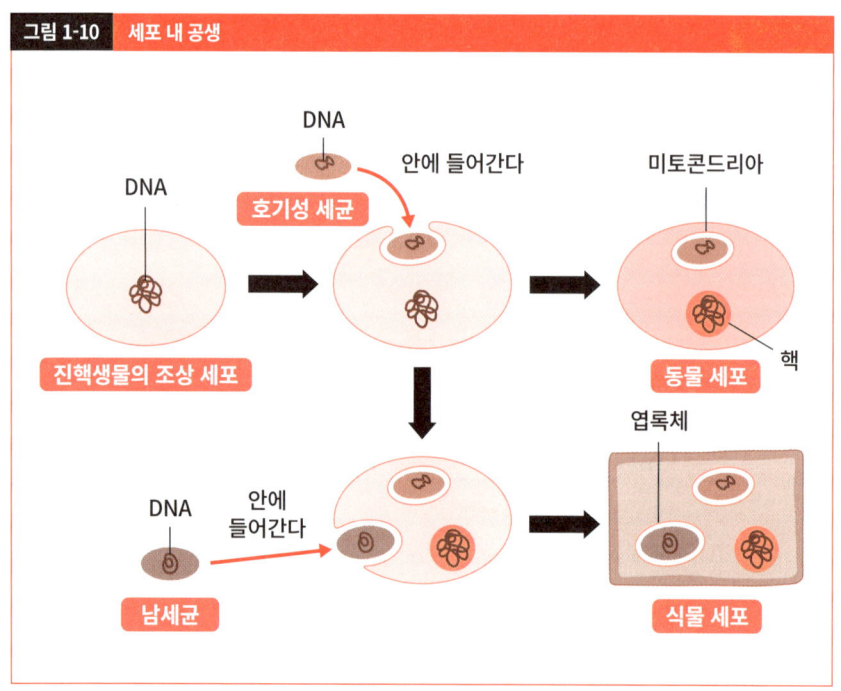

그림 1-10 세포 내 공생

형태와 크기가 다양한 세포

세포는 저마다 형태와 크기가 다릅니다. 맨눈으로도 볼 수 있는 달걀(노른자 부위)과 연어알, 송어알이 대표적입니다. 그리고 해초인 바다포도는 한 알 한 알이 모여 하나의 큰 세포를 이룹니다.

인간 세포의 크기는 대부분 약 10~20㎛이지만, 난세포(150㎛)처럼 맨눈으로 볼 수 있는 세포도 있고 궁둥신경(약 1m)처럼 가늘고 긴 세포도 있습니다. 혈액에 있는 적혈구는 지름이 약 8㎛로 다른 세포보다 작으며, 핵과 미토콘드리아 같은 세포 소기관이 없어 소프트테니스 공처럼 쉽게 모양이 바뀝니다. 이는 막히지 않고 모세혈관을 원활하게 빠져나가는 데 유리한 성질입니다. 이처럼 몸을 이루는 세포(**체세포**)는 저마다 역할에 맞는 크기와 형태를 이루고 있습니다.

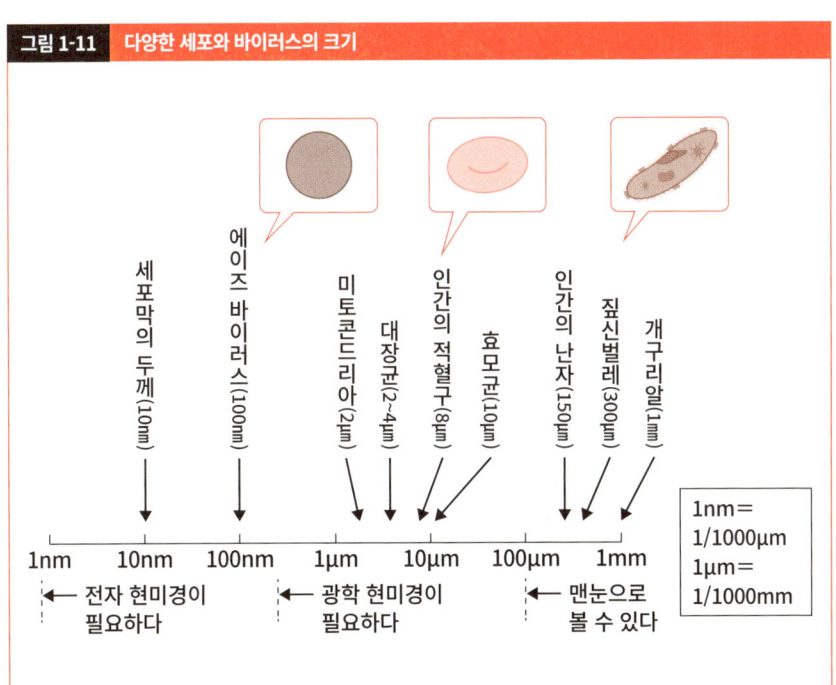

그림 1-11 다양한 세포와 바이러스의 크기

| 제1장 | 세포생물학　　　　　　　　　　　　　　　　　　　　　　　　| 생물과 에너지 |

에너지는 어디서 만들어질까?

 밥을 먹으면 에너지가 생기는 이유는 무엇일까?

생물이라면 모두 에너지를 이용합니다. 사람을 예로 들자면 운동할 때는 물론 쉴 때나 잘 때도 에너지를 소비합니다. 하루에 필요한 에너지는 2,000~3,000kcal인데, 이 에너지는 식사로 얻습니다.

　그렇다면 식사에 포함된 에너지는 어디서 왔을까요? 밥에는 벼가 광합성으로 만든 유기물이 들어 있고, 그 안에는 화학 에너지가 축적되어 있습니다. 다시 말해 **에너지의 근원은 대부분 태양 에너지이고, 식물이 이를 화학 에너지로 바꾸면 우리가 이용합니다.**

　우선 생물과 에너지의 관계를 배우기 전에 중요한 용어를 알아볼까요?

대사: 생체(세포)에서 일어나는 전체적인 화학 반응

동화: 단순한 물질로 복잡한 물질을 합성하는 대사 과정으로 에너지가 흡수

이화: 복잡한 물질을 단순한 물질로 분해하는 대사 과정으로 에너지가 방출

독립 영양 생물: 외부 환경에서 얻은 무기물로 유기물을 합성하는 생물

종속 영양 생물: 독립 영양 생물이 합성한 유기물을 직간접적으로 이용하는 생물

대사와 ATP

대사 반응이 일어날 때는 에너지가 흡수되거나 방출됩니다. 세포에는 대사 반응에서 생긴 에너지를 일시적으로 축적했다가 다른 대사 반응에 이용할 수 있는 물질이 있습니다. 바로 **ATP**(아데노신 삼인산)입니다. ATP는 모든 생물이 가지고 있으며, 에너지 대사를 중개하는 **화폐** 역할을 합니다.

ATP는 당의 일종인 **리보스**와 **아데닌**이라는 염기(물에 녹아 염기성이 되는 물질)가 결합한 구조(아데노신)에 **인산기**가 세 개 결합한 물질입니다. ATP 구조 중 인산기와 인산기의 결합을 **고에너지 인산 결합**이라고 하며, 여기에 에너지가 축적되어 있습니다. 고에너지 인산 결합이 하나 끊어지면 ATP는 **ADP**(아데노신 이인산)와 인산으로 분해되면서 에너지를 방출합니다. 몸 안에서 일어나는 물질의 합성 반응이나 근수축에 필요한 에너지는 거의 전부 ATP가 분해되면서 나오는 에너지에서 충당합니다.

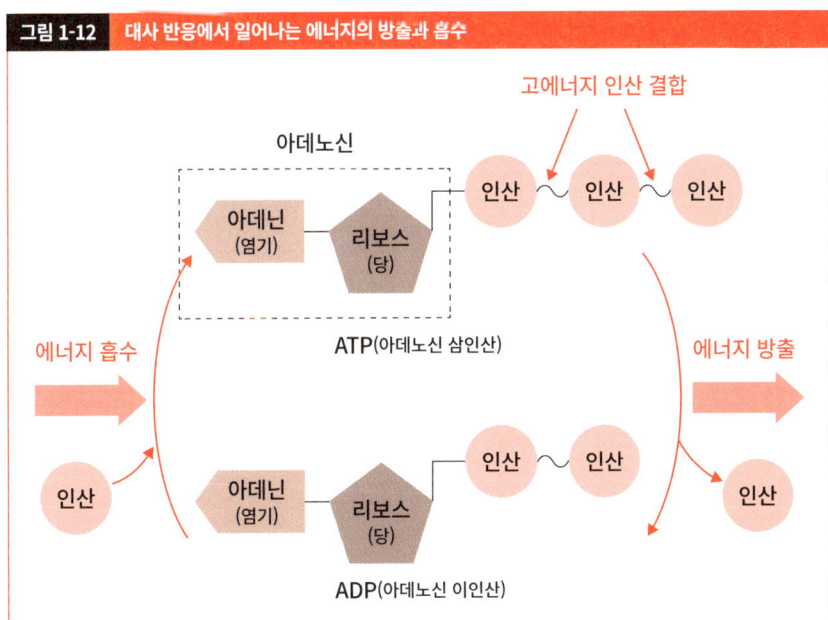

그림 1-12 대사 반응에서 일어나는 에너지의 방출과 흡수

| 그림 1-13 | ATP 합성에 필요한 에너지는 유기물에서 |

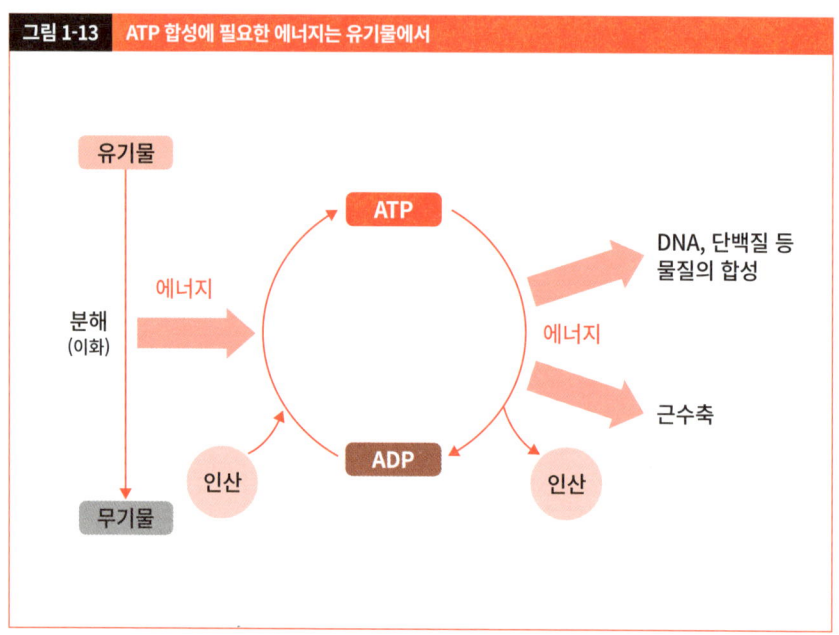

한편 ATP가 분해되면서 만들어진 ADP와 인산은 에너지를 받으면 다시 고에너지 인산 결합을 이루며 ATP로 돌아옵니다. 이 ATP 합성에 쓰이는 에너지는 당이나 아미노산, 지방산 같은 유기물이 분해될 때 나옵니다. 즉 매일 **우리가 먹는 식사에 들어 있는 유기물이 바로 ATP를 합성하는 에너지의 근원**이었던 겁니다.

사람은 하루에 자기 몸무게만큼의 ATP가 필요하다고 합니다. 하지만 몸속에 있는 ATP는 겨우 수십 그램밖에 안 되는데요, 이는 우리가 ATP를 소비하는 동시에 바로 ATP가 만들어지기 때문입니다. 다음 장에서는 ATP의 합성(재생)에 관해 배워 보겠습니다.

| 제1장 | 세포생물학   호흡과 광합성 |

생물의 호흡과 식물의 광합성

 생물이 하는 호흡의 정의

생물은 호흡으로 ATP를 만들어 냅니다. 우리가 보통 생각하는 '호흡'은 숨을 들이쉬고 내쉬는 행위이지만, 생명과학에서는 **산소를 사용해서 유기물을 분해하고, 이때 방출되는 에너지를 이용해서 ATP를 합성하는 과정**을 호흡, 정확히는 **세포 호흡**이라고 합니다. 참고로 생명과학에서는 숨을 들이쉬고 내쉬는 행위를 외호흡으로 구분합니다.

세포 호흡에 쓰이는 유기물을 **호흡 기질**이라고 하는데, 인간을 비롯한 종속 영양 생물은 호흡 기질을 외부에서 보충합니다. 식사에 포함된 탄수화물, 지질, 단백질은 소화관에서 분해되어 글루코스(포도당), 지방산, 아미노산 등의 호흡 기질이 됩니다. 그리고 이 호흡 기질은 피를 타고 온몸의 세포로 이동하여 호흡에 사용됩니다.

글루코스는 피를 통해 세포로 흡수된 다음 피루브산이라는 유기물(당의 분해 산물)로 분해되는데, 이때 소량의 ATP가 만들어집니다. 피루브산은 미토콘드리아에 들어가 이산화탄소(CO_2)와 수소(H)로 분해됩니다. 이렇게 만들어진 수소가 산소(O_2)와 결합하여 물(H_2O)이 만들어질 때 방출되는 에너지로 ATP가 대량으로 합성됩니다. 한편 에너지로 쓸 수 없는 이산화탄소는 미토콘드리아에서 방출되어 최종적으로는 우리가 숨을 내쉴 때 몸 밖으로 배출됩니다(그림 1-15).

🔬 세포 호흡을 화학 반응식으로 나타낸다면?

말은 거창하지만 복잡한 분자식을 외울 필요는 없으니 걱정하지 마세요. 지금은 유기물이 완전히 산화 분해되어 물과 이산화탄소가 되는 과정에서 ATP가 만들어진다는 사실만 기억해 두면 충분하거든요. 반응식은 유기물이 완전 연소하는 과정과 완전히 같습니다. 다만 **연소는 한 번에 진행되는 격렬한 반응이고 만들어진 에너지가 빛과 열의 형태로 손실되지만, 세포 호흡은 여러 단계에 걸쳐 천천히 진행되며 에너지는 대부분 ATP의 형태로 축적됩니다.**

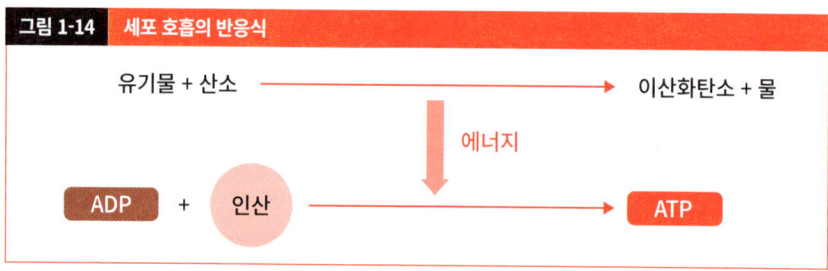

그림 1-14   세포 호흡의 반응식

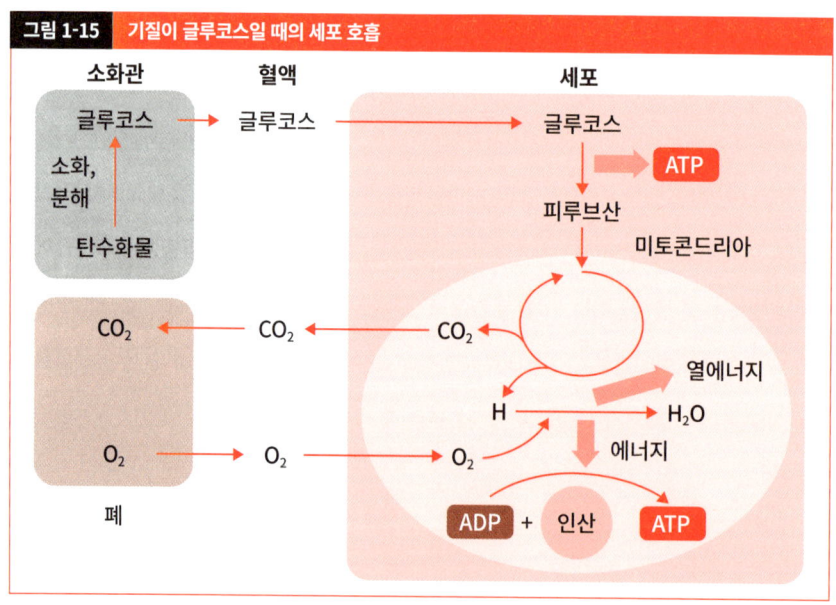

그림 1-15   기질이 글루코스일 때의 세포 호흡

이처럼 세포 호흡에서는 호흡 기질의 화학 에너지가 ADP의 화학 에너지로 변환되는데, 이때 손실이 발생합니다. ATP에 축적된 화학 에너지는 호흡 기질의 화학 에너지 중 40%에 불과하며 나머지는 열에너지, 즉 우리의 체온으로 바뀝니다. 그리고 열에너지는 최종적으로 주변 환경에 방출됩니다.

광합성

이제 광합성을 배울 차례입니다. 식물과 남세균에서 일어나는 광합성은 빛 에너지로 이산화탄소와 물에서 유기물과 산소를 만드는 반응입니다. 참고로 대기의 약 20%를 차지하는 산소는 모두 광합성으로 만들어진답니다.

다음 그림에서 확인할 수 있다시피 광합성의 화학 반응식은 세포 호흡의 반응식과 좌우가 반대입니다. 광합성도 세포 호흡과 마찬가지로 여러 단계로 이루어진 반응입니다. 이산화탄소와 물처럼 단순한 물질에서 전분처럼 복잡한 유기물을 합성하는 동화 반응이며, 이 과정에서 빛 에너지가 쓰입니다. 다만 **엽록체에서 빛 에너지를 사용하여 유기물을 직접 합성하는 게 아니라 일단 ATP의 화학 에너지로 변환한 다음 ATP로 유기물을 합성합니다.** 다시 말해 엽록체도 미토콘드리아처럼 ATP를 합성할 수 있다는 뜻인데요. 이 역시 엽록체가 원래 독립된 생물이었다는 근거입니다.

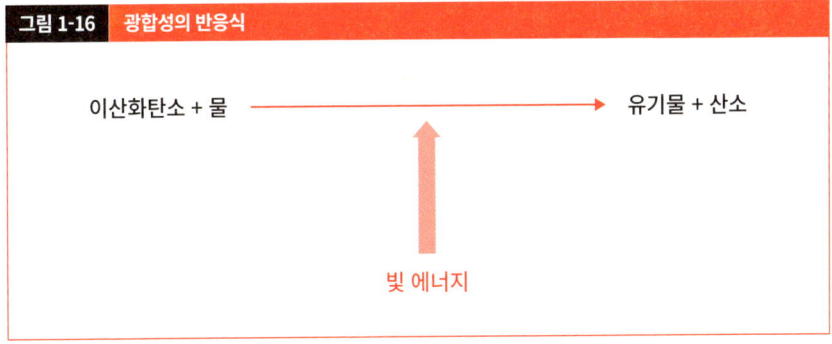

그림 1-16 광합성의 반응식

엽록체에서 만들어진 유기물은 식물 자신의 세포 호흡에 쓰이거나 식물의 몸을 이루는 재료로 쓰입니다. 여기까지 읽고 의아하게 생각하는 분도 있을 텐데요. 세포 호흡의 목적은 ATP를 만드는 것이었죠. 식물은 빛 에너지를 이용해서 ATP를 합성하고, 이 ATP로 유기물을 합성합니다. 그리고 광합성으로 만든 유기물을 다시 세포 호흡을 통해 ATP로 바꿉니다. 대체 왜 이렇게 번거로운 과정을 거쳐야 할까요? 하지만 어쩔 수 없답니다. 세포 내 공생(32쪽)을 떠올려 보세요. 식물 세포의 조상은 원래 세포 안에 미토콘드리아만 있고 엽록체는 없는 동물 세포였습니다. 그런데 남세균이 들어와 공생하면서 엽록체로 변했지요. 즉 원래 존재하던 세포 호흡의 대사 경로에 광합성의 대사 경로가 나중에 추가된 셈입니다. 그러므로 엽록체에서 만들어진 ATP는 엽록체 안에서 유기물을 합성할 때만 쓰이고, 다른 생명 활동에는 쓰이지 않습니다. 생명 활동에 쓰이는 ATP는 동물과 마찬가지로 미토콘드리아에서 만들어진 ATP입니다. 식물도 세포 호흡을 해야만 살 수 있으니까요.

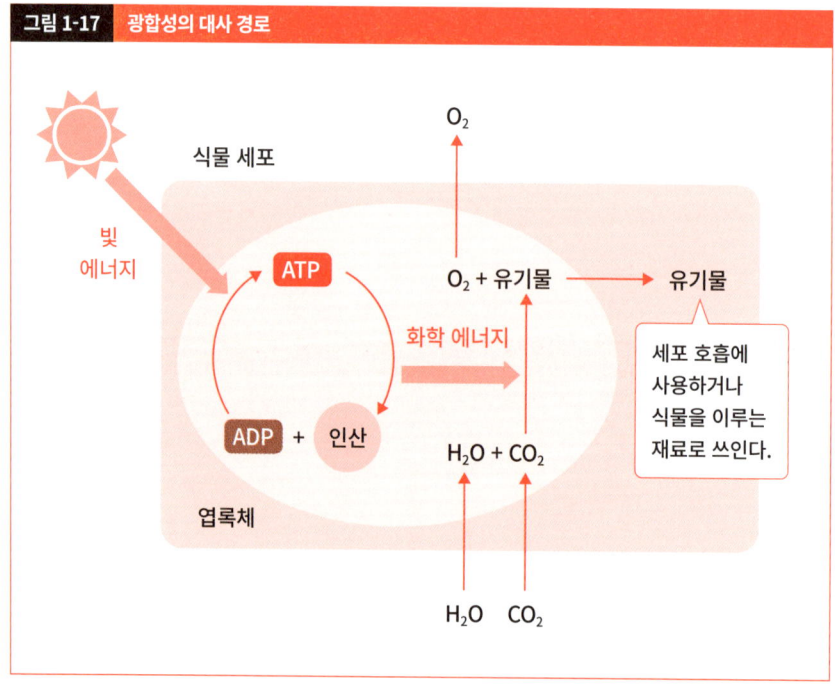

그림 1-17 광합성의 대사 경로

| 제1장 | 세포생물학 | | 발효 |

세포 호흡이 아니어도 ATP를 얻을 수 있다!

🦠 발효

ATP는 모든 생물에게 필요한 물질이지만, 생물이 모두 세포 호흡으로 ATP를 얻지는 않습니다. 세포 호흡을 하려면 산소(O_2)가 있어야 하는데, 생명이 막 탄생한 원시 지구에는 아직 산소가 없었습니다. 그래서 그 당시 생물은 산소를 사용하지 않고 ATP를 합성했습니다.

산소를 사용하지 않고 ATP를 합성하는 생물은 오늘날에도 있습니다. 대표적으로 **젖산균**은 글루코스를 피루브산으로 분해하는 과정에서 ATP를 합성하고, 피루브산을 젖산으로 바꿉니다. 이러한 ATP 합성 방식을 **젖산 발효**라고 합니다. 그리고 **효모**는 글루코스를 피루브산으로 분해하는 과정에서 ATP를 합성하고, 피루브산을 에탄올과 이산화탄소(CO_2)로 바꿉니다. 이를 **알코올 발효**라고 합니다. 이쯤 되면 눈치채신 분도 계실 텐데요. **발효(혹은 부패) 현상의 본질은 미생물이 산소를 사용하지 않고 ATP를 얻는 과정입니다.** 발효 과정에서는 세포 호흡처럼 유기물이 물과 이산화탄소까지 완전히 분해되지 않고 유기물이 남습니다. 그래서 ATP를 만드는 효율은 세포 호흡보다 훨씬 나쁩니다. 기껏해야 1/15 정도밖에 안 되지요. 하지만 우리가 발효 식품을 먹을 수 있는 건 모두 이 '발효' 덕분이랍니다.

🦠 근육에서도 일어나는 대사 작용

우리 몸의 세포에서도 발효와 비슷한 대사 작용이 일어납니다. 조깅처럼 가벼운 운동을 하면

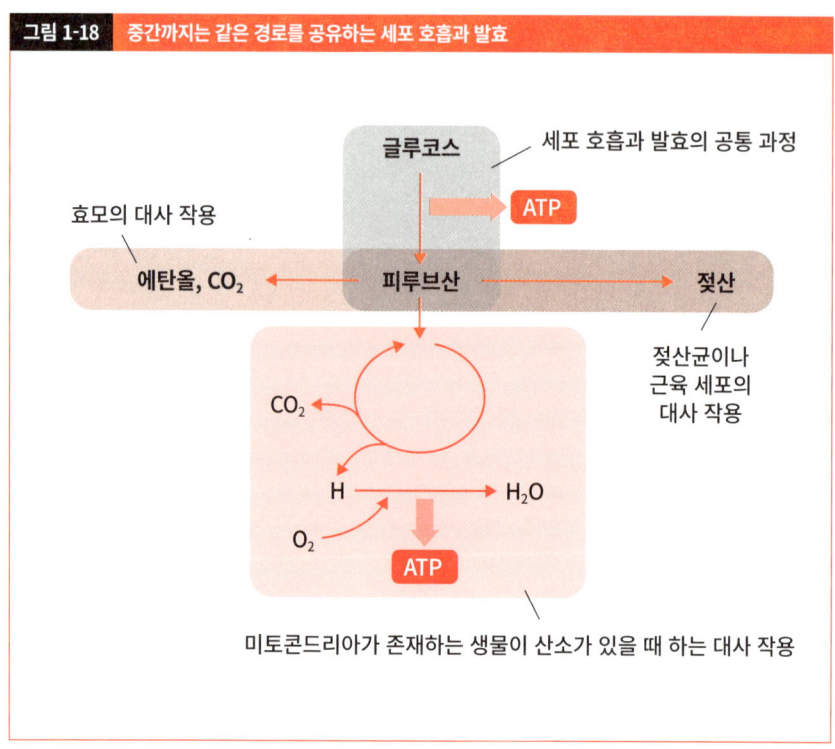

그림 1-18 중간까지는 같은 경로를 공유하는 세포 호흡과 발효

근육에서는 세포 호흡이 일어나 필요한 ATP가 만들어집니다. 하지만 무거운 역기를 한 번에 들어 올리는 격렬한 운동을 하면 근육 속의 산소가 부족해, 근육 세포가 젖산을 만드는 동시에 ATP를 합성하기 시작합니다. 이 대사 작용은 젖산 발효와 원리가 같습니다. 다시 말해 우리 몸의 근육 세포는 젖산균과 같은 효소들을 공유하는 셈입니다.

이처럼 세포가 호흡과 발효를 자유롭게 전환할 수 있는 이유는 모든 생물의 공통 조상이 글루코스를 피루브산으로 분해하는 과정에서 ATP를 만들 수 있었기 때문입니다. 정리하면 **세포 호흡 과정의 앞부분은 발효와 동일한 경로이고, 뒷부분은 약 20억 년 전 미토콘드리아가 세포 안으로 들어오면서 추가된 경로입니다.** 근육 세포는 산소가 충분하면 미토콘드리아에서 ATP를 효율적으로 만들고, 산소가 부족하면 '옛날로 돌아가' 젖산균과 같은 방식으로 ATP를 만듭니다.

제1장 | 세포생물학　　　　　　　　　　　　　　　　　　　| 대사와 효소

대사를 담당하는 효소

대사가 체계적으로 진행되는 이유는 무엇일까?

세포 호흡이나 광합성 같은 대사 작용은 수많은 화학 반응이 정해진 순서대로 이루어지는 과정입니다. 이번에는 대사 작용의 원리를 배울 차례입니다.

　각 화학 반응은 **효소**라는 물질의 작용으로 일어나는데요. **효소는 생체 내에 존재하는 촉매로, 생체에서 일어나는 거의 모든 화학 반응에 관여합니다.**

　촉매는 자기 자신은 변하지 않으면서 화학 반응이 빠르게 일어나도록 하는 물질입니다. 보통 화학 반응이 일어나려면 반응하는 물질을 불안정한 상태(반응이 일어나기 쉬운 상태)로 만들어야 하는데, 이때 필요한 에너지를 **활성화 에너지**라고 합니다. 활성화 에너지는 반응이 일어나지 못하게 막는 장애물이라고 생각하면 됩니다. 따라서 반응이 일어나려면 우선 이 활성화 에너지의 언덕을 넘어야 하는데, **촉매는 활성화 에너지를 낮춰 반응이 잘 일어나게 도와줍니다.**

그림 1-19 　촉매와 활성화 에너지

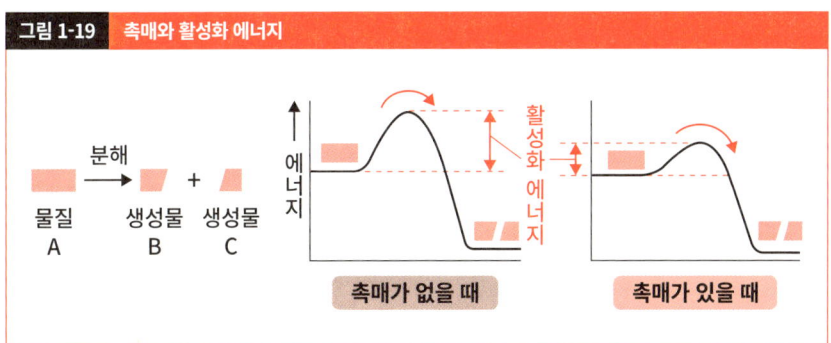

효소의 성질

공업적으로 쓰이는 백금 같은 무기 촉매(대부분 금속)와 효소가 결정적으로 다른 점은 **주성분 이 단백질**이라는 점입니다. 이 때문에 효소는 무기 촉매에는 없는 독특한 성질을 보입니다.

① 기질 특이성

효소와 반응하는 물질을 **기질**이라고 하는데, **효소는 정해진 기질에만 촉매로 작용합니다.** 다시 말해 효소가 촉매로 작용하는 화학 반응은 한 종류뿐입니다. 이 성질을 **기질 특이성**이라고 합니다. 세포에서는 수많은 화학 반응이 일어나며, 반응마다 서로 다른 효소가 작용합니다. 실험실의 비커나 시험관과 달리 세포에는 수많은 물질이 섞여 있습니다. 그중 **특정 화학 반응만 콕 짚어서 일으키려면 효소의 기질 특이성이 없어서는 안 되겠지요.**

그렇다면 효소에 기질 특이성이 있는 이유는 무엇일까요? 효소에는 기질과 결합하는 부분

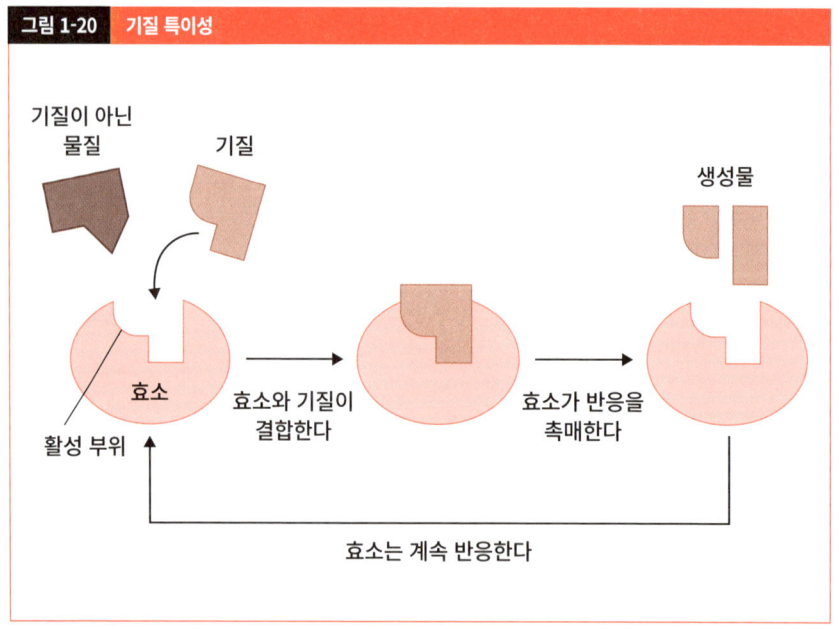

그림 1-20　기질 특이성

이 있는데, 이 움푹 들어간 부분을 **활성 부위**라고 합니다. 활성 부위의 형태는 기질과 딱 맞는 모양이므로 활성 부위와 맞지 않는 물질은 효소와 결합할 수 없고, 기질만 선택적으로 결합할 수 있습니다. 기질이 효소와 결합하면 활성화 에너지가 낮아지면서 반응하기 쉬운 상태가 됩니다. 효소와 반응하면 기질에서 생성물이 만들어집니다.

② 최적 온도

효소의 본질은 단백질입니다. 단백질은 복잡한 입체 구조라는 특성상 제각기 성질과 작용이 다릅니다. 이 때문에 단백질의 입체 구조가 달라지면 성질도 달라지고, 작용을 못 하게 되기도 합니다(이를 **변성**이라고 합니다). 가령 날달걀을 가열하면 삶은 달걀이 되면서 딱딱해지는데, 이는 달걀의 단백질이 열에 변성되기 때문입니다.

  이는 효소도 마찬가지입니다. 일반적으로 화학 반응은 온도가 높아질수록 반응 속도가 빨라집니다. 하지만 **효소 반응의 경우, 온도가 지나치게 높으면 주성분인 단백질이 변성되어 촉매 작용을 못 하게 되므로 반응 속도는 낮아집니다.** 따라서 반응 속도가 가장 빠른 특정 온도가 존재하며, 이 온도를 최적 온도라고 합니다. 우리 몸에 있는 효소의 최적 온도는 대부분 체온과 비슷한 37~40°C입니다.

③ 최적 pH

단백질의 입체 구조는 수용액의 산성 또는 염기성의 정도(pH)에 따라서도 변합니다. 따라서 효소의 작용 역시 pH의 영향을 받는데, 효소 반응이 가장 잘 일어나는 pH를 최적 pH라고 합니다.

  효소의 최적 pH는 대부분 작용하는 장소(기관)마다 다릅니다. 예를 들어 침에 포함된 **아밀레이스**(전분 분해 효소)의 최적 pH는 약 7, 위에서 활성화되는 **펩신**(단백질 분해 효소)의 최적 pH는 약 2, 소장에서 활성화되는 **트립신**(단백질 분해 효소)의 최적 pH는 약 8로, 각 기관의 pH와 일치합니다.

그림 1-21 　최적 온도

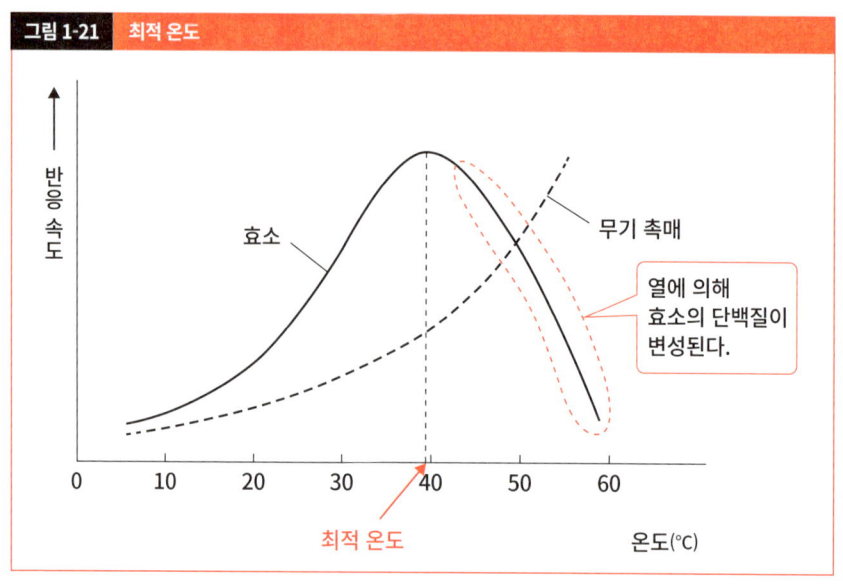

그림 1-22 　최적 pH

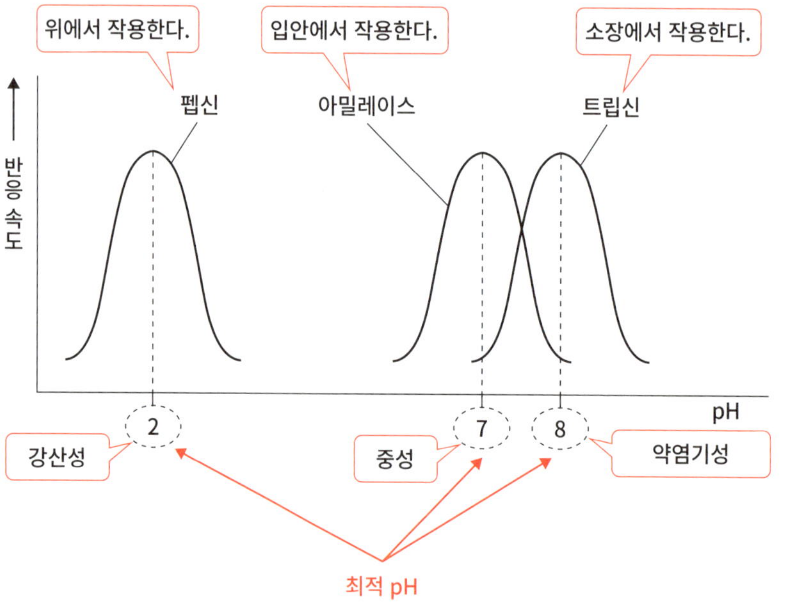

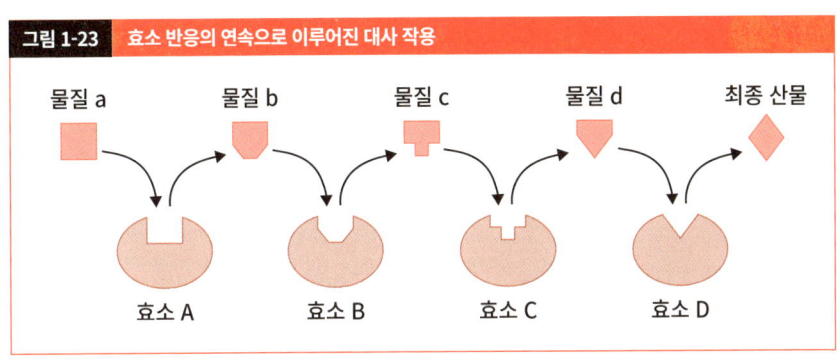

대사는 효소 반응의 연속

대사는 보통 여러 반응이 연속해서 일어납니다. 효소는 기질 특이성이 있으므로 어떤 효소 반응의 생성물이 다른 효소의 기질이 되고, 그 반응의 생성물이 또 다른 효소의 기질이 되는 식으로 반응이 이어집니다. 마치 이어달리기에서 바통을 넘겨주는 것처럼 그렇습니다(효소 반응의 바통은 점점 원래 모습에서 멀어지지만요).

우리 몸에는 다양한 효소가 존재하며, 세포의 특정 위치에서 자신의 역할을 다합니다. 예를 들어 **세포 호흡에 관여하는 효소는 미토콘드리아에, 광합성에 관여하는 효소는 엽록체에 존재합니다.** 정리하자면 세포 소기관은 저마다 역할이 있는 효소가 대량으로 존재하며, 대사가 원활하게 이루어지도록 돕는 '주머니'입니다.

효소에 의한 대사 작용 조절

효소 중에는 기질이 아닌 물질과 결합함으로써 촉매 작용이 변하는 효소가 있습니다. 이러한 효소를 **입체다른자리 효소(알로스테릭 효소)** 라고 하며, 촉매 작용을 변화시키는 물질을 **조절 인자** 라고 합니다. 그리고 조절 인자가 결합하는 효소 부위를 **입체다른자리** 라고 합니다.

대사의 가장 첫 번째 반응을 촉매하는 효소는 입체다른자리 효소일 때가 많고, 이에 대한 조

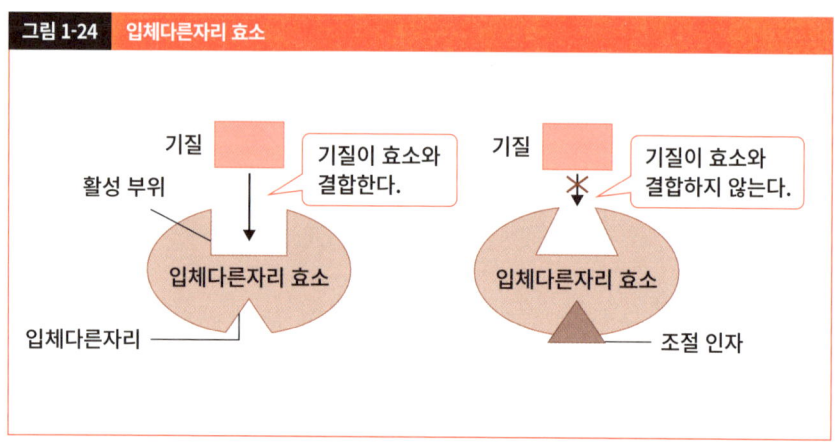

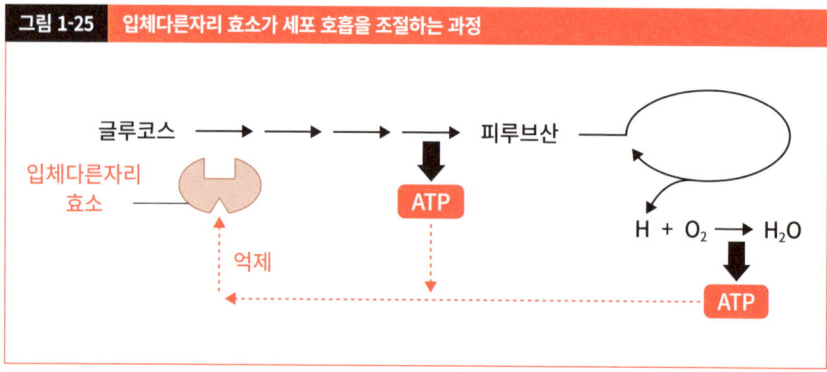

절 인자는 대부분 그 대사 경로의 최종 산물입니다. 최종 산물인 조절 인자가 입체다른자리에 결합하면 효소의 작용이 멈추고, 반대로 조절 인자가 떨어져 나가면 효소가 활성화됩니다. 이 구조는 **세포에 최종 산물이 충분히 있는데도 쓸데없이 기질을 소비해서 최종 산물을 만들지 못하도록 막는 장치입니다.**

그렇다면 실제로 우리 몸에서는 어떤 반응이 일어날까요? 세포 호흡에서는 가장 먼저 글루코스가 분해되는데, 이때 입체다른자리 효소가 관여합니다. 그리고 이 반응의 조절 인자는 ATP입니다. 즉 세포에 ATP가 충분하면 호흡 경로가 억제되어 ATP가 그 이상 만들어지지 않습니다. 이 구조 덕에 **세포 내 ATP 농도는 항상 거의 일정한 수준으로 유지됩니다.**

제 2 장

분자
생물학

제 2 장 | 분자생물학 | 유전

형질은 어떻게 부모에서 자식에게 전해질까?

 ## 유전

인간은 인간을 낳고, 고양이는 고양이를 낳지요. 보통 너무나도 당연하다고 생각하지만, 생명과학에서는 "왜 그럴까?"라고 의문을 제기합니다. 인간이든 고양이든 형태를 이루는 인자가 부모로부터 자식에게 전해지기 때문이라는 점은 분명합니다. 그렇다면 그 인자의 정체는 무엇이며, 어떻게 인간 혹은 고양이의 형태를 이룰까요? 생명과학에서 이 의문에 대해 어떠한 답을 내놓았는지 함께 알아봅시다.

 ## 유전을 배울 때 반드시 알아야 할 용어

생물의 색이나 형태 같은 특징 또는 성질을 **형질**, 부모에게서 자식에게 형질이 전해지는 현상을 **유전**이라고 합니다. 유전으로 자손에게 전해지는 형질은 **유전 형질**로 구분하는데, 보통 형질이라고 하면 유전 형질을 가리킬 때가 많습니다.

일반적으로 **유전자**는 **자식이 부모로부터 물려받은 물질이자 형질을 결정하는 인자**이지만, 생명과학이 발전하면서 **단백질 구조를 결정하는 핵산 분자의 특정 영역**만을 가리키기도 합니다. 용어의 정의가 달라진 배경을 설명하려면 유전자 발현의 원리까지 배워야 하므로 지금은 유전자의 엄밀한 정의를 논하는 대신 원래 하던 이야기로 돌아가도록 해요.

🧬 유전 법칙이란 무엇일까?

유전의 법칙성을 과학적으로 증명한 최초의 인물은 19세기 오스트리아의 수도자 **그레고어 멘델**입니다. 멘델이 등장하기 전에도 유전학이라는 분야는 있었지만, 당시에는 유전을 담당하는 인자(=유전자)는 액체이며, 이 액체가 서로 섞이면서 부모의 형질이 자식에게 전해진다는 막연한 이미지밖에 없었습니다. 커피와 우유를 섞으면 커피 우유가 되는 것처럼요. 이러한 사고방식을 **융합설**이라고 합니다.

멘델은 이 구시대적인 사고방식에 이의를 제기한 인물입니다. 그는 **한 형질에 초점을 맞췄을 때 형질은 절대 섞이지 않으며, 자식 세대에서 나타나지 않던 부모의 형질이 손주 세대에서 나타나는 현상**을 통해 유전자는 액체가 아니라 입자라는 가설을 세웠고, 이를 실험으로 증명했습니다. 멘델이 '인자(factor)'라고 부른 이 입자의 정체는 바로 오늘날의 유전자입니다.

멘델이 증명한 대표적인 실험은 다음과 같습니다. 완두콩은 말려도 열매 표면에 주름이 생기지 않는 **둥근 완두콩**과 **주름진 완두콩**으로 나뉩니다. 둘을 교배해서 얻은 자식 세대(F_1) 콩은 모두 **둥근 완두콩**이었습니다. 그리고 이 F_1끼리 교배해서 얻은 손주 세대(F_2)에서는 둥근 완두콩과 주름진 완두콩이 모두 나타났는데, 그 비율은 **둥근 완두콩:주름진 완두콩=3:1**이었습니다.

멘델은 이 현상을 다음과 같이 설명했습니다.

- 둥근 완두콩인지 주름진 완두콩인지는 한 쌍의 유전자가 결정하며, 이 유전자는 부모로부터 한 개씩 물려받는다.
- 둥근 완두콩으로 만드는 유전자가 **A**, 주름진 완두콩으로 만드는 유전자가 **a**일 때, 둥근 완두콩은 **AA**, 주름진 완두콩은 **aa**다. F_1은 부모로부터 유전자를 한 개씩 물려받았으므로 **Aa**가 된다.
- F_1에서는 **A**와 **a**가 대립한다(이러한 유전자를 **대립 유전자**라고 한다). 유전자의 작용에는 우열이

있으며, 우세한 쪽이 형질을 결정한다. 완두콩의 경우 '둥근 완두콩으로 만드는' 작용이 우세하므로 둥근 완두콩이 만들어진다(이를 **우열의 법칙**이라고 한다). 그리고 F_1에서 나타난 둥근 형질을 **우성**, F_1에서는 나타나지 않은 주름진 형질을 **열성**이라고 한다.

- F_1이 자손을 만들 때는 공존하던 A와 a가 분리되어 각기 다른 난세포와 꽃가루로 들어가므로 난세포와 꽃가루에서 각각 A:a=1:1이라는 비율이 성립한다(이를 **분리의 법칙**이라고 한다).

- F_1의 난세포와 꽃가루 속에 있는 정세포가 수정하면 F_2에서 다시 유전자가 만나 한 쌍을 이루며, 그 비율은 AA:Aa:aa=1:2:1이다. AA는 부모 세대와 같은 **둥근 완두콩**, Aa는 F_1과 같은 **둥근 완두콩**, aa는 부모 세대와 같은 **주름진 완두콩**이므로 **둥근 완두콩:주름진 완두콩=3:1**이 된다.

멘델이 밝혀낸 유전 법칙은 발표 당시 사람들에게 인정받지 못했습니다. 염색체는커녕 대립 유전자가 분리되는 현상(감수 분열, 80쪽)조차 알려지기 전이었거든요. 멘델의 발견은 시대

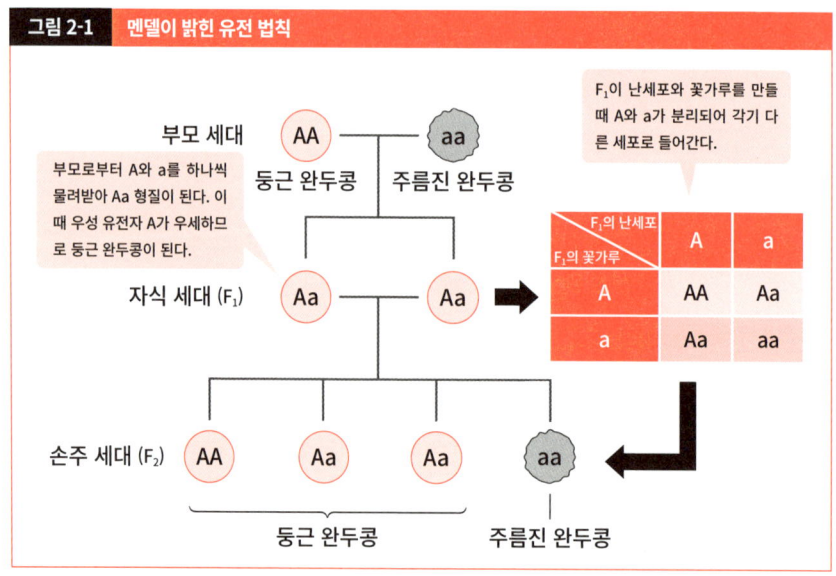

그림 2-1 멘델이 밝힌 유전 법칙

를 앞선 업적이었습니다. 그의 연구는 1900년경 휴고 더 브리스, 에리히 폰 체르마크, 카를 코렌스에 의해 재평가되었습니다.

완두콩의 형질을 분자생물학적으로 이해하기

유전자는 어떻게 둥근 완두콩이 될지 주름진 완두콩이 될지 결정할까요? 아직 유전자와 DNA는 배우지 않았지만, 조금만 예습해볼까요?

완두콩의 모양을 결정하는 요소는 전분 함량입니다. 전분이 많으면 둥근 완두콩이 되고 적으면 주름진 완두콩이 됩니다. 전분이 적은 완두콩은 전분 대신 수용성인 당이 축적되므로 수분을 많이 머금게 되고, 이러한 콩을 건조하면 표면에 주름이 생깁니다. 반면 전분이 많은 완두콩은 처음부터 수분량이 적어 건조해도 주름이 생기지 않습니다.

DNA 분석 결과, 주름진 완두콩에서는 당으로 전분을 합성하는 효소를 만드는 유전자가 작용하지 않았다는 사실이 밝혀졌습니다. 원래 이 효소를 만드는 유전자의 염기 서열 사이에 800여 쌍의 무의미한 염기 서열이 삽입된 탓에 작용할 수 없었던 것이지요. 즉 주름진 완두콩으로 만드는 유전자 a는 사실 둥근 완두콩으로 만드는 작용을 못 하게 된 유전자였던 셈입니다.

이처럼 **어떠한 작용을 하는 유전자는 형질에 영향을 주지만, 아무런 작용도 하지 않는 유전자는 형질에 영향을 주지 않으므로 열성이 됩니다.**

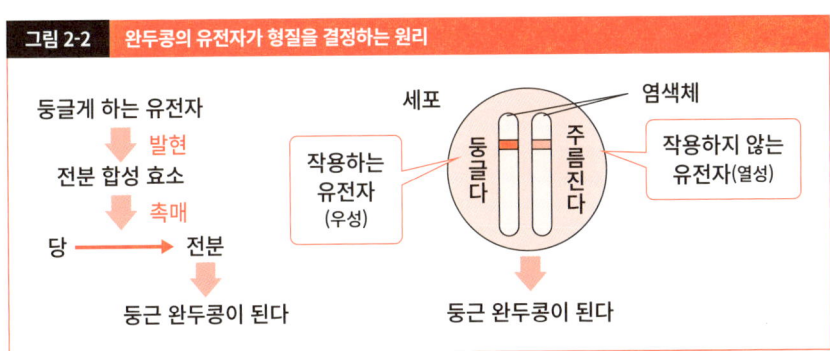

그림 2-2 완두콩의 유전자가 형질을 결정하는 원리

| 제 2 장 | 분자생물학 | DNA |

DNA란 무엇일까?

 뉴클레오타이드란 무엇일까?

부모에게서 자식에게 전해지는 정보를 **유전 정보**라고 하며, 모든 생물은 유전 정보를 담당하는 **DNA**를 가지고 있습니다. 이번에는 DNA가 어떤 물질인지 알아보겠습니다.

　DNA는 **핵산**의 일종입니다. 핵산은 말 그대로 핵 안에 있는 산성 물질인데, DNA 외에 **RNA**라는 핵산도 있습니다. 핵산은 **당, 염기, 인산**으로 이루어진 구성단위인 **뉴클레오타이드**가 사슬처럼 연결된 분자 크기의 화합물입니다. 각 뉴클레오타이드는 당과 인산을 통해 연결되어 **뉴클레오타이드 사슬**을 형성합니다.

　DNA와 RNA는 매우 닮았지만, 다른 점도 있습니다. 우선 뉴클레오타이드를 이루는 당이 DNA는 **데옥시리보스**이고 RNA는 **리보스**입니다. DNA가 RNA보다 안정적이고 잘 분해되지 않는 이유는 당의 종류가 다르기 때문입니다.

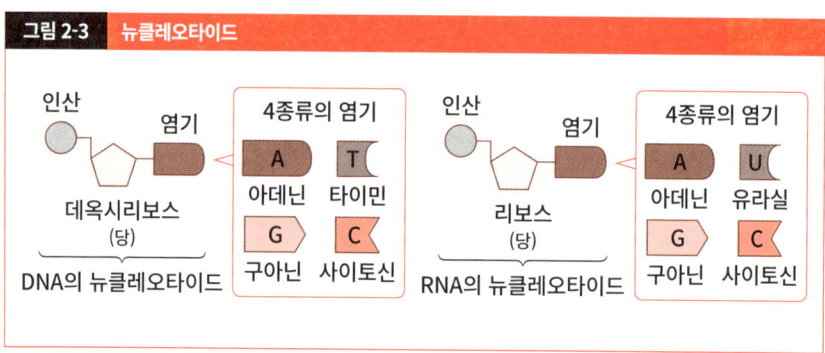

그림 2-3　뉴클레오타이드

뉴클레오타이드의 염기 역시 다릅니다. DNA는 **아데닌(A), 타이민(T), 구아닌(G), 사이토신(C)**이라는 네 종류의 염기로 이루어져 있고, RNA는 **아데닌(A), 유라실(U), 구아닌(G), 사이토신(C)**으로 이루어져 있습니다. DNA는 T, RNA는 U를 가지고 있지요.

그리고 입체 구조에서도 차이를 보입니다. 보통 한 가닥인 RNA와 달리 DNA는 두 가닥이 이중 나선 구조를 이루고 있습니다.

DNA의 이중 나선 구조

DNA는 뉴클레오타이드 사슬 두 가닥이 평행하게 늘어서 있고 염기끼리 결합한 사다리가 나선처럼 비틀린 구조입니다. 이러한 DNA의 구조를 <mark>이중 나선 구조</mark>라고 하며, 1953년 제임스 왓슨과 프랜시스 크릭에 의해 밝혀졌습니다. 뉴클레오타이드 사슬의 염기는 **아데닌(A)과 타이민(T), 구아닌(G)과 사이토신(C)끼리만 결합합니다.** 이렇게 특정 염기끼리만 결합하는 성질

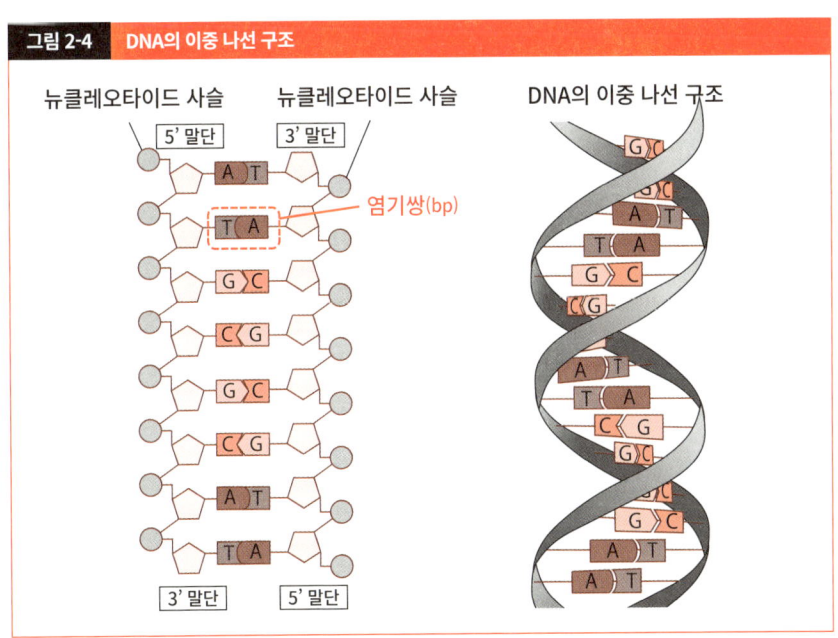

그림 2-4 DNA의 이중 나선 구조

을 **염기의 상보성**이라고 합니다. A와 T, G와 C로 이루어진 염기의 결합을 **염기쌍**(base pair, bp)이라고 하며 유전자와 유전체(110쪽)의 크기를 나타내는 단위로 쓰입니다.

뉴클레오타이드 사슬에는 방향성이 있어 양 끝을 구별할 수 있습니다. 인산으로 끝나는 쪽을 **5' 말단**, 당으로 끝나는 5' 말단의 반대쪽 끝을 **3' 말단**이라고 합니다. 〈그림 2-4〉처럼 DNA를 구성하는 두 가닥의 사슬은 서로 반대 방향으로 배열되어 있습니다.

왜 A는 T와, G는 C와 결합할까?

왜 염기는 A는 T와, G는 C와 상보적으로 결합할까요? 염기끼리는 수소 원자(H)를 매개로 한 **수소 결합**을 통해 염기쌍을 이룹니다. 수소 결합은 뉴클레오타이드 사슬을 따라 이어진 당과

그림 2-5 아데닌과 타이민의 수소 결합

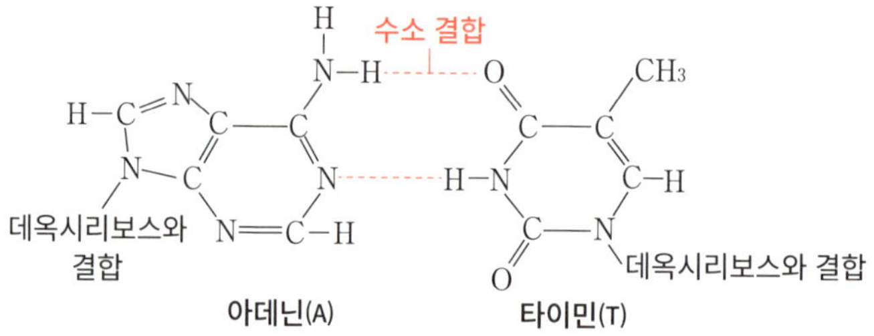

아데닌(A)　　　　　타이민(T)

그림 2-6 구아닌과 사이토신의 수소 결합

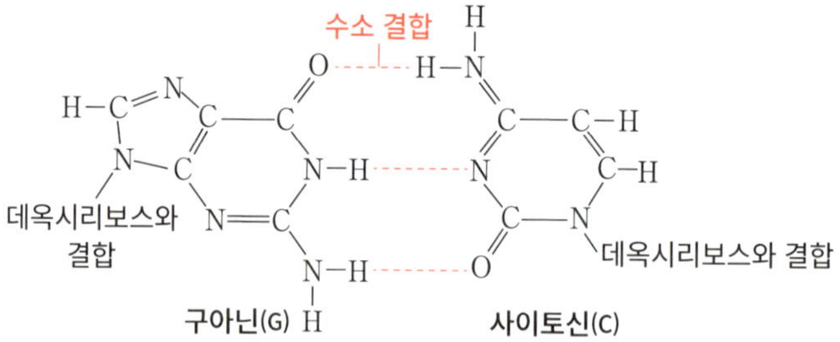

구아닌(G)　　　　　사이토신(C)

인산의 결합보다 약해서 염기끼리는 비교적 쉽게 결합했다가 분리됩니다.

A와 T에는 각각 수소 결합을 만들 수 있는 부분이 두 군데 있고, G와 C에는 세 군데 있습니다. A와 T, G와 C가 선택적으로 결합하는 이유는 이 때문입니다.

A와 G처럼 크기가 큰 염기를 **푸린 염기**, T와 C와 U처럼 작은 염기를 **피리미딘 염기**라고 합니다. 핵산은 대사가 매우 빨라 필요할 때 필요한 만큼만 합성되고, 쓸모를 다하면 금방 분해됩니다. 피리미딘 염기는 분해되면 물과 이산화탄소와 암모니아가 되지만, 푸린 염기는 요산으로 대사되고 그보다 작은 물질로는 분해되지 않습니다. 이 때문에 몸속에서 세포가 대량으로 파괴되거나 혹은 멸치나 간처럼 핵산이 풍부한 식품을 섭취하면 푸린 염기의 대사량이 늘어나 혈중 요산 수치가 높아집니다.

이중 나선 구조 단서를 제공한 샤가프의 연구

왓슨과 크릭이 DNA를 막 연구하기 시작했을 무렵 그들은 대학원생이었습니다. 어떻게 막 학계에 발을 내디딘 신예 연구자들이 20세기 최대의 발견을 이룰 수 있었을까요?

두 사람은 생화학자 어윈 샤가프가 1940년대에 진행한 연구를 주목했습니다. 샤가프는 다양한 생물의 DNA에서 염기를 추출하여 조성(비율)을 분석한 끝에 놀라운 규칙성을 발견했습니다. 바로 **어떤 생물이든 A와 T의 비율, G와 C의 비율이 같다**는 규칙을요. 이 규칙은 훗날 **샤가프의 법칙**으로 불리게 되었습니다. 그는 또한 (A+T)/(G+C) 비율이 종마다 다르며, 이 비

그림 2-7 샤가프의 법칙

생물의 이름 및 세포 \ DNA 염기의 비율(%)	A	T	G	C
소의 간	28.8	29.0	21.0	21.1
소의 신장	28.3	28.2	22.6	20.9
인간의 간	30.3	30.3	19.5	19.9
닭의 적혈구	28.8	29.2	20.5	21.5

율에 종의 고유한 특징이 드러난다는 사실도 밝혀냈습니다.

왓슨과 크릭은 DNA가 이러한 규칙성을 가지는 이유를 분자 내의 A-T, G-C 결합에서 찾았습니다. DNA 성질에 흥미가 생긴 두 사람은 샤가프에게 도움을 청했지만, 당시 핵산 연구 권위자였던 샤가프는 응하지 않았다고 합니다. 실험 기술이 부족했던 왓슨과 크릭은 금속으로 뉴클레오타이드 모형을 만들었고, 이를 조합해 DNA 분자 구조를 상상해보는 과정을 반복했습니다. 그리고 마침내 두 사람은 뉴클레오타이드 사슬 두 가닥이 나선을 그린다는 발상에 도달했습니다.

마지막 퍼즐 조각, 프랭클린의 X선 회절 사진

마지막 퍼즐 조각은 나선 구조를 입증한 사진이었습니다. 그러나 DNA는 전자 현미경으로도 뚜렷하게 볼 수 없을 만큼 매우 작은 분자입니다. 그래서 DNA를 제대로 확인하려면 **X선 회절 사진**이 필요합니다. DNA 결정에 X선을 쏘았을 때 나타나는 회절의 양상을 통해 DNA의 구조를 추론할 수 있기 때문입니다. 왓슨과 크릭은 모리스 윌킨스에게 부탁해서 얻은 X선 회절 사진을 보고 DNA가 이중 나선 구조라고 확신했고, 1953년에 논문으로 발표했습니다. 그리고 핵산의 분자 구조와 유전 정보 전달에 관한 연구를 인정받은 왓슨, 크릭, 윌킨스는 1962년에 노벨 생리학·의학상을 받았습니다. 그런데 윌킨스가 왓슨과 크릭에게 보여준 회절 사진은 윌킨스가 직접 찍은 게 아니라 로잘린 프랭클린이라는 과학자의 사진이었다는 추문이 뒤늦게 불거지면서 물의를 빚었습니다. 프랭클린은 DNA의 분자 구조 모형이 완성되는 계기였던 X선 회절 사진을 찍은 당사자인데도 어째서 노벨상을 받지 못했을까요?

사실 여기에는 사정이 있습니다. 프랭클린은 1962년 노벨상 수상자가 결정되기 전에 난소암으로 세상을 떠나는 바람에 수상자에서 제외될 수밖에 없었답니다. 하지만 이를 둘러싸고 수많은 억측이 난무했는데요. 윌킨스가 왓슨과 크릭의 부탁으로 프랭클린의 허락 없이 사진을 훔쳤다는 자극적인 소문이 대표적이지요. 심지어 이를 바탕으로 한 드라마까지 만들어지

그림 2-8 DNA의 X선 회절 사진

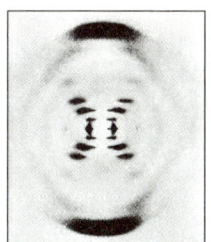

면서 많은 사람에게 사실로 인식되고 말았습니다.

프랭클린은 정말로 사진을 도둑맞았을까?

하지만 2023년 4월, 수많은 사람이 오랫동안 믿어 왔던 소문을 뒤집은 기사가 「네이처(Nature)」 학술지에 게재되었습니다. 당시 왓슨과 크릭이 재적했던 케임브리지대학의 캐번디시연구소, 그리고 윌킨스와 프랭클린이 재적했던 킹스칼리지가 대등한 관계에서 사실상 공동으로 연구를 진행했다는 증거가 발견되었다는 내용이었습니다. 그러니까 프랭클린은 데이터를 도둑맞은 피해자가 아니라 왓슨과 크릭의 협력자였던 것이죠. 왓슨과 크릭은 사진을 훔치지 않았으며 윌킨스 또한 이들의 스파이가 아니었음이 밝혀졌습니다.

기나긴 세월 끝에 노벨상 수상자들의 명예는 회복되었지만, 현재 살아 있는(2025년 기준) 왓슨은 이 일을 어떻게 생각할지 궁금할 따름입니다.

| 제 2 장 | 분자생물학 | 유전자의 본체 |

유전 정보를 담당하는 물질의 정체

20세기 초, 월터 서턴은 감수 분열할 때 염색체의 움직임이 멘델의 법칙과 일치한다는 사실을 발견했고, **염색체에 유전자가 존재한다**는 **염색체설**을 주장했습니다. 염색체는 DNA와 단백질로 이루어져 있는데, 당시에는 DNA와 단백질 중 어느 쪽이 유전자 본체인지를 두고 의견이 분분했습니다. 이번에는 유전자의 본체가 단백질이 아닌 DNA로 밝혀진 역사적인 연구를 알아보겠습니다.

그리피스의 연구

DNA가 유전에 관여한다는 최초의 증거는 에이버리의 연구로 밝혀졌는데, 에이버리의 연구를 이해하려면 일단 그리피스의 연구부터 알아야 합니다.

프레더릭 그리피스는 영국의 의료 기관에서 일하는 의사였습니다. 당시 영국에서는 폐렴이 유행했는데, 그리피스는 폐렴 환자들로부터 얻은 병원균(**폐렴구균**)을 관찰하던 도중 어떤 의문이 들었습니다. 폐렴 환자의 몸속에서 추출한 폐렴구균의 형태가 다양했기 때문인데요. 폐렴은 유행병이므로 보통은 정해진 발원지에서 같은 종류의 병원균이 확산합니다. 그러나 관찰 결과는 예상과 달랐고, 그리피스는 환자의 몸속에서 균의 형태가 바뀌었을지도 모른다고 생각했습니다.

폐렴구균은 크게 병원성이 있는 S형 균과 병원성이 없는 R형 균으로 나뉩니다. 이 중에서 S형 균에는 세포를 감싸는 다당류 피막이 있습니다. S형 균이 증식해서 폐렴을 일으키는 이유는 동물의 몸에 들어간 세균을 백혈구가 잡아먹지 못하도록 피막이 막아 주기 때문입니다. 반면 피막이 없는 R형 균은 몸에 들어오자마자 백혈구에 잡아먹히므로 폐렴을 일으키지 못합니다.

그리피스는 S형 균과 R형 균을 사용한 실험에서 다음과 같은 결과를 얻었습니다. 가열 살균한 S형 균과 살아 있는 R형 균을 각각 주사해도 쥐는 폐렴을 일으키지 않지만, 두 균을 함께 주사하면 쥐는 폐렴을 일으켜 사망합니다. 그리고 사망한 쥐의 몸에서 살아 있는 S형 균이 검출됩니다. 이는 **S형 균의 형질을 결정하는 물질이 살균한 뒤에도 남아 있다가 R형 균으로 넘어가 세균의 형질을 바꾸었기 때문**이라고 설명할 수 있습니다. 이처럼 세포 밖에서 들어온 물질에 의해 형질이 변하는 현상을 **형질 전환**이라고 합니다. 형질 전환이 일어난 S형 균을 여러 세대에 걸쳐 배양해도 형질은 사라지지 않고 계속 전해지므로, 이 현상은 유전적 변화로 볼 수 있습니다.

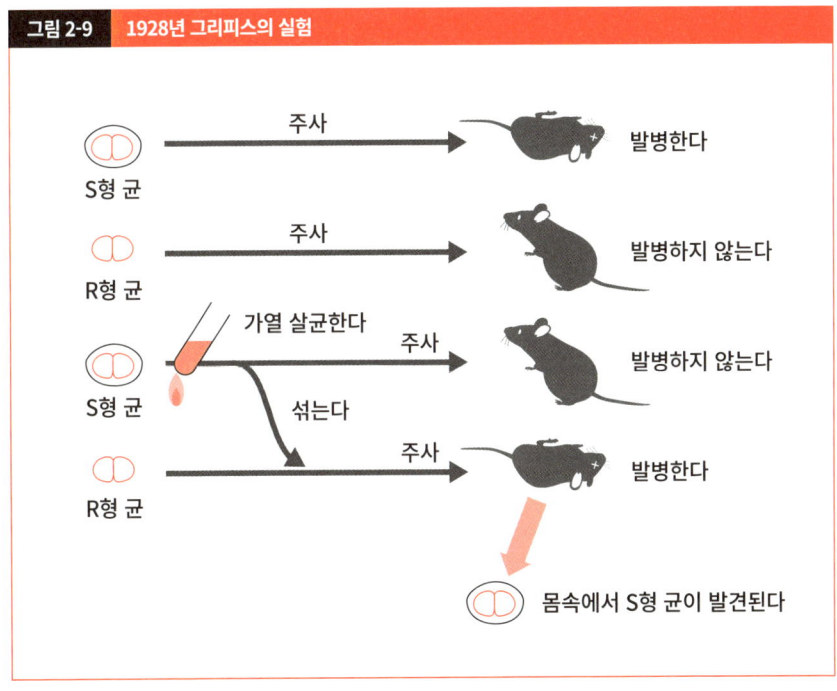

그림 2-9 1928년 그리피스의 실험

 에이버리의 연구

캐나다의 의사 오즈월드 에이버리는 그리피스의 실험에 관심을 두고 형질 전환된 물질의 정체를 탐구하기 시작했습니다. 에이버리는 형질 전환의 빈도를 정확하게 파악하기 위해 면역 체계가 작용하는 쥐 대신 배지에서 콜로니(무리 지어 자라는 세균의 집단)의 형태를 분석했습니다. S형 균 콜로니는 표면이 매끈(**S**mooth)하고, R형 균의 콜로니는 표면이 울퉁불퉁(**R**ough)하여 쉽게 구분할 수 있었습니다. 참고로 에이버리의 실험처럼 시험관에서 조건을 통제하는 실험 방식을 *in vitro*(유리 시험관 안), 그리피스의 실험처럼 살아 있는 생명체를 대상으로 한 실험 방식을 *in vivo*(생체 안)라고 합니다.

에이버리는 S형 균을 갈아서 얻은 추출물과 단백질 분해 효소, DNA 분해 효소, RNA 분해 효소, 다당류 분해 효소를 각각 처리하도록 조건을 세워 다음과 같은 실험을 진행했습니다.

> 실험 1: S형 균 추출물과 R형 균을 섞는다.
> → R형 균이 S형 균으로 형질 전환되었다.
>
> 실험 2: 단백질 분해 효소, RNA 분해 효소, 다당류 분해 효소를 각각 처리한 S형 균 추출물과 R형 균을 섞는다.
> → R형 균이 S형 균으로 형질 전환되었다.
>
> 실험 3: DNA 분해 효소를 처리한 S형 균 추출물과 R형 균을 섞는다.
> → 형질 전환이 일어나지 않았다.

이 실험 결과는 **형질 전환을 일으키는 물질이 DNA임을 보여줍니다.** 즉 '피막을 만드는 방법'이 적힌 책이 S형 균의 DNA에 들어 있고, 이 정보를 받은 R형 균이 직접 피막을 만들었던 것이지요. 형질 전환의 효율이 1~2%라니 의외로 낮게 느껴질지도 모르지만, 유전자 돌연변이(108쪽)와 비교하면 매우 높은 수치랍니다. 그리피스의 실험 결과 발병한 쥐의 몸에서 S형

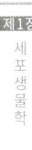

그림 2-10 1944년 에이버리의 실험

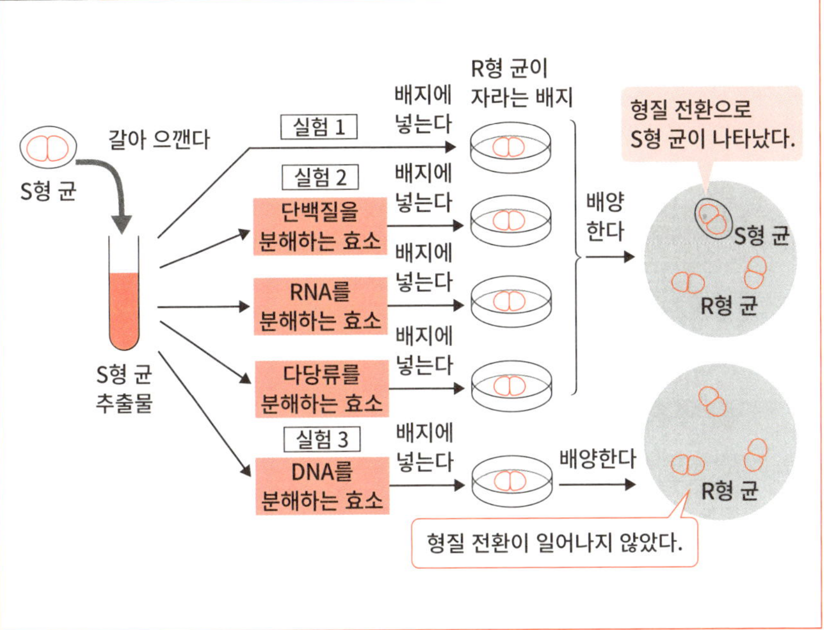

균만 검출된 이유는, 형질 전환되지 않은 R형 균은 쥐의 면역 체계에 의해 사멸되고 형질 전환으로 살아남은 S형 균만 증식했기 때문입니다.

　에이버리의 실험은 오늘날 고등학교 교과서에 소개될 만큼 중요한 실험이며, 유전자의 본체가 DNA임을 밝혔다는 점에서 의의가 큽니다. 하지만 1940년대 당시에는 유전자의 본체가 단백질이라고 생각한 과학자도 많았고, DNA는 유전자 본체인 단백질의 작용에 개입했을 뿐이라며 억지 주장을 펼치는 연구자도 더러 있어 에이버리의 실험은 무시당하기 일쑤였다고 합니다.

형질 전환은 일반적인 현상

오늘날 폐렴구균 외에도 여러 세균에서 확인되면서 형질 전환은 세균에서 일반적으로 나타나는 현상으로 여겨집니다. 그리피스의 실험에서는 가열 살균한 S형 균의 DNA가 R형 균에 들어갔지만, 자연계에서는 세균이 용해(스스로 붕괴)할 때 나오는 DNA를 다른 세균(수용균)이 받아들이면서 형질 전환이 일어납니다. 때로 수용균이 형질 전환을 통해 더 강해지는 바람에 매우 성가신 상황이 벌어지기도 합니다.

항생 물질에서 살아남은 세균이 획득한 항생제 내성 유전자를 다른 세균이 이어받아 새로운 항생제 내성균으로 거듭나는 현상이 대표적입니다. 항생 물질을 자주 사용하는 의료 현장이기에 여러 항생제에 내성이 있는 세균(다제내성균)이 탄생하기도 쉽다니 아이러니한 일이지요.

허시와 체이스의 연구

박테리오파지(이하 '파지')는 세균에 감염하여 증식하는 바이러스입니다. 세균(박테리아)을 잡아먹는다(파지)는 뜻의 박테리오파지가 대장균에 감염하면 대장균 세포 안에서 파지가 대량으로 만들어지고, 마지막에는 대장균을 뚫고 나옵니다.

파지는 머리의 바깥 껍질과 꼬리를 만드는 **단백질**과 머리에 들어 있는 **DNA**, 두 물질만으로 이루어져 있는데요. 미국의 생물학자 앨프리드 허시와 마사 체이스는 대장균에 들어가 파지를 만드는 물질이 단백질과 DNA 중 무엇인지 실험을 통해 확인하기로 했습니다.

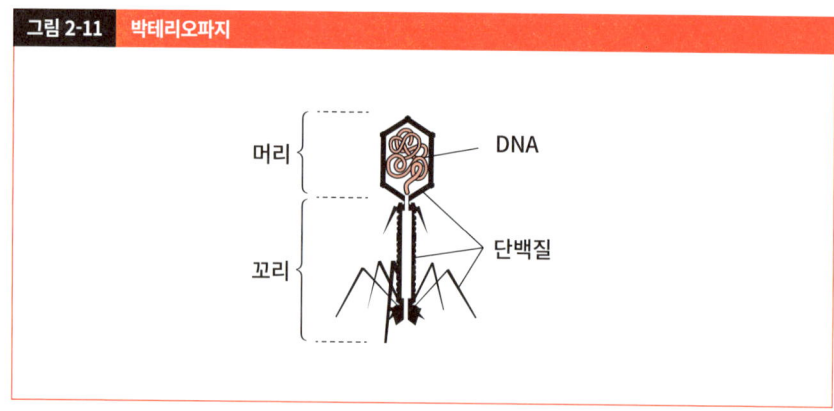

그림 2-11 박테리오파지

그림 2-12 1952년 허시와 체이스의 실험

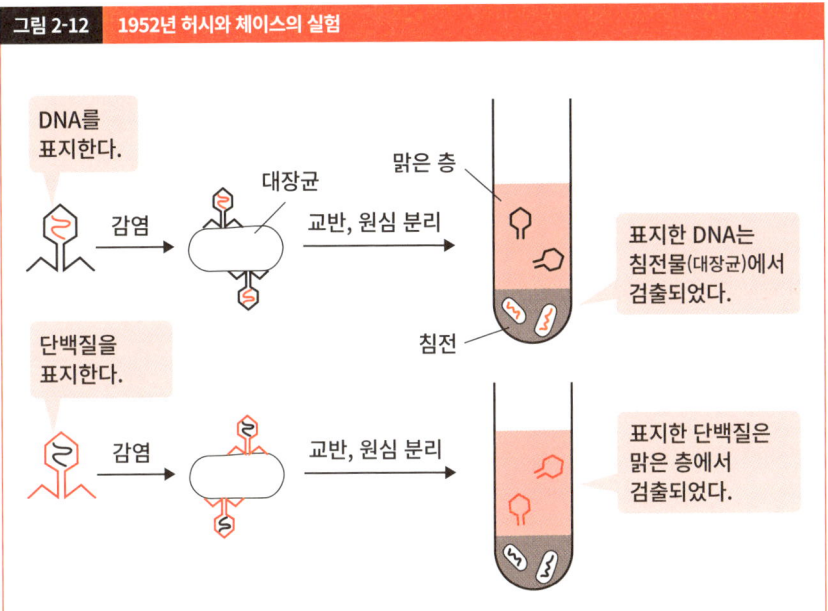

그림 2-13 박테리오파지의 증식 방법

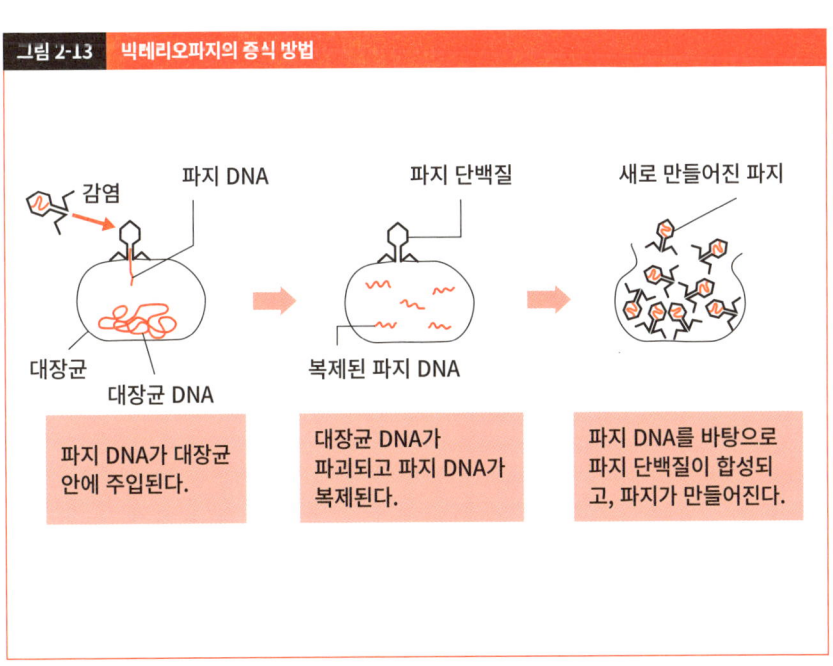

DNA에는 인(P)은 있지만 황(S)이 없고, 반대로 단백질에는 황(S)은 있지만 인(P)이 없습니다. 허시와 체이스는 인과 황의 방사성 동위원소(^{32}P, ^{35}S)로 파지의 DNA와 단백질에 각각 표지를 남겼고, 각각 대장균에 감염시켰을 때 어떤 물질이 균체에 들어가는지 분석했습니다.

실험 과정은 간단합니다. 우선 표지한 파지를 대장균에 붙이고 파지가 유전자를 주입하는 동안(약 5분) 기다립니다. 그다음 교반기로 파지를 대장균 표면에서 떼어 냅니다. 그리고 대장균이 원심력에 침전되었을 때, 위층과 아래층 중 어디에서 방사성 동위원소가 검출되는지 분석합니다. 실험 결과, 단백질을 표지한 파지를 사용한 실험군에서는 표지(^{35}S)가 맑은 위층에서 많이 검출되었지만, DNA를 표지한 파지를 사용한 실험군에서는 표지(^{32}P)가 대장균이 침전한 아래층에서 검출되었습니다. 즉 단백질은 대장균에 들어가지 않고 DNA만 대장균에 들어가 파지를 만드는 데 사용되었다는 뜻입니다. 이 실험으로 **유전자의 본체가 DNA라는 사실이 증명되었습니다.** 그리고 허시와 체이스는 이 업적을 인정받아 1969년에 노벨상을 받았습니다.

이론적인 내용은 이 정도만 알아도 충분합니다. 그런데 두 사람의 연구에 뒷이야기가 있다는 걸 아시나요? 사실 허시와 체이스의 실험에서는 DNA뿐만 아니라 약 20%의 파지 단백질도 대장균과 함께 침전했답니다. 오차로 볼 수 없을 만큼 큰 값이지요. 왜 사람들은 에이버리의 정밀한 실험에는 반박했으면서 허시와 체이스의 실험은 당연하게 받아들였을까요?

이를 이해하려면 당시 사회의 분위기를 알아야 합니다. 에이버리가 실험했던 1940년대는 유전자의 본체가 DNA라는 사실에 회의적인 과학자가 많았습니다. 하지만 1950년대에 왓슨과 크릭이 DNA의 이중 나선 모형을 발표하면서 많은 과학자가 유전자의 본체는 DNA일지도 모른다고 생각하게 되었습니다. 한순간에 분위기가 바뀐 것이지요. 참고로 허시와 체이스의 노벨상 수상이 결정되자 연구의 시초인 에이버리에게 노벨상을 주어야 한다는 과학자들도 나타났습니다. 실제로 그렇게 되지는 않았지만요.

| 제 2 장 | 분자생물학   DNA의 복제

DNA는 어떻게 복제될까?

DNA 이중 나선 구조는 염기 서열을 유지하면서 분자를 복제할 수 있다는 장점이 있습니다. 분자가 자신과 구조가 같은 분자를 만들어 내는 현상을 **자기 복제**라고 하는데, 자기 복제를 할 수 있는지가 유전 정보를 전달하는 물질이 되기 위한 최소 조건입니다.

 ## DNA의 복제

앞에서 소개했다시피 DNA를 구성하는 네 종류의 염기에는 **상보성**이 있습니다. **A**는 **T**와, **G**는 **C**와 쌍을 이루지요. DNA 복제 과정에도 이 특징이 이용됩니다.

 DNA가 복제될 때는 우선 효소의 작용으로 나선이 풀리고, DNA의 이중 가닥을 묶는 염기 사이의 결합이 끊어져 단일 가닥 두 개가 만들어집니다. 그다음에는 단일 가닥이 된 각 뉴클레오타이드 사슬을 주형으로 상보적인 염기를 가진 뉴클레오타이드가 염기와 염기 사이에 느슨한 결합(**수소 결합**)을 만듭니다. 마지막으로 뉴클레오타이드끼리 당과 인산 사이에 강한 결합을 만들면서 새로운 뉴클레오타이드 사슬이 완성됩니다.

 복제된 두 DNA의 염기 서열에는 각각 원래 DNA의 단일 가닥 서열이 그대로 들어 있는데, 이러한 복제 방법을 **반보존적 복제**라고 합니다. 반보존적 복제로 **원래 DNA와 복제된 두 DNA는 완전히 같은 염기 서열을 가지게 됩니다.** 나중에 자세히 배우겠지만, 유전 정보는 DNA의 염기 서열에 담겨 있습니다. 따라서 **같은 염기 서열을 가진 DNA가 복제되면 유전 정보도 복제된다고 할 수 있습니다.**

그림 2-14 DNA의 반보존적 복제

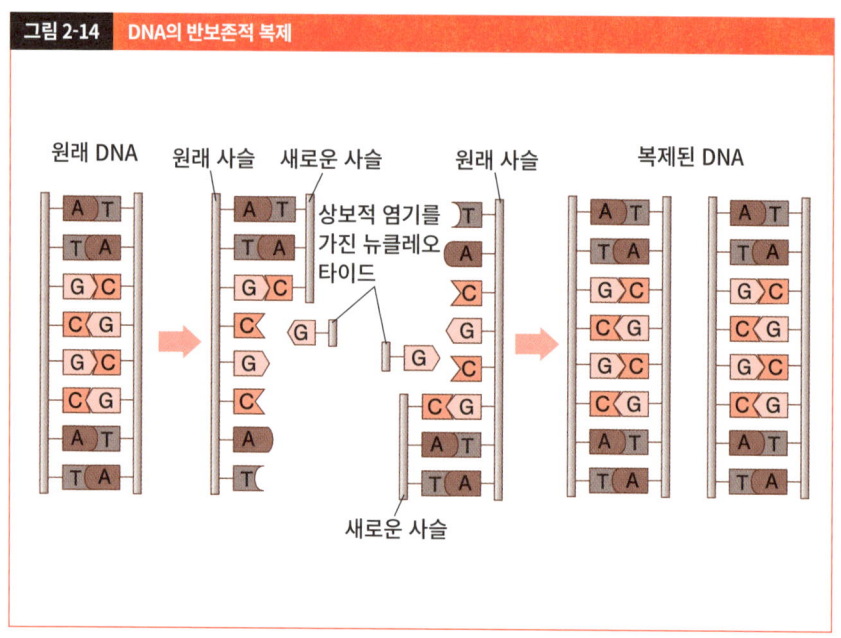

DNA를 합성할 때 필요한 에너지는 어디서 왔을까?

DNA 사슬이 복제될 때 나타나는 뉴클레오타이드 사슬 합성 반응은 동화 반응이므로 에너지가 필요합니다. 이 에너지는 어디서 왔을까요? 이번에도 에너지로 쓰이는 물질은 ATP일까요? 사실 DNA를 합성하는 재료인 뉴클레오타이드는 자체적으로 에너지를 가지고 있어 ATP 같은 에너지 분자가 필요하지 않답니다.

핵 안에는 DNA를 합성하는 데 필요한 뉴클레오타이드가 삼인산 형태(뉴클레오사이드 삼인산)로 존재합니다. 인산끼리는 **고에너지 인산 결합**으로 연결되어 있는데, 이 결합이 끊어지면서 이인산이 방출될 때 나오는 에너지가 뉴클레오타이드 사이의 결합을 만들 때 사용됩니다. 그리고 이 반응은 **DNA 중합 효소**라는 효소가 촉매하는 반응인데요. DNA 중합 효소는 원래 있던 뉴클레오타이드 사슬 3' 말단의 당에 새로운 뉴클레오타이드의 인산을 연결하는 효소입니다. 따라서 **뉴클레오타이드 사슬은 무조건 3' 말단 방향으로만 합성됩니다.**

그림 2-15   뉴클레오타이드 사슬 합성 반응

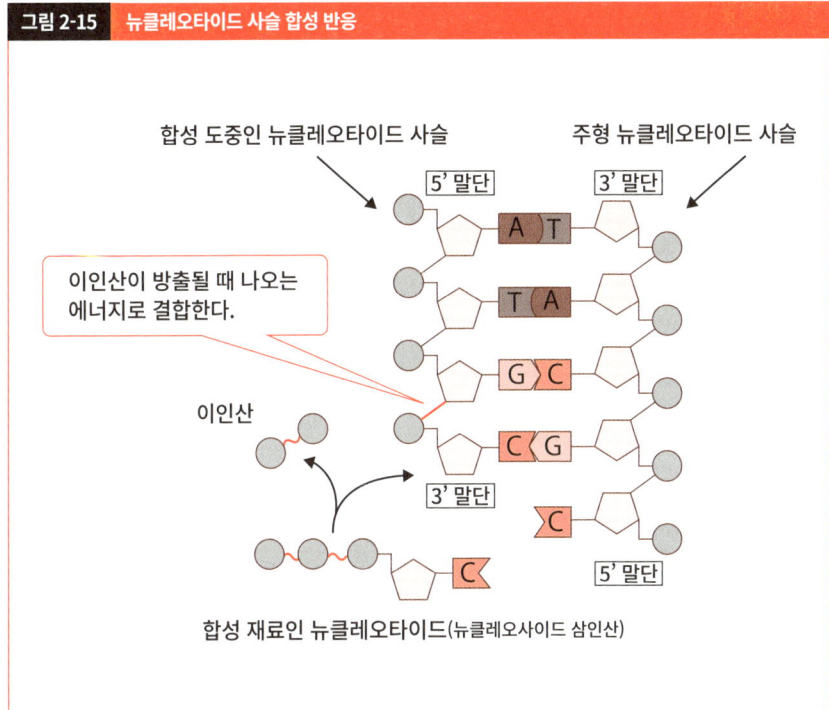

DNA 복제 원리를 이용하는 PCR

PCR(Polymerase Chain Reaction, 중합 효소 연쇄 반응)은 염기 서열을 유지하면서 DNA 조각을 인공적으로 수만 배까지 불리는 기술입니다. DNA의 연금술이라고 할 수 있겠네요. 신종 코로나바이러스 검사에 활용되면서 대중에게 알려진 만큼 들어본 분들도 많으리라고 생각합니다. 이번에는 PCR의 원리를 배워 보겠습니다.

  DNA의 이중 가닥은 온도가 높아지면 염기 사이의 결합이 끊어지며 한 가닥씩 나뉩니다. 하지만 한번 분리된 DNA도 온도가 낮아지면 재결합하여 다시 원래의 두 가닥으로 돌아옵니다. 이 성질을 이용하여 다음에 소개한 **'PCR에 필요한 물질'**을 마이크로튜브에 넣고 가열과 냉각을 반복하면 DNA가 증폭됩니다.

[PCR에 필요한 물질]
- **증폭할 DNA**: 분석 대상인 DNA. 혈액이나 조직 등의 검체에서 추출한다.
- **프라이머**: 인공적으로 합성한 약 20bp짜리 DNA 단일 가닥. 증폭할 염기 서열 양 끝에 결합해야 하므로 두 종류가 필요하다.
- **열에 강한 DNA 중합 효소**: DNA 뉴클레오타이드 사슬을 합성하는 효소로, 고온에서도 변성하지 않는 내열성이 있는 효소가 사용된다. 온천에서 자라는 세균에서 추출한다.
- **뉴클레오타이드**(뉴클레오사이드 삼인산): DNA의 재료이다. A, T, G, C 등 네 종류의 염기가 모두 필요하다.

[PCR 과정]
① 95°C로 가열한다: DNA 이중 가닥이 단일 가닥 2개로 나뉜다.
② 60°C로 냉각한다: 각 DNA 단일 가닥에 프라이머가 결합하여 부분적으로 이중 가닥을 형성한다. 이때 원래 DNA 가닥끼리 재결합할 가능성도 있지만, 프라이머가 짧고 매우 많이 들어 있으므로 원래 DNA끼리 이중 가닥을 만들 확률보다 DNA 가닥과 프라이머가 결합할 확률이 높다.
③ 72°C로 가열한다: DNA 중합 효소가 최적 온도인 72°C에서 작용하면 프라이머를 기점으로 뉴클레오타이드 사슬이 합성된다. 이때 합성 방향은 3' 말단 방향이다. DNA 중합 효소는 주형이 되는 사슬의 끝부분까지 상보적인 사슬을 합성한다.

①~③이 한 사이클이고, 이 과정을 반복하는 동안 DNA는 기하급수적으로 늘어납니다. 한 사이클에 필요한 시간은 약 2분이므로 한 시간만 있으면 30사이클, 즉 DNA를 2^{30}배로 불릴 수 있습니다. 온도는 서멀 사이클러라는 기계에서 자동으로 관리합니다.

프라이머를 설계하려면 증폭할 DNA 영역 양 끝부분의 염기 서열을 알고 있어야 합니다. 프라이머는 증폭 영역 양 끝의 15~30bp에 해당하는 염기 서열에 상보적인 염기 서열을 가지도

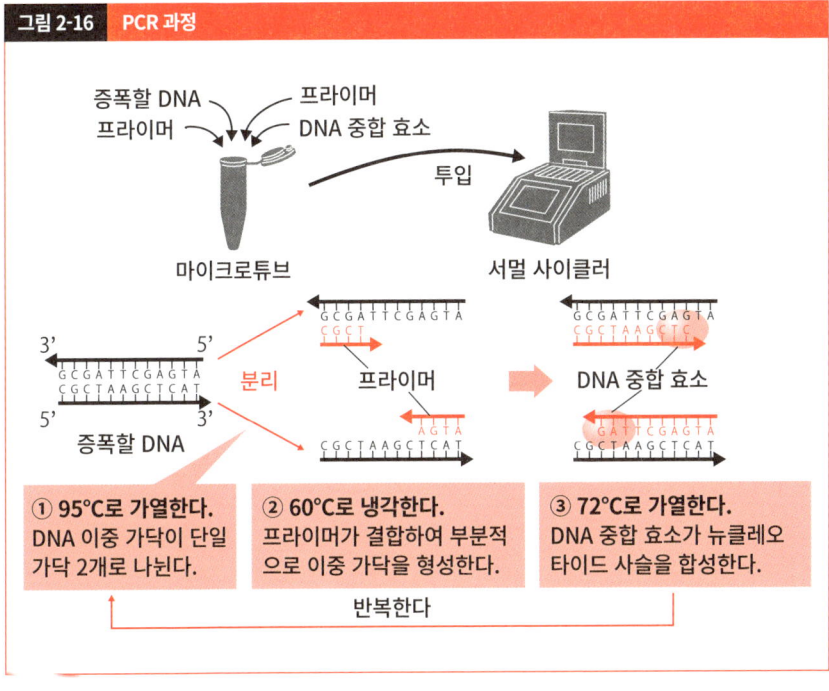

록 합성한 DNA 단일 가닥입니다. 그리고 프라이머는 대부분 증폭할 DNA에 특이적인 서열에 결합합니다. 가령 바이러스 감염 여부를 판단할 때는 바이러스의 유전체를 분석해서 특정 영역만 증폭하는 프라이머를 설계합니다. 프라이머를 제대로 설계하지 않으면 의도하지 않은 유전체에도 프라이머가 결합하므로 불필요한 영역이 증폭되거나 아예 DNA가 증폭되지 않기도 합니다.

신종 코로나바이러스 PCR 검사에 필요한 준비

PCR은 신종 코로나바이러스 감염증을 진단할 때 유용한 방법이지만, 코로나바이러스의 유전체를 전부 증폭할 수는 없습니다. 왜냐하면 **코로나바이러스의 유전자는 DNA가 아니라 RNA이므로 그대로는 PCR에 사용할 수 없기 때문**인데요. 그래서 PCR을 하기 전에 **역전사**

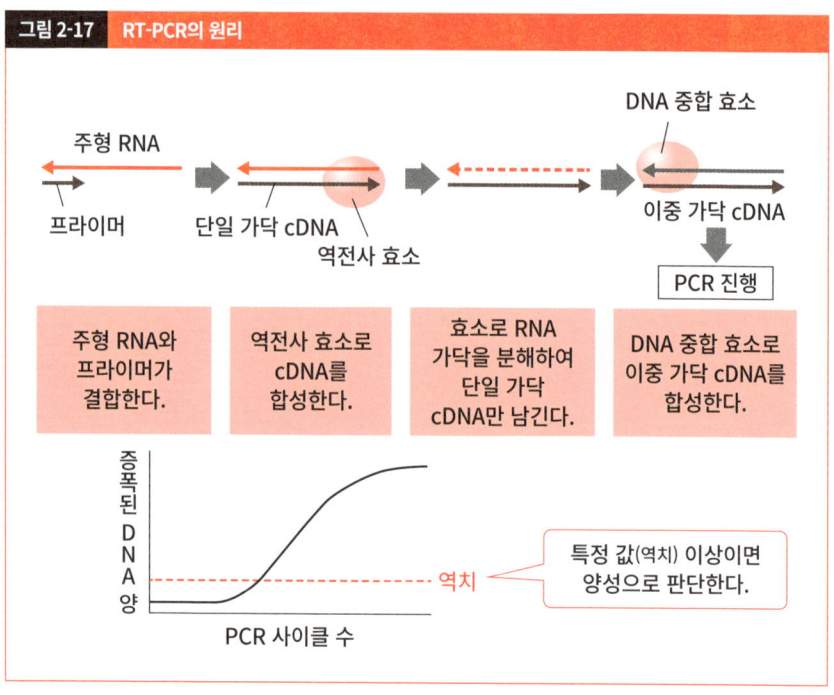

그림 2-17　RT-PCR의 원리

효소로 바이러스의 RNA에서 DNA를 합성하는 과정이 필요합니다. 말 그대로 전사와 반대 방향으로 진행되는 역전사(97쪽)는 RNA의 염기 서열을 DNA로 옮겨 적는 과정입니다. 역전사 효소가 작용하여 RNA에서 옮겨 적은 DNA를 cDNA(complementary DNA, 상보적 DNA)라고 합니다. 신종 코로나바이러스 PCR 검사에서는 콧물이나 침에 바이러스가 섞여 있다는 가정하에 바이러스를 파괴해서 유전자(주형 RNA)를 추출합니다. 그리고 역전사 효소가 작용하기를 기다렸다가 PCR을 진행합니다. 그 결과 바이러스의 cDNA가 증폭되면 양성으로 판단하고, 아무것도 증폭되지 않으면 음성으로 판단합니다. 이처럼 역전사 효소와 PCR을 조합한 방법을 **RT-PCR**(**R**everse **T**ranscription **P**olymerase **C**hain **R**eaction, 역전사 PCR)이라고 합니다.

체세포 분열과 감수 분열

DNA 복제가 완료되면 세포 분열이 시작되면서 모세포(분열하기 전의 세포)에서 딸세포(분열로 만들어진 세포)로 DNA가 분배됩니다. 세포 분열은 **체세포**(몸을 구성하는 세포)를 만드는 **체세포 분열**과 **생식 세포**(정자와 난자)를 만드는 **감수 분열**로 나뉩니다. 체세포 분열이든 감수 분열이든 분열이 일어나기 전에 DNA가 복제된다는 점은 같지만, DNA가 분배되는 방식이 다릅니다.

체세포 분열이 일어날 때 염색체가 분배되는 과정

DNA는 단백질과 함께 **염색체**라는 물질을 구성합니다. 세포가 분열하지 않는 시기를 **간기**라고 하는데, 간기일 때 염색체는 실처럼 풀어진 채 핵 안에 분산되어 있고, 이 상태에서 DNA가 복제됩니다. 그리고 **분열기(M기)**가 되면 염색체는 몇 겹으로 접혀 굵고 짧은 끈처럼 변합니다. 분열기(전기~중기)의 염색체는 복제된 이중 가닥 DNA가 접혀 만들어진 끈 2개 중 일부가 묶인 다발 형태입니다. 그리고 후기에는 나무젓가락을 쪼개듯이 끈 두 가닥이 분리되어 각각 다른 세포로 들어갑니다. 이러한 과정을 거쳐 **완전히 같은 유전 정보를 가진 DNA가 두 세포에 정확하게 분배됩니다.** 체세포 분열이 일어나는 세포에서는 간기와 분열기가 주기적으로 반복되는데, 이 주기를 **세포 주기**라고 합니다. 분열기의 염색체는 광학 현미경으로 관찰할 수 있으며 형태에 따라 분열기를 전기, 중기, 후기, 말기로 구분합니다. 분열기가 끝나면 세포는 다시 간기에 들어가고, 그동안 DNA가 복제됩니다. 간기는 DNA 복제 과정을 준비하는 G_1기, DNA가 합성되는 S기, 분열을 준비하는 G_2기로 나뉩니다.

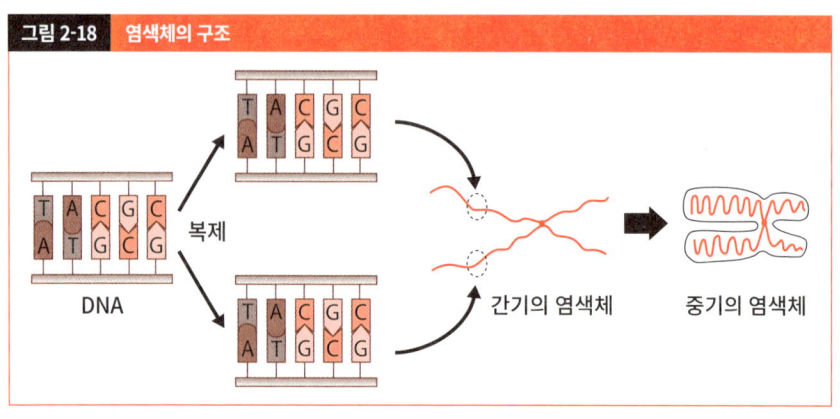

그림 2-18 염색체의 구조

그림 2-19 세포 주기와 DNA 양의 변화

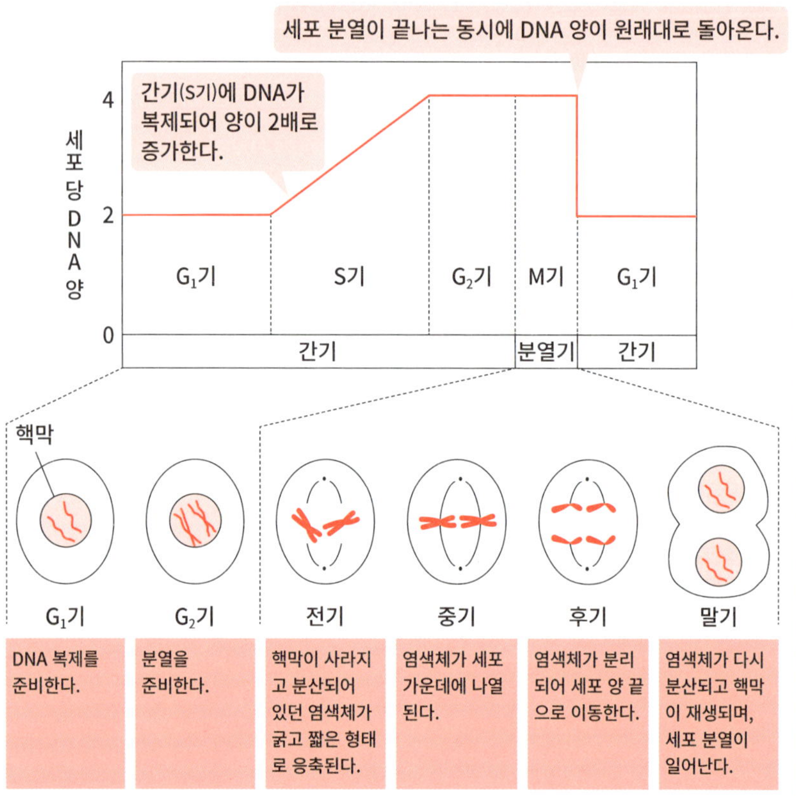

상동 염색체란 무엇일까?

감수 분열을 이해하려면 그 전에 먼저 염색체의 특징을 알아야 합니다.

염색체 수는 종마다 다른데, 인간의 염색체는 46개입니다. 그런데 46개가 전부 다른 게 아니라 크기와 형태가 같은 염색체가 한 쌍씩 있으므로 보통 인간의 염색체는 23쌍으로 표현합니다(한 쌍은 성염색체). 이때 크기와 모양이 같은 염색체를 **상동 염색체**라고 합니다. 상동 염색체 한 쌍 중 한쪽은 아버지에게서, 다른 한쪽은 어머니에게서 물려받은 것이며, 정자와 난자가 만나 수정한 순간 한 쌍이 됩니다.

그림 2-20·21·22 각종 생물의 염색체 수, 상동 염색체, 인간의 염색체(남성)

생물의 이름	염색체 수
인간	46
노랑초파리	8
누에나방	56
미국가재	200
완두	14
벼	24
밀	42

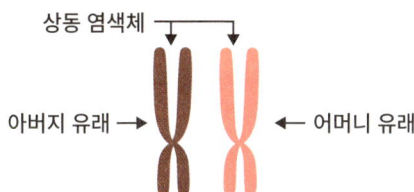

상동 염색체 / 아버지 유래 → ← 어머니 유래

인간의 염색체에 크기가 큰 염색체부터 번호를 매기는데, 번호가 같은 한 쌍의 염색체를 상동 염색체라고 한다. 번호가 매겨진 염색체는 남녀 공통인 상염색체 22쌍이다. 23번째 쌍은 성염색체인데, 여성의 성염색체는 상동(XX)이지만 남성의 성염색체는 상동이 아니다(XY).

감수 분열에서 염색체가 분배되는 과정

정자와 난자(식물은 정세포와 난세포)와 같은 생식 세포가 합쳐져 새로운 개체를 만드는 생식 방법을 **유성 생식**이라고 합니다. **유성 생식으로 태어난 자식은 부모로부터 각각 유전 정보를 부분적으로 물려받으므로 유전 정보가 부모와 완전히 같지 않습니다.** 감수 분열 덕에 생물은 자손의 유전적 다양성을 확보하고 환경에 대한 적응력을 키울 수 있게 되었습니다.

유성 생식에 필요한 생식 세포는 **감수 분열**로 만들어집니다. '감수'란 염색체 수가 반으로 줄어든다는 뜻인데, 실제로 감수 분열로 만들어진 딸세포의 염색체 수는 모세포의 절반입니다. 생식 세포끼리 합체하면 염색체 수가 2배로 늘어나므로 생식 세포를 만드는 단계에서 염색체 수를 미리 절반으로 나누는 것이 감수 분열의 의의입니다. 감수 분열에서는 **제1 분열**과 **제2 분열**이 간기 없이 연속해서 일어나며, 결과적으로 하나의 모세포에서 딸세포 4개가 만들어집니다.

[간기]
감수 분열이 시작되기 전에 DNA가 복제된다.

[제1 분열]
상동 염색체끼리 달라붙어(접합) **2가 염색체**라는 물질을 만듭니다. 그리고 **접합한 상동 염색체가 둘로 나뉘어 양 끝으로 이동한 끝에 서로 다른 세포로 들어갑니다.** 그래서 제1 분열에서 만들어진 2개의 세포는 원래 세포의 절반밖에 안 되는 염색체와 함께, 서로 다른 유전 정보를 가집니다. 그리고 각 세포에 들어가는 염색체의 조합 역시 감수 분열 때마다 달라지므로 염색체의 조합은 거의 무한에 가까울 정도로 많습니다.

그림 2-23 감수 분열

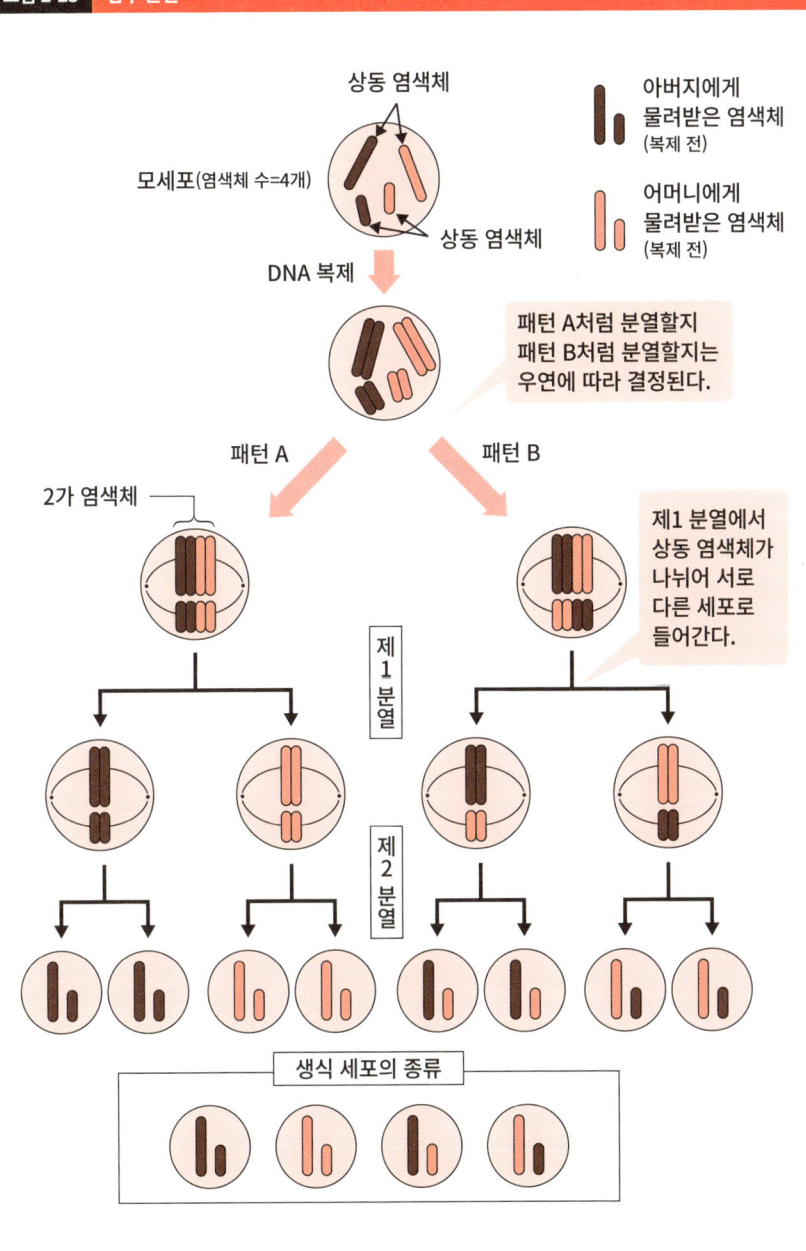

[제2 분열]

제2 분열은 기본적으로 체세포 분열과 같습니다. 젓가락 쪼개듯이 분리된 염색체가 서로 다른 세포에 들어가는 과정이기 때문이지요. 제2 분열에서 염색체 수는 변하지 않고, DNA 양만 절반으로 줄어듭니다.

그림에서 알 수 있다시피 접합되어 있던 상동 염색체가 제1 분열로 나뉘어 서로 다른 세포로 들어갈 때, 아버지로부터 물려받은 염색체와 어머니로부터 물려받은 염색체 중 무엇이 딸세포로 들어갈지는 전부 우연에 달려 있습니다.

한 사람이 만들 수 있는 생식 세포의 염색체 조합이 얼마나 될지 계산해볼까요? 인간의 경우 모세포(어머니의 유전 정보를 물려받은 세포가 아니라 분열하기 전의 세포)의 염색체가 46개(상동 염색체 23쌍)이므로 생식 세포의 염색체는 23개입니다. 그리고 각 염색체는 아버지나 어머니 중 한쪽을 물려받으므로 만들어질 수 있는 조합은 총 2^{23}개입니다. 결과적으로 부모님으로부터 태어난 아이가 가질 수 있는 염색체 조합은 $2^{23} \times 2^{23}$개=2^{46}, 약 70조 개나 됩니다. 따라서 **같은 부모로부터 태어난 형제자매의 염색체 조합이 같을 가능성은 0에 가깝습니다.**

감수 분열에서 일어나는 염색체 교차

감수 분열로 다양한 생식 세포가 만들어지는 배경에는 염색체의 분배뿐만 아니라 **염색체의 교차**도 있습니다. 염색체 교차란 제1 분열이 일어날 때 상동 염색체끼리 부분적으로 교환되는 현상입니다. 교차가 일어날 때는 상동 염색체끼리 교차하는 **교차점**(chiasma)이 만들어집니다. 교차점에서는 효소가 작용하여 염색체가 절단되고 다른 염색체와 연결됩니다. 그 결과 <u>아버지에게 물려받은 염색체와 어머니에게 물려받은 염색체가 부분적으로 연결된, 새로운 염색체가 만들어집니다.</u> 교차점이 만들어지는 위치는 정해진 게 아니라 다양합니다. 따라서 교환되는 염색체의 범위도 감수 분열 때마다 달라집니다.

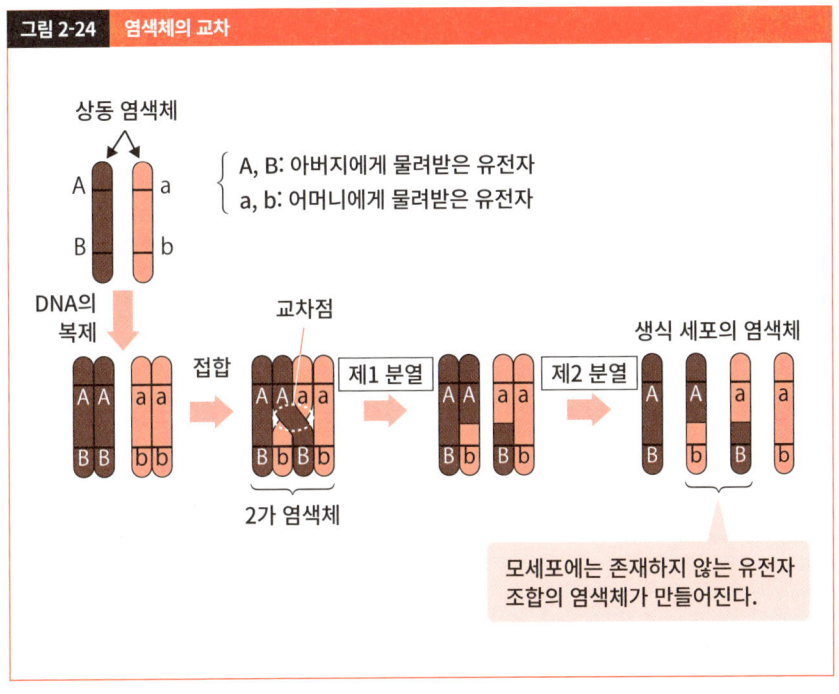

그림 2-24 염색체의 교차

염색체에는 수많은 유전자가 존재하므로 염색체 교차가 일어나면 부모님께 각각 물려받은 유전자가 조합된 새로운 염색체가 만들어집니다. 이처럼 **감수 분열에서는 염색체 분배뿐만 아니라 염색체 교차도 일어나므로 생식 세포의 유전적 다양성은 무한하게 확대됩니다.**

동물의 생식 세포 형성

동물의 생식 세포인 정자와 난자는 각각 정소와 난소에서 만들어집니다. 생식 세포의 근원이 되는 **원시 생식 세포**는 정소와 난소가 만들어지기 한참 전에 나타나 체세포와는 다른 발생 과정을 거칩니다. 원시 생식 세포는 미분화 상태의 정소와 난소로 이동하여 **정원세포**와 **난원세포**로 분화합니다.

그림 2-25 정자의 형성

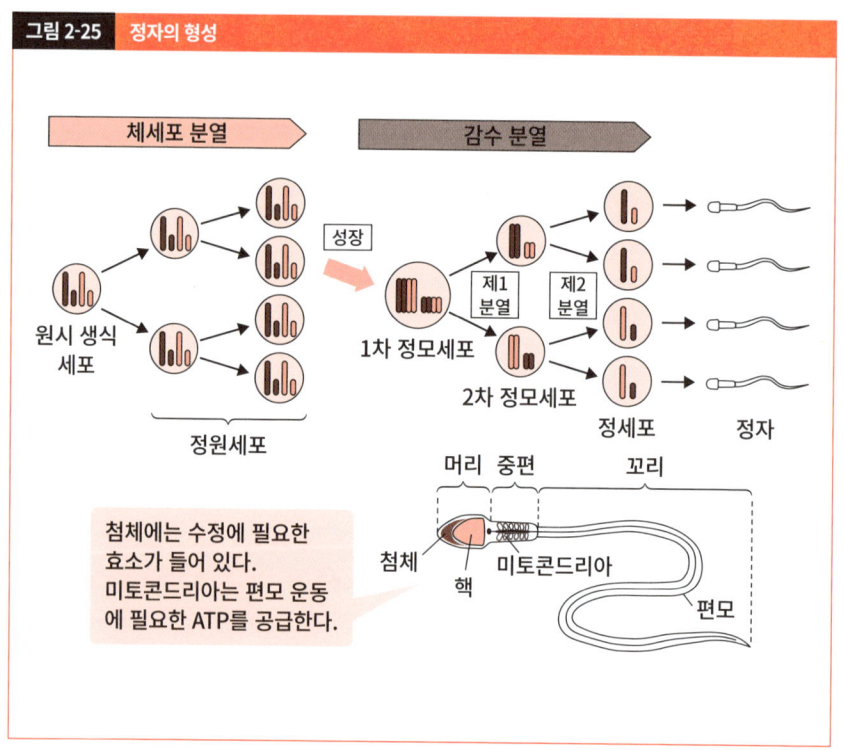

정자의 형성

정소에서는 정원세포가 체세포 분열을 반복하며 증식하다가 일부 정원세포가 **1차 정모세포**로 자랍니다. 감수 분열을 시작한 1차 정모세포에서 제1 분열을 거쳐 2개의 **2차 정모세포**가 되고, 제2 분열을 거쳐 4개의 **정세포**가 됩니다. 그리고 정세포는 **정자**로 형태가 바뀝니다.

정자의 역할은 아버지의 유전 정보를 난자까지 전달하는 것입니다. 이 때문에 불필요한 세포질을 떼어 내고 거의 **핵**만 남은 상태로, 수정에 필요한 효소로 가득한 **첨체**가 붙은 **머리**를 만듭니다. 그리고 운반에 필요한 편모가 달린 **꼬리**를 형성합니다. 편모가 붙어 있는 **중편**에는 미토콘드리아가 집중되어 있어 편모 운동에 필요한 에너지인 ATP를 만듭니다.

난자의 형성

난소에서는 난원세포가 체세포 분열을 반복하며 증식하다가 일부 난원세포가 **1차 난모세포**로 자랍니다. 1차 난모세포는 난포 세포라는 체세포에 둘러싸여 난황 등의 성분을 축적하며 성장합니다. 1차 난모세포에서 감수 분열이 일어나는데, 난자 형성 과정에서는 축적된 난황이 한쪽 세포로 쏠리는 불균형한 분열이 일어납니다. 그 결과 제1 분열에서는 난황이 집중된 **2차 난모세포**와 세포질이 매우 적은 **제1 극체**가 만들어지고, 제2 분열에서는 난황이 집중된 **난자**와 세포질이 매우 적은 **제2 극체**가 만들어집니다. 제1 극체와 제2 극체는 수정하지 않고 그대로 소멸합니다. 이처럼 **난자가 만들어질 때는 1차 난모세포에 축적된 난황이 대부분 하나의 난자로 전해집니다.**

아버지의 유전 정보를 난자에 전달하는 정자와 달리 **난자는 어머니의 유전 정보를 자식에게 전달할 뿐만 아니라 배아가 확실하게 형성되도록 하는 역할도 합니다.** 수정 후 배아가 영양 부족으로 죽지 않도록 난자는 난황을 축적하여 커졌지만, 그 대신 정자와 같은 운동 능력

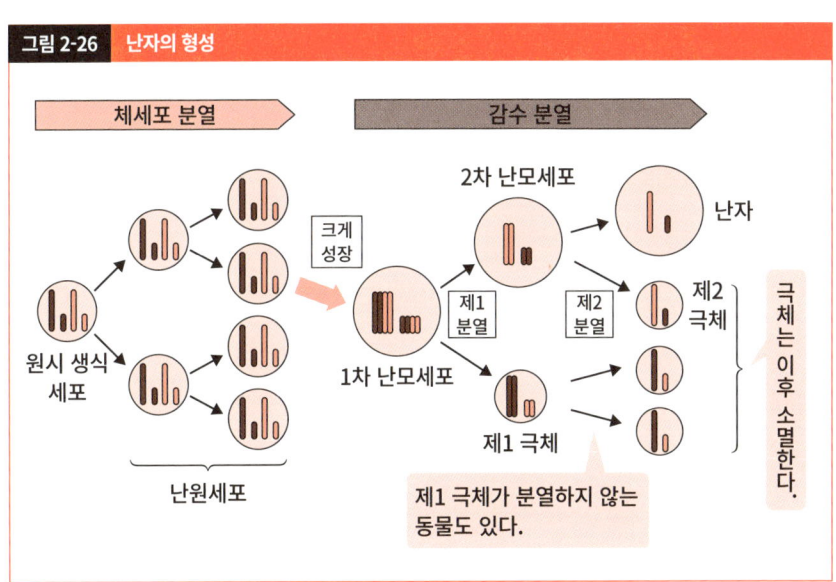

그림 2-26 난자의 형성

을 잃었습니다. 그리고 난자에는 **모성 효과 인자**라는 초기 발생에 필요한 단백질과 RNA가 축적되어 있는데, 이는 배아 형성에 중요한 역할을 합니다.

이처럼 **난자는 난황과 모성 효과 인자 같은 성분이 들어 있는 만큼 정자를 만들 때보다 많은 자원을 필요로 합니다.** 보통 암컷이 만드는 난자의 수는 같은 종의 수컷이 만드는 정자보다 훨씬 적습니다. 그리고 이 불균형 때문에 정자의 운명은 대부분 수정하지 못하고 끝납니다. 흰동가리는 다 자라지 않았을 때는 적은 영양분으로 많은 정자를 만들 수 있는 수컷으로 살다가, 무리에 암컷이 없을 때는 몸집이 큰 수컷이 암컷으로 성전환하여 수정 확률이 높은 난자를 만듭니다. 이 또한 번식 성공률을 최대화하는 흰동가리만의 방법이라고 할 수 있지요.

인간의 생식 세포 형성

인간은 수정 후 3주째 배아에 원시 생식 세포가 나타나고, 수정하고 1개월 후에는 난소 또는 정소가 만들어지는 부위로 이동합니다. 이동한 원시 생식 세포는 남성이라면 **정원세포**, 여성이라면 **난원세포**로 분화하여 체세포 분열로 증식합니다.

남성의 경우 정원세포는 태아기에 일시적으로 활동을 멈추며, 태어난 후에도 바로 활동하지 않습니다. 사춘기가 되어서야 체세포 분열을 재개하는 동시에 일부 세포가 **1차 정모세포**로 분화하고, **1차 정모세포는 감수 분열로 정자를 만듭니다.** 1차 정모세포의 감수 분열은 평생 계속되므로 남성은 한평생 정자를 꾸준히 만듭니다.

여성은 조금 다릅니다. **태아기에 일부 난원세포가 1차 난모세포로 성장하여 감수 분열을 시작하는데요.** 제1 분열 전기까지 진행된 상태에서 잠시 분열을 멈추고, 태어난 후에도 한동안 활동하지 않습니다. 사춘기가 되면 그중 일부가 감수 분열을 재개하여 제2 분열 중기까지 진행한 다음 또다시 분열을 멈춥니다. 그리고 **감수 분열이 완료되지 않은 상태의 2차 난모세포가 한 달에 한 개씩 배출되는데, 이를 배란이라고 합니다.** 배란된 2차 난모세포가 수정하면 중단되었던 감수 분열이 다시 시작되어, 제2 극체를 방출하면서 난자의 핵이 형성됩니다. 이

그림 2-27 인간의 생식 세포 형성

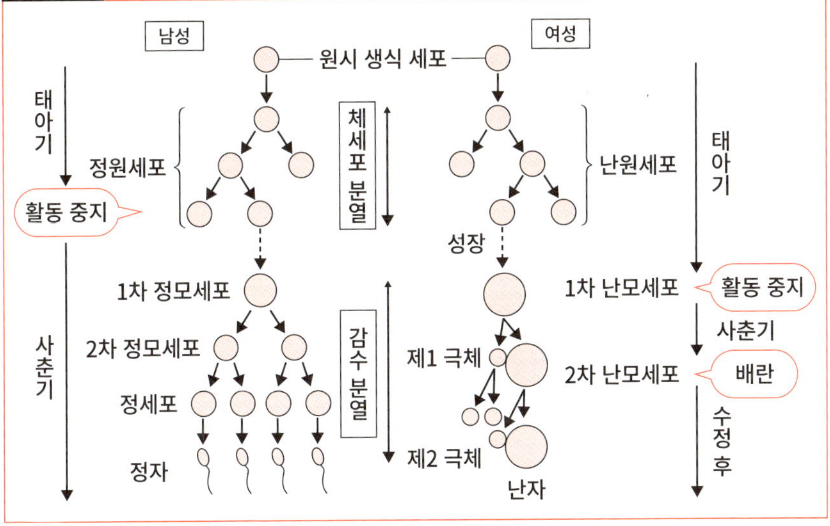

[그림: 남성과 여성의 생식 세포 형성 과정]

처럼 태아기에 시작된 감수 분열이 수정 후에 완료되면서 난자 형성 과정이 마무리됩니다.

참고로 막 태어난 여자아이의 난소에는 약 200만 개의 1차 난모세포가 있는데, 성장하면서 대부분 죽고 사춘기까지는 약 40만 개의 1차 난모세포가 살아남는다고 합니다. 그리고 배란된 2차 난모세포는 약 500개까지 줄어들지요. 이처럼 남성과 여성이 한평생 만드는 생식 세포의 수는 극단적으로 차이가 납니다.

수정되면 원래대로 돌아가는 상동 염색체 쌍

보통 정자와 난자가 수정하면 난자의 핵과 정자의 핵이 융합하여 염색체 수가 원래대로 체세포와 같아지는 동시에 상동 염색체도 쌍을 이룹니다. 그러나 인간은 수정 직후 난자의 핵과 정자의 핵이 바로 융합하지 않고 나란히 위치한 상태에서 최초의 체세포 분열에 들어갑니다. 그 결과 배아에서 만들어진 2개의 딸세포는 핵 안에 46개의 염색체를 가진 일반적인 체세포가 됩니다.

제 2 장 | 분자생물학   유전자와 단백질

유전자는 단백질의 설계도

DNA의 일부 영역은 **유전자**로 작용합니다. 50쪽에서 설명했다시피 분자생물학이 발전한 현대에서 **유전자의 정의는 핵산 분자의 단백질 구조를 결정하는 영역**인데요. 이번 장에서는 유전자와 단백질의 관계를 알아보겠습니다.

유전자와 단백질의 관계

간단히 말하면 유전자는 단백질의 설계도를 담당하는 DNA 또는 RNA의 영역입니다. 단백질은 우리 몸을 구성하는 유기물 중 가장 높은 비율을 차지하는 물질인 만큼, 머릿결이나 홍채 색 같은 형질이 유전자에 달려 있다는 사실을 우리는 직감적으로 이해하고 있습니다. 이뿐만 아니라 유전자는 벼 씨젖의 형질, 이를테면 멥쌀과 찹쌀의 차이에도 영향을 미칩니다. 어떻게 유전자는 단백질이 아닌 전분(탄수화물)의 성질까지 결정할 수 있을까요? 이는 효소가 관여하기 때문입니다. 효소의 본질은 단백질이라는 설명을 기억하고 있나요(44쪽)? 유전자에 기록된 정보를 바탕으로 만들어진 효소 단백질은 대사를 통해 전분의 성질에 영향을 미칩니다. 멥쌀에는 찰기가 적은 아밀로스와 찰기가 많은 아밀로펙틴이라는 두 종류의 전분이 있지만, 찹쌀에는 아밀로펙틴밖에 없습니다. 이는 찹쌀에서 아밀로스를 합성하는 효소 유전자에 변이가 일어난 탓에 효소가 작용하지 못하여 아밀로스가 합성되지 않기 때문입니다. 이처럼 **유전자는 효소나 호르몬으로 작용하는 단백질을 통해 단백질 이외의 형질에도 영향을 미칩니다.**

그림 2-28 유전자와 단백질의 관계

```
DNA                          단백질

              유전자의      ┌─────────────────────┐
              정보를       │ 인체의 구성 성분을 만든다 │
              바탕으로     │ 예) 케라틴(머리카락, 손톱), 콜라겐(피부, 뼈) │
유전자    →   합성         ├─────────────────────┤
                          │ 효소로 작용한다        │
                          │ 예) 아밀레이스, 펩신, DNA 중합 효소 │
                          ├─────────────────────┤
                          │ 물질을 운반한다        │
                          │ 예) 헤모글로빈(산소), 트랜스페린(철) │
                          ├─────────────────────┤
                          │ 호르몬으로 작용한다    │
                          │ 예) 인슐린, 아드레날린 │
                          ├─────────────────────┤
                          │ 수용체로 작용한다      │
                          │ 예) 인슐린 수용체, 아드레날린 수용체 │
                          ├─────────────────────┤
                          │ 항체로 작용한다        │
                          │ 예) 면역 글로불린      │
                          └─────────────────────┘
```

단백질의 구조

유전자의 작용을 배우기 전에 단백질이 어떤 물질인지부터 알아봅시다. 단백질은 긴 사슬처럼 연결된 **아미노산**이 복잡하게 접힌 구조의 물질입니다. 단백질을 구성하는 아미노산은 어떤 생물이든 공통으로 **20종**뿐입니다. 하지만 단백질의 종류는 훨씬 많습니다. 인간의 단백질은 약 10만 종류나 된다고 합니다. 단백질의 종류는 구성하는 아미노산의 종류와 수, 배열 순서에 따라 결정됩니다.

아미노산이란 무엇일까?

아미노산은 탄소 원자(**C**)에 아미노기(**-NH₂**), 카복시기(**-COOH**), 수소 원자(**H**), 그리고 곁사슬이라는 이름의 치환기(**R**)가 결합한 유기물입니다. 모든 아미노산은 아미노기, 카복시기, 수소

원자가 공통으로 달려 있습니다. 즉 **아미노산을 구분하는 요소는 곁사슬입니다.** 단백질 중 아미노산의 곁사슬은 20종류이며, 친수성과 소수성, 산성과 염기성 등 저마다 화학적 성질이 다릅니다. 이러한 곁사슬의 화학적 성질이 단백질의 입체 구조에 영향을 미칩니다.

아미노산 중에서도 몸속에서 합성되지 않아 영양분으로 섭취해야 하는 아미노산을 **필수 아미노산**이라고 합니다.

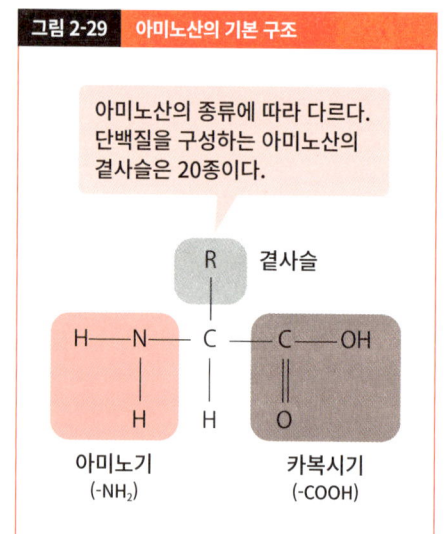

아미노산을 둘러싼 커다란 수수께끼

단백질을 구성하는 20종의 아미노산 중 글라이신을 제외한 19종은 **광학 이성질체**입니다. 광학 이성질체란 왼손과 오른손처럼 거울에 비추면 서로 겹치는 구조를 가리키는 용어로, **L형**(이하 '왼손잡이')과 **D형**(이하 '오른손잡이')으로 구별합니다. 왼손잡이 아미노산과 오른손잡이 아미노산은 화학적 성질과 에너지가 같지만, 신기하게도 **생물이 단백질로 이용할 수 있는 아미노산은 대부분 왼손잡이입니다.**

왼손잡이 아미노산과 오른손잡이 아미노산을 간단하게 구분할 방법은 '핥는' 것입니다. 같은 아미노산이라도 왼손잡이와 오른손잡이의 맛이 서로 다르기 때문이지요. 가령 다시마 국물의 성분인 글루탐산은 왼손잡이에서만 감칠맛이 느껴지고, 오른손잡이는 거의 아무 맛도 나지 않습니다. 그리고 단새우나 게에 함유된 오른손잡이 알라닌은 설탕의 3배나 되는 단맛을 낸다고 합니다.

2022년 일본에서 쏘아 올린 탐사선 하야부사 2호가 소행성 류구에서 가지고 돌아온 토양

그림 2-30 단백질을 구성하는 아미노산 20종

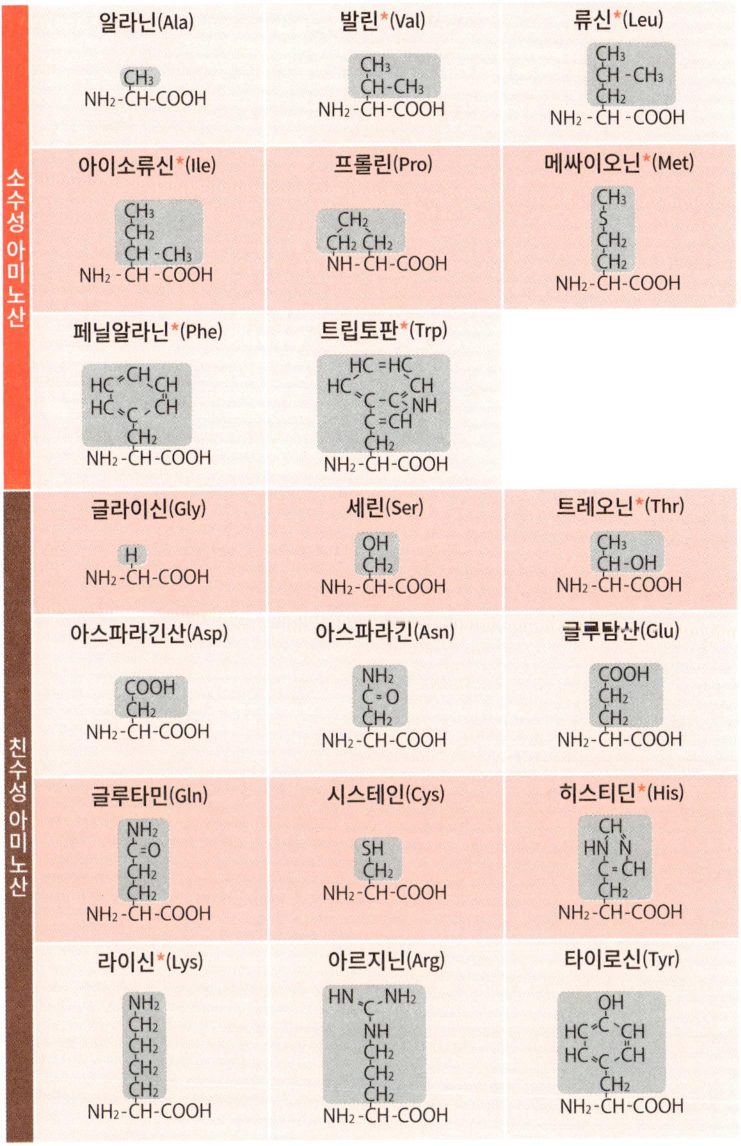

소수성 아미노산

알라닌(Ala)
$$NH_2-CH(CH_3)-COOH$$

발린*(Val)
$$NH_2-CH(CH(CH_3)_2)-COOH$$

류신*(Leu)
$$NH_2-CH(CH_2-CH(CH_3)_2)-COOH$$

아이소류신*(Ile)
$$NH_2-CH(CH(CH_3)-CH_2-CH_3)-COOH$$

프롤린(Pro)
(CH_2-CH_2-CH_2-NH-CH-COOH, 고리구조)

메싸이오닌*(Met)
$$NH_2-CH(CH_2-CH_2-S-CH_3)-COOH$$

페닐알라닌*(Phe)
(벤젠 고리 곁사슬) $NH_2-CH-COOH$

트립토판*(Trp)
(인돌 곁사슬) $NH_2-CH-COOH$

친수성 아미노산

글라이신(Gly)
$$NH_2-CH(H)-COOH$$

세린(Ser)
$$NH_2-CH(CH_2-OH)-COOH$$

트레오닌*(Thr)
$$NH_2-CH(CH(OH)-CH_3)-COOH$$

아스파라긴산(Asp)
$$NH_2-CH(CH_2-COOH)-COOH$$

아스파라긴(Asn)
$$NH_2-CH(CH_2-C(=O)-NH_2)-COOH$$

글루탐산(Glu)
$$NH_2-CH(CH_2-CH_2-COOH)-COOH$$

글루타민(Gln)
$$NH_2-CH(CH_2-CH_2-C(=O)-NH_2)-COOH$$

시스테인(Cys)
$$NH_2-CH(CH_2-SH)-COOH$$

히스티딘*(His)
(이미다졸 곁사슬) $NH_2-CH-COOH$

라이신*(Lys)
$$NH_2-CH(CH_2-CH_2-CH_2-CH_2-NH_2)-COOH$$

아르지닌(Arg)
$$NH_2-CH(CH_2-CH_2-CH_2-NH-C(NH_2)=NH)-COOH$$

타이로신(Tyr)
(4-하이드록시페닐 곁사슬) $NH_2-CH-COOH$

★는 인간의 필수 아미노산

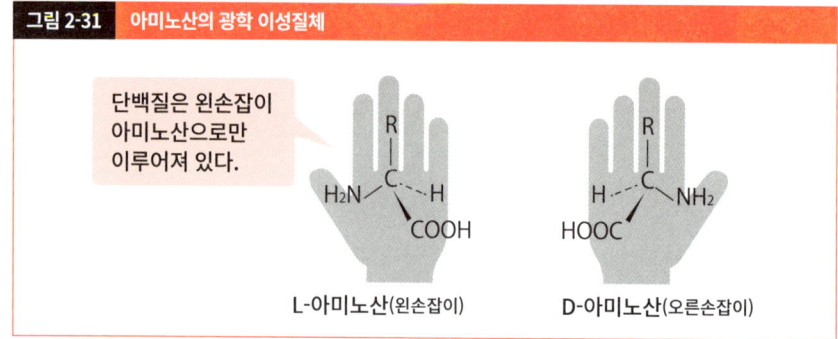

에서 20종의 아미노산이 발견되었는데, 그중에는 단백질의 재료가 되는 5종의 아미노산도 있었습니다. 게다가 왼손잡이와 오른손잡이의 비율이 거의 1:1이었다는 점에서 이 아미노산들은 우주에서 만들어진 물질임이 틀림없다는 결론이 나왔습니다. 생명이 탄생하기 전의 지구에도 아미노산이 존재했으며, 이때도 왼손잡이와 오른손잡이의 비율은 1:1이었던 거로 추정됩니다. 그런데 왜 생명체가 왼손잡이만 이용하게 되었는지는 여전히 커다란 수수께끼로 남아 있습니다. 앞으로 이 분야가 발전해서 어떤 새로운 사실이 밝혀질지 기대되는군요.

아미노산 사이의 결합

아미노산이 여러 개 모여 단백질을 만든다고 설명했는데요. 아미노산이 모이면 한 아미노산의 **카복시기**와 다른 아미노산의 **아미노기**가 결합을 이루면서 물 분자(H_2O) 하나가 빠져나옵니다. 이렇게 만들어진 결합을 **펩타이드 결합**이라고 하며, 두 아미노산이 결합하여 만들어진 물질을 펩타이드, 아미노산이 수십 개 연결된 물질을 **폴리펩타이드**라고 합니다. 보통 아미노산이 50개 이상 결합하면 단백질이라고 하지만, 폴리펩타이드와 단백질을 구분하는 명확한 정의는 없습니다.

다음 〈그림 2-32〉에 나와 있다시피 아미노산 1의 카복시기 중 탄소 원자(**C**)와 아미노산 2의 아미노기 중 질소 원자(**N**) 사이에 펩타이드 결합이 만들어지는데, 그 주변 구조(**-CO-NH-**)까지

그림 2-32 펩타이드 결합

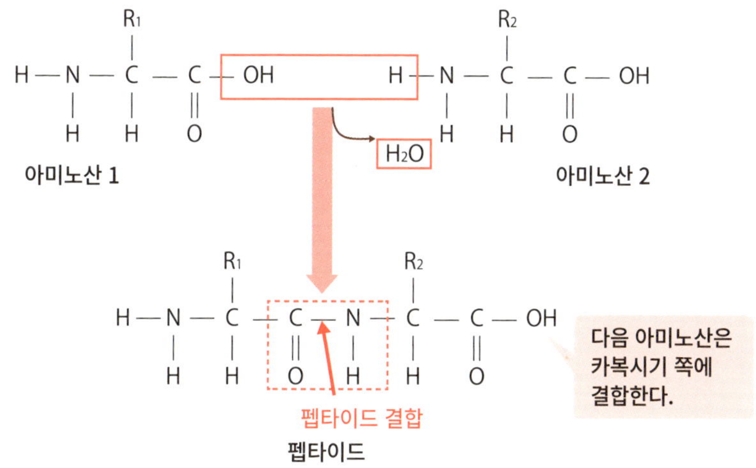

아미노산 1 | 아미노산 2

H₂O

다음 아미노산은 카복시기 쪽에 결합한다.

펩타이드 결합
펩타이드

아올리 펩타이드 결합으로 부르기도 합니다.

　아미노산 1과 아미노산 2 사이에 펩타이드 결합이 만들어지면 이어서 아미노산 2의 카복시기와 아미노산 3의 아미노기 사이에 새로운 펩타이드 결합이 만들어집니다. 이 과정을 반복하면서 폴리펩타이드 사슬이 만들어집니다. 즉 **폴리펩타이드가 합성되는 방향은 정해져 있고, 아미노산은 폴리펩타이드 사슬의 카복시기 쪽에 결합합니다.**

단백질의 1차 구조

폴리펩타이드를 구성하는 아미노산의 수와 배열은 단백질의 종류에 따라 다릅니다. 〈그림 2-33〉은 혈당을 낮추는 호르몬으로 작용하는 인슐린(151쪽)의 아미노산 배열입니다. 인슐린은 A 사슬과 B 사슬이라는 두 폴리펩타이드가 S-S 결합으로 이어진 구조입니다. 인슐린의 작용은 아미노산 배열의 순서와 밀접한 관련이 있으므로 일부가 다른 물질로 치환되면 아미노

그림 2-33 단백질의 1차 구조

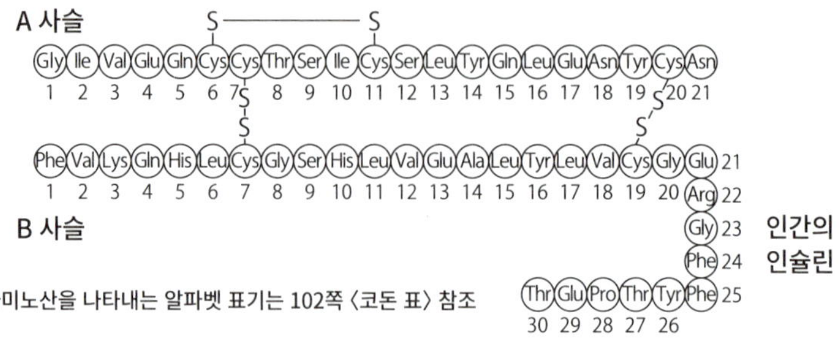

A 사슬: Gly-Ile-Val-Glu-Gln-Cys-Cys-Thr-Ser-Ile-Cys-Ser-Leu-Tyr-Gln-Leu-Glu-Asn-Tyr-Cys-Asn
1 2 3 4 5 6 7 8 9 10 11 12 13 14 15 16 17 18 19 20 21

B 사슬: Phe-Val-Lys-Gln-His-Leu-Cys-Gly-Ser-His-Leu-Val-Glu-Ala-Leu-Tyr-Leu-Val-Cys-Gly-Glu-Arg-Gly-Phe-Tyr-Thr-Pro-Lys-Thr
1 2 3 4 5 6 7 8 9 10 11 12 13 14 15 16 17 18 19 20 21 22 23 24 25 26 27 28 29 30

인간의 인슐린

※ 아미노산을 나타내는 알파벳 표기는 102쪽 〈코돈 표〉 참조

산이 제 기능을 못 하게 되기도 합니다.

이러한 폴리펩타이드의 아미노산 배열을 단백질의 **1차 구조**라고 합니다. 1차 구조는 DNA의 유전 정보를 바탕으로 정해지며, 단백질의 기본적인 성질을 결정합니다.

단백질의 2차 구조

단백질의 종류와 상관없이 폴리펩타이드에는 부분적으로 닮은 입체 구조가 존재합니다. 바로 폴리펩타이드가 나선형으로 말린 **알파 나선**(α-helix)과 평행하게 늘어선 폴리펩타이드가 지그재그로 접힌 **베타 병풍**(β-sheet)입니다. 알파 나선과 베타 병풍 모두 폴리펩타이드 내에서 떨어진 위치에 있는 펩타이드 결합 사이에 수소 결합을 형성하여 구조를 안정화합니다. 수소 결합 하나하나는 약하지만, 수소 결합이 여러 개 모이면 전체적으로 견고해집니다. 나뭇가지를 하나씩 부러뜨리기는 쉽지만 한 다발을 한 번에 부러뜨리기는 어려운 것과 같은 이치지요.

그 밖에도 베타 턴(β-turn)과 오메가 루프(ω-loop) 같은 폴리펩타이드의 부분 구조가 있으며, 이를 통틀어 단백질의 **2차 구조**라고 합니다.

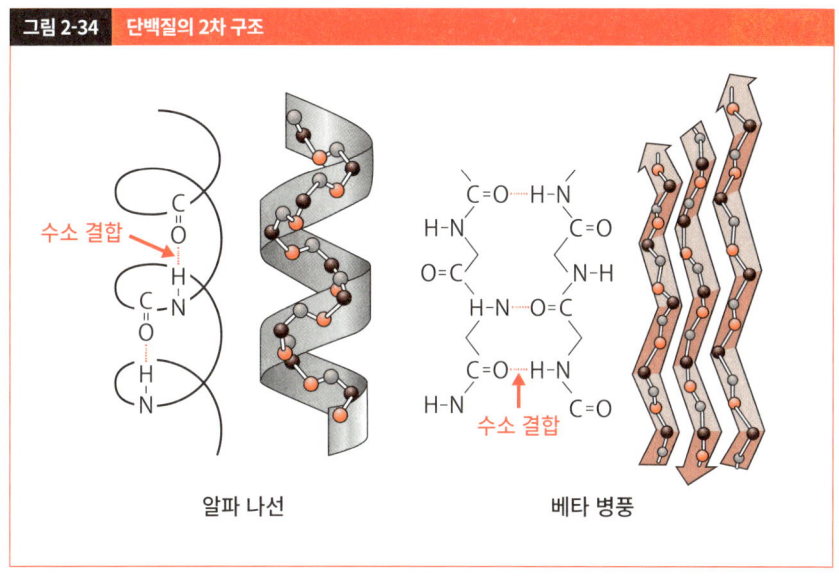

그림 2-34 단백질의 2차 구조

알파 나선 / 베타 병풍

단백질의 3차 구조

단백질은 부분적으로 알파 나선과 베타 병풍 같은 입체 구조를 가지는 동시에 전체적으로 크게 접힌 입체 구조입니다. 이 복잡한 입체 구조를 단백질의 **3차 구조**라고 합니다. 단백질의 3차 구조는 분자를 구성하는 아미노산 사이의 상호 작용에 따라 결정됩니다. 예를 들어 효소는 대부분 수용액에 존재하므로 폴리펩타이드 중 소수성 아미노산은 안쪽에 모이고 친수성 아

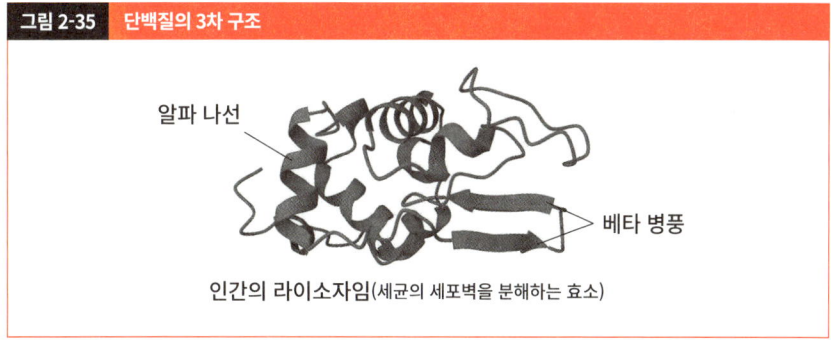

그림 2-35 단백질의 3차 구조

인간의 라이소자임 (세균의 세포벽을 분해하는 효소)

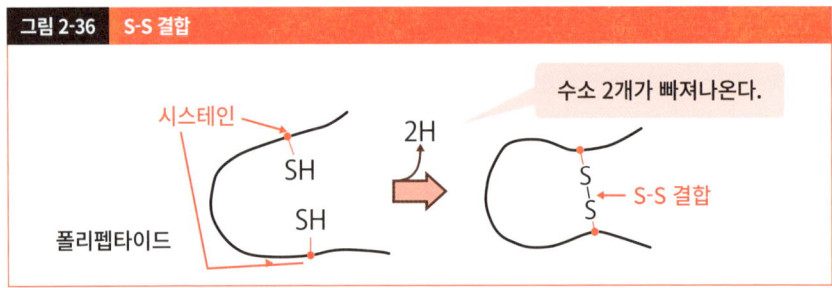

미노산은 물과 맞닿는 바깥쪽으로 접힌 입체 구조를 이룹니다. 가까이에 있는 시스테인 사이에서 곁사슬의 SH기의 수소 원자(H)가 빠져나오면서 결합을 이루는 단백질도 있습니다. **S-S 결합(이황화 결합)**이라고 하는 이 결합은 단백질의 3차, 4차 구조의 안정화에 관여합니다.

단백질의 4차 구조

단백질 중에는 여러 폴리펩타이드가 결합하여 기능을 수행하는 단백질도 있습니다. 이러한 입체 구조를 가진 단백질을 **4차 구조**라고 합니다. 예를 들어 적혈구의 산소 운반 단백질인 헤모글로빈은 알파 사슬과 베타 사슬이라는 두 종류의 폴리펩타이드 사슬이 2개씩 조합된 4차 구조입니다. 보통 분자가 큰 단백질이 4차 구조를 이루는 경향을 보입니다.

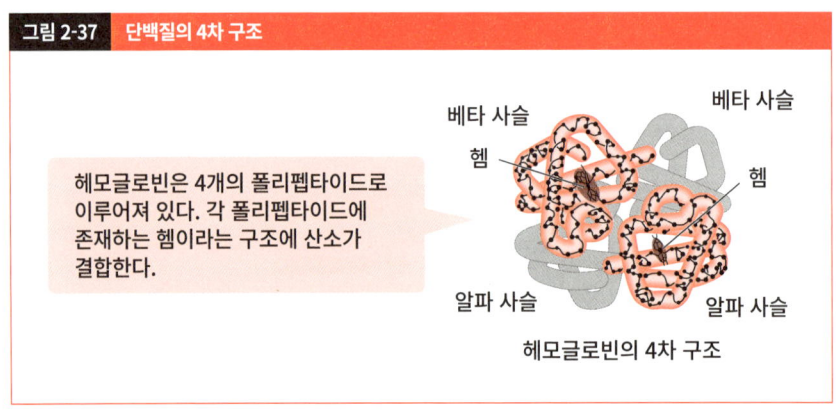

단백질의 입체 구조를 바꾸는 변성

효소의 최적 온도(45쪽)를 설명할 때 단백질의 **변성**도 조금 설명했는데요. 단백질의 구조를 배웠으니 다시 한번 자세히 다뤄 보려 합니다.

열이나 산의 영향으로 단백질의 입체 구조가 변하는 현상을 단백질의 변성이라고 합니다. 말 그대로 성질이 변하므로 변성이 일어나면 단백질은 대부분 작용(활성)하지 못하게 됩니다. 이를 **비활성**이라고 합니다. 변성이 일어나면 대부분 3차 구조 같은 고차원 구조는 파괴되지만 1차 구조는 유지됩니다. 다시 말해 **변성된 단백질도 아미노산 배열 자체는 같습니다.** 따라서 폴리펩타이드 사슬만 제대로 연결하면 변성된 단백질도 정상적으로 기능을 수행할 수 있습니다.

단백질을 똑바로 접는 분자 샤페론

단백질은 1차 구조를 바탕으로 접혀 고유한 입체 구조를 이룹니다. 단백질이 접히는 과정을 **단백질 접힘**이라고 합니다. 세포 안에는 **단백질이 똑바로 접히도록 돕는 단백질들이 존재하는데, 이러한 단백질을 통틀어 샤페론이라고 합니다.** 샤페론은 '돌보는 사람'을 뜻하는 프랑스어 샤프롱(chaperon)에서 유래했는데, 샤프롱은 사교계에 처음 발을 내디디는 젊은 여성과 동반하여 올바른 행동거지를 알려 주는 나이든 여성을 가리킵니다. 단백질이 올바른 구조와 기능을 갖추고 제 역할을 할 때까지 돕는 모습이 닮았다 하여 붙은 이름이지요. 단백질은 제 역할을 할 때까지 잘못된 접힘이 일어나지 않도록 주의해야 합니다.

단백질 접힘 이상은 리보솜에서 합성되는 도중 폴리펩타이드의 소수성 부분이 다른 폴리펩타이드와 붙을 때 일어나는데, 이를 막아 주는 샤페론이 있습니다. 그리고 변성된 단백질을 완전히 둘러싸서 다른 분자로부터 격리하고, 접힘이 올바르게 일어나도록 바로잡는 통 모양 샤페론도 있습니다. 샤페론은 대체로 온도 상승이 감지되면 만들어지는데, 열 스트레스로

그림 2-38 샤페론의 작용

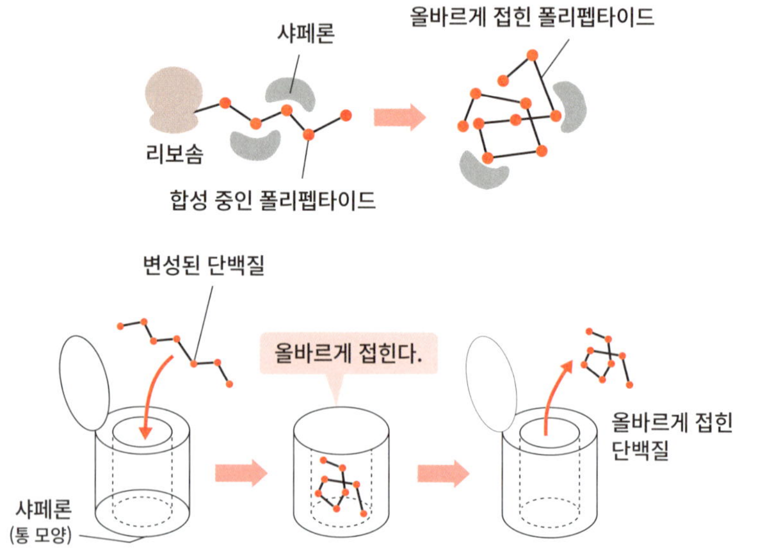

발현이 유도되는 단백질을 열 충격 단백질(Heat Shock Protein, HSP)이라고 합니다. 온도가 올라가면 변성되는 단백질도 늘어나므로 이를 원래대로 되돌리는 샤페론의 발현량이 증가하는 현상도 어떻게 보면 당연하다고 할 수 있습니다.

 단백질의 변성과 질병

단백질은 대부분 변성되면 소수성 부분끼리 달라붙기 쉬워지고, 물에 잘 녹지 않는 응집체를 형성합니다. 세포 안에서 새로운 단백질이 합성되는 동시에 만들어진 지 오래된 단백질은 분해되어야 하지만, 응집체가 되면 잘 분해되지 않아 세포 안에 단백질이 축적되기에 몸에 해롭습니다.

질병의 원인이 되는 단백질 응집체로는 대표적으로 소해면상뇌증의 원인인 **프라이온 단백**

그림 2-39 아밀로이드 섬유가 만들어지는 과정

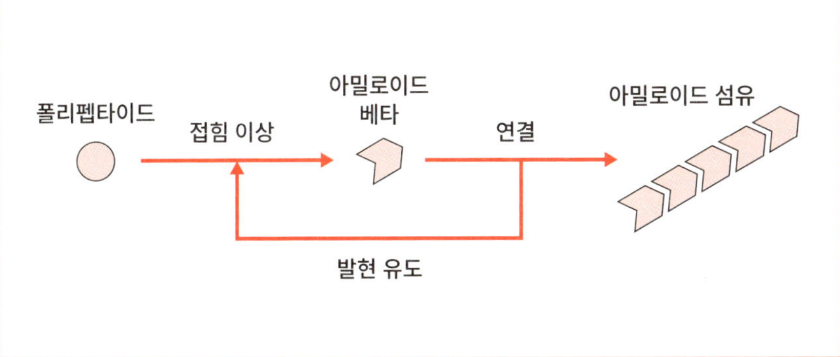

폴리펩타이드 → (접힘 이상) → 아밀로이드 베타 → (연결) → 아밀로이드 섬유
(발현 유도)

질, 그리고 알츠하이머병과 파킨슨병의 원인인 **아밀로이드 섬유**가 있습니다. 아밀로이드 섬유는 약 40개의 아미노산으로 이루어진 폴리펩타이드(아밀로이드 베타)가 수없이 연결된 섬유 형태의 응집체입니다. 베타 병풍 구조의 촉매 작용이 신경 질환을 악화시키는 원인으로 추정됩니다. 아밀로이드 베타 자체는 원래 뇌에 존재하는 단백질이지만, 잘못된 입체 구조를 이루면서 섬유 형태로 응집됩니다. 이 과정의 메커니즘은 아직 밝혀지지 않은 부분이 많기에 새로운 사실이 밝혀지면 치료법 및 신약 개발에도 진전이 있을 것으로 기대됩니다.

| 제 2 장 | 분자생물학 | 유전자의 발현 |

유전 정보를 바탕으로 단백질이 합성되는 과정

유전자가 작용하면 유전 정보를 바탕으로 단백질이 합성된다는 내용을 앞에서 배웠습니다. 이를 **유전자의 발현**이라고 합니다. 이번에는 유전자가 발현되는 과정을 배울 차례입니다.

 ## 센트럴 도그마

유전자가 발현하면 단백질이 만들어진다고 여러 번 설명했는데요. 사실 DNA가 직접 단백질을 만드는 것은 아니랍니다. 실제로는 **DNA의 유전 정보가 RNA에 옮겨지고, RNA의 정보를 바탕으로 단백질이 만들어지지요.**

DNA의 유전 정보란 DNA의 염기 서열, 즉 A, T, G, C가 나열된 순서를 가리킵니다. RNA는 DNA와 닮은 부분이 매우 많은 DNA의 형제 분자이므로 DNA의 염기 서열은 RNA의 염기 서열로 손쉽게 이동할 수 있습니다. 이 과정이 끝나면 RNA의 염기 서열을 바탕으로 리보솜이 아미노산을 여러 개 연결해서 단백질을 합성합니다. 염기 서열을 옮겨 쓰는 과정을 **전사**, 단백질을 합성하는 과정을 **번역**이라고 합니다.

DNA의 이중 나선 구조를 밝혀낸 크릭은 전사와 번역의 원리가 밝혀지지 않았을 당시, **유전 정보가 DNA→RNA→단백질 순으로 이동한다**고 예측했고, 이 원칙을 **센트럴 도그마**(central dogma)라고 불렀습니다. 우리말로는 '중심 원리'라는 뜻입니다. 다소 거창하게 느껴질지도 모르겠네요.

일본 고등학교 생명과학 교과서에서는 센트럴 도그마를 다음에 나오는 〈그림 2-40〉처럼 표현합니다. [그림 A]를 보면 센트럴 도그마는 DNA→DNA(복제), DNA→RNA(전사), RNA→단백질(번역) 총 세 과정으로 이루어져 있습니다. 하지만 논문으로 발표되기 전에 타자기로 입력한 판형과 크릭이 직접 손으로 쓴 초고(1956년)가 있다는 사실은 그리 알려지지 않았는데요(그림 B). 여기에는 [그림 A]에 없는 세 가지 과정(DNA→단백질, RNA→DNA, RNA→RNA)이 수록되어 있습니다. 이 중에서 RNA→DNA는 **역전사**라고 하며, 1970년에 역전사 효소가 발견되면서 실제로 존재하는 과정으로 밝혀졌습니다. RNA→RNA(RNA 복제) 과정 역시 RNA 바이러스 연구를 통해 실제로 일어나는 과정으로 밝혀졌습니다. 하지만 **DNA→단백질, 즉 RNA를 거치지 않고 DNA에서 단백질을 직접 만드는 과정은 존재하지 않는다고 여겨집니다.**

크릭이 쓴 초고에는 절대 일어나지 않는 세 가지 과정도 실려 있습니다(그림 C). 바로 단백질→DNA, 단백질→RNA, 그리고 단백질→단백질(단백질 복제) 과정입니다. 한번 단백질의 아미노산 서열로 완성된 정보는 단백질에서 빠져나와 핵산의 염기 서열로 돌아가지 않는데

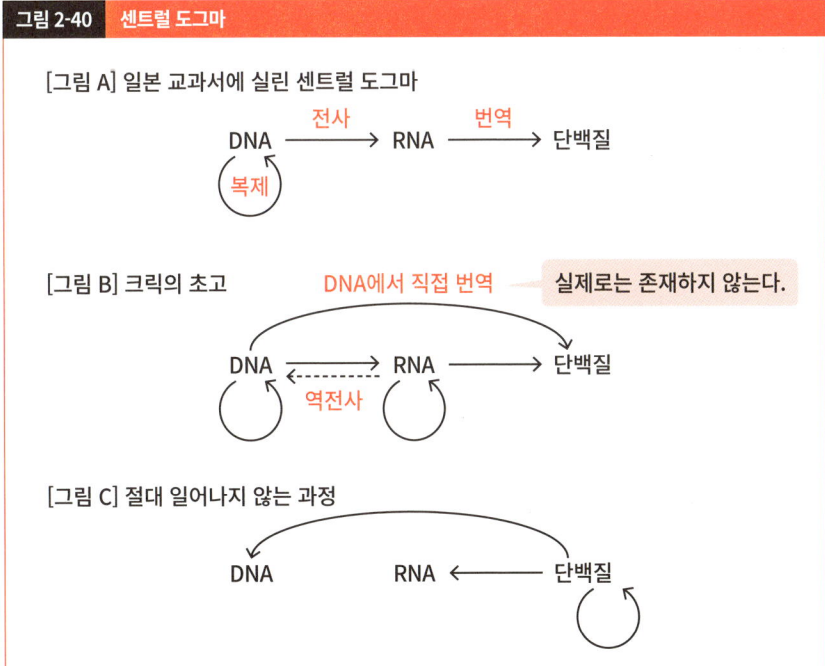

그림 2-40 센트럴 도그마

요. 이는 아미노산이 결정될 때 일어나는 코돈의 축중(codon degeneracy) 때문입니다. 축중은 102~103쪽에서 자세히 다루겠습니다.

 전사 과정

전사는 DNA가 있는 핵 안에서 일어납니다. 전사 과정은 유전자 영역에 해당하는 DNA의 이중 가닥이 풀려 부분적으로 단일 가닥이 만들어지면서 시작됩니다. 한쪽 사슬(주형 가닥)의 염기에 상보적인 염기를 가진 RNA의 뉴클레오타이드(54쪽)가 다가와 염기 부분에 수소 결합을 형성합니다. 즉 **DNA와 RNA 사이에 일시적으로 상보적 염기쌍이 만들어집니다.** 이때 RNA에는 T(타이민)가 없으므로 U(유라실)가 DNA의 A(아데닌)와 쌍을 이룹니다.

이후 RNA의 뉴클레오타이드가 차례차례 연결되면서 RNA 가닥이 만들어지며, **RNA 중합 효소**가 반응을 촉매합니다. RNA 중합 효소는 DNA 주형 가닥의 3' 말단에서 5' 말단 방향으

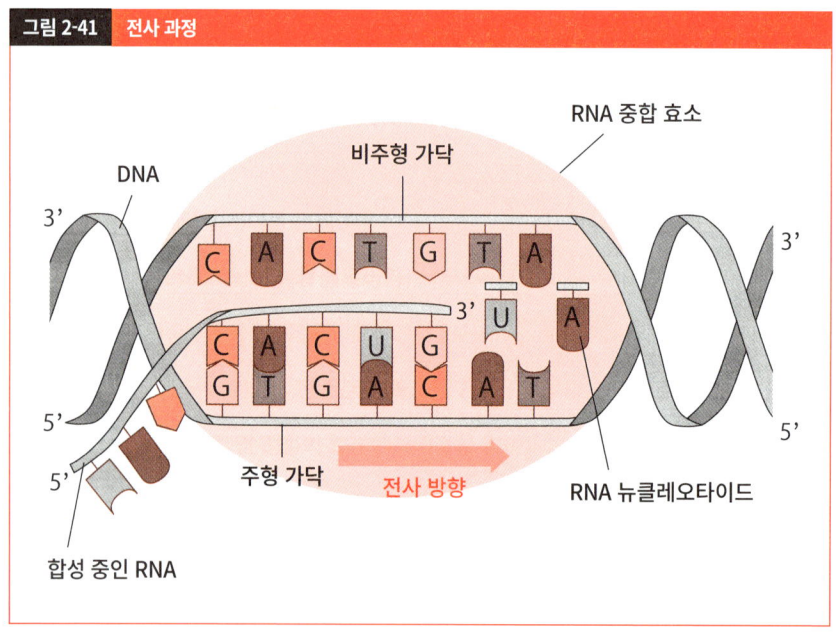

그림 2-41 전사 과정

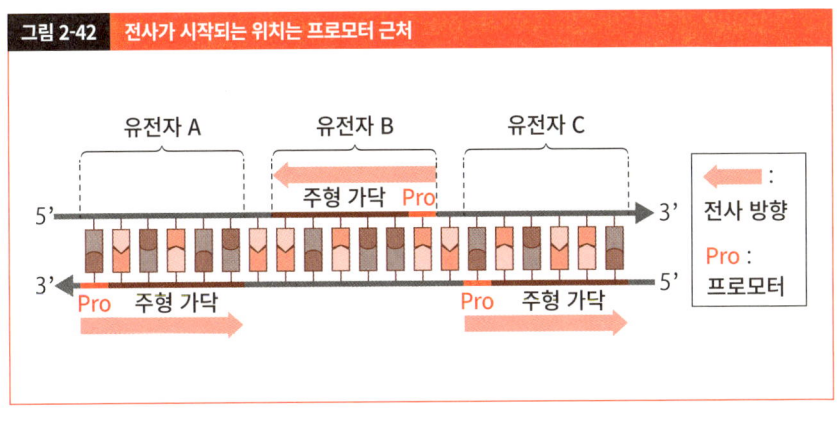

그림 2-42 전사가 시작되는 위치는 프로모터 근처

로 이동하며 RNA 뉴클레오타이드 사슬을 5' 말단에서 3' 말단 방향으로 합성합니다. **이렇게 만들어진 RNA 가닥의 염기 서열은 T가 U로 바뀌었다는 점을 제외하면 DNA 주형 가닥과 쌍을 이루는 DNA 가닥(비주형 가닥)과 같습니다.** DNA의 염기 서열을 옮겨 적었다고 하여 이 과정을 전사(轉寫)라고 합니다.

전사가 시작되는 부분 근처에는 **프로모터**라는 특징적인 염기 서열이 존재합니다. RNA 중합 효소는 프로모터를 인식하고 그 근처에서 전사를 시작합니다. 전사가 진행되는 동안 DNA 이중 가닥 중 한쪽 가닥만이 주형으로 작용하는데, 두 가닥 중 어느 쪽이 주형 가닥이 될지는 유전자마다 다릅니다. 프로모터에는 어느 가닥을 주형으로 삼을지에 대한 정보도 들어 있으므로 RNA 중합 효소는 그 정보를 바탕으로 전사 방향을 결정합니다.

전사가 끝난 RNA 가닥은 DNA와 분리되어 각종 가공 과정을 거친 뒤 핵 바깥으로 운반되어 번역에 사용됩니다. 번역에 사용되는 RNA는 **mRNA**(messenger RNA, **전령 RNA**)라고 합니다. 한편 부분적으로 풀린 DNA는 전사가 끝난 뒤 다시 이중 가닥으로 복구됩니다.

번역 과정

번역이 진행되는 장소는 **리보솜**입니다. 리보솜은 여러 단백질과 RNA의 조합으로 이루어진

오뚝이 모양의 세포 소기관입니다. 리보솜을 구성하는 RNA를 **rRNA**(ribosome RNA, **리보솜 RNA**)이라고 합니다. 번역은 mRNA의 염기 서열을 읽어 들여 단백질을 구성하는 아미노산 서열로 변환하는 과정입니다. 이때 핵심은 **mRNA의 연속된 염기 서열 3개가 하나의 아미노산을 지정한다는 원칙을 따른다**는 점입니다. 이 3개의 염기 서열을 **코돈**(codon)이라고 합니다.

핵 바깥으로 운반된 mRNA가 리보솜과 결합하면 mRNA의 코돈에 대응하는 아미노산이 리보솜으로 운반됩니다. 이 아미노산을 운반하는 분자는 **tRNA**(transfer RNA, **운반 RNA**)입니다. tRNA는 매우 짧으며, 3' 말단에서 아미노산 한 개와 결합한다는 특징이 있습니다. 리보솜에서는 mRNA의 코돈과 상보적인 염기 서열을 가진 tRNA가 선택적으로 염기에 결합합니다. 이렇게 코돈과 쌍을 이루는 tRNA의 염기 서열을 **안티코돈**(anticodon)이라고 합니다. tRNA의 안티코돈은 해당 tRNA와 결합한 아미노산의 종류와 대응하므로 **결과적으로 mRNA의 코돈이 아미노산의 종류를 결정한다**고 해도 무방합니다.

리보솜에는 tRNA가 2개 들어갈 수 있는 공간이 있습니다. 이 자리에 tRNA가 가까이 오면 **리보솜의 촉매 작용으로 아미노산 2개가 펩타이드 결합을 이룹니다.** 그렇게 되면 리보솜은 mRNA에서 코돈 하나만큼 이동하고, 아미노산과 분리된 tRNA가 떨어져 나가는 동시에 리보솜에 새로운 빈자리가 생깁니다. 이 빈자리에는 다음 코돈에 대응하는 아미노산을 운반해온 tRNA가 들어옵니다. 이 과정을 반복하며 아미노산이 차례차례 연결됩니다.

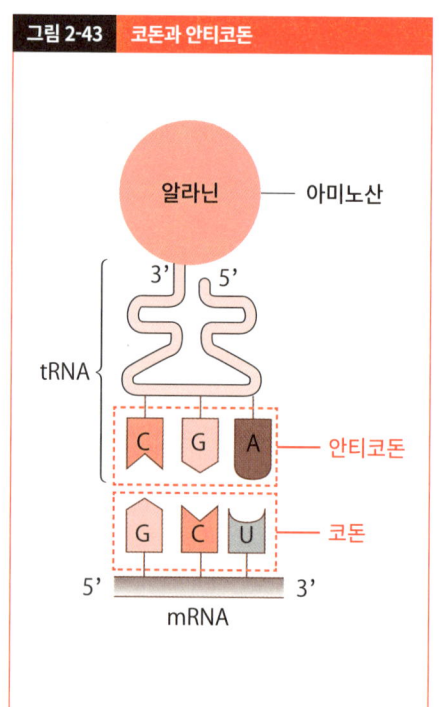

그림 2-43 코돈과 안티코돈

그림 2-44 번역 과정

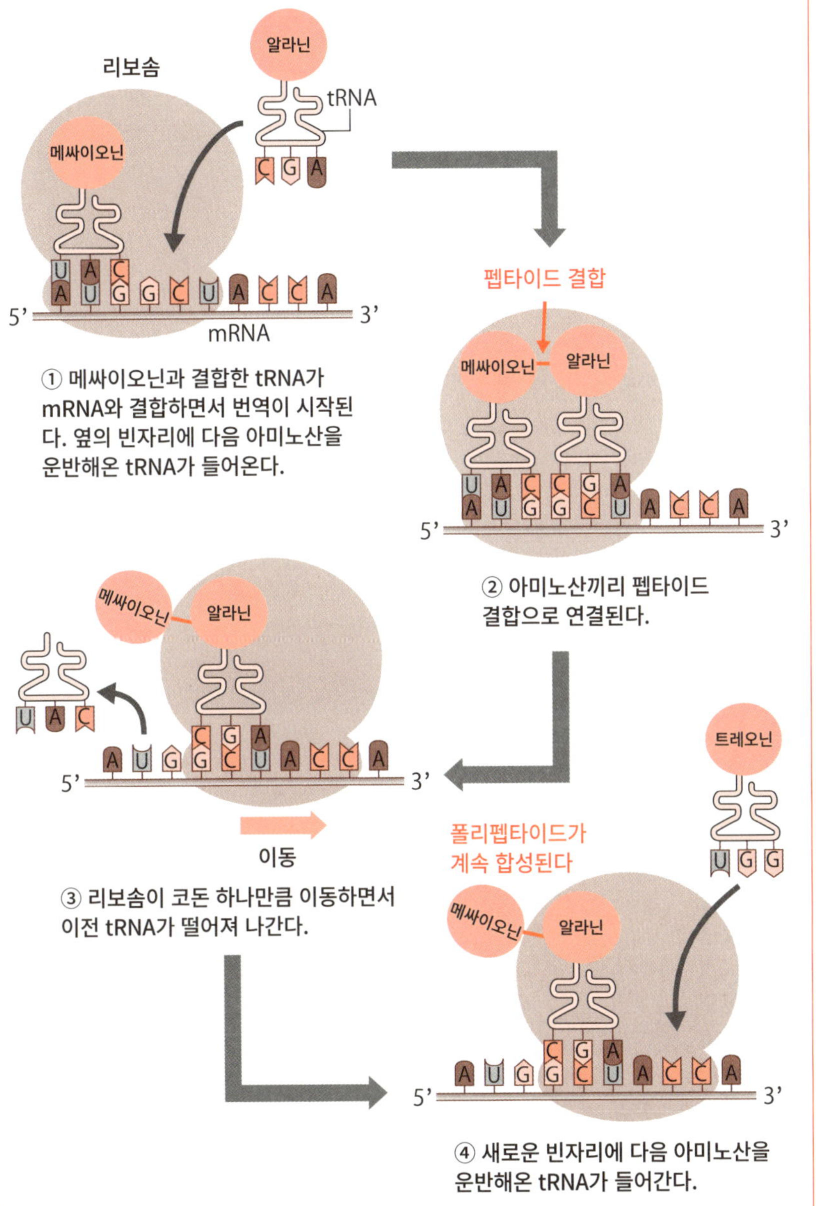

리보솜

메싸이오닌

알라닌

tRNA

mRNA

① 메싸이오닌과 결합한 tRNA가 mRNA와 결합하면서 번역이 시작된다. 옆의 빈자리에 다음 아미노산을 운반해온 tRNA가 들어온다.

펩타이드 결합

메싸이오닌 알라닌

② 아미노산끼리 펩타이드 결합으로 연결된다.

메싸이오닌 알라닌

이동

③ 리보솜이 코돈 하나만큼 이동하면서 이전 tRNA가 떨어져 나간다.

폴리펩타이드가 계속 합성된다

메싸이오닌 알라닌

트레오닌

④ 새로운 빈자리에 다음 아미노산을 운반해온 tRNA가 들어간다.

코돈과 아미노산의 관계

각 코돈이 대응하는 아미노산의 종류는 1960년대에 밝혀졌습니다. 이 대응 관계를 표로 나타낸 것이 '코돈 표(유전 암호 표)'입니다. 흥미롭게도 극히 드문 예를 제외하면 **코돈과 아미노산의 대응 관계는 세균부터 인간에 이르기까지 모든 생물에게 공통**인데요. 이는 단순한 우연이 아닙니다. 지구에 최초로 탄생한 생물(아마도 세균의 일종)이 오늘날의 모든 생물 종으로 분화했다는 증거일지도 모릅니다. 그뿐만이 아닙니다. 진화 과정에서 코돈 표가 뒤집힐 만한 돌연변이는 절대로 일어나지 않는다는 사실을 암시하기도 합니다.

다음 코돈 표를 자세히 살펴볼까요? 코돈은 네 종류의 염기(A, U, G, C)를 세 개씩 나열한 조합이므로 코돈의 총 개수는 4^3=**64개**입니다. 한편 단백질을 구성하는 아미노산은 모두 **20종류**입니다. 코돈의 종류보다 아미노산의 종류가 적은 이유는 두 가지입니다. 첫 번째는 **서로**

그림 2-45 코돈 표(유전 암호 표)

		코돈 두 번째 염기								
		U		C		A		G		
코돈 첫 번째 염기	U	UUU UUC	페닐알라닌 (Phe)	UCU UCC	세린 (Ser)	UAU UAC	타이로신 (Tyr)	UGU UGC	시스테인 (Cys)	U C
		UUA UUG	류신 (Leu)	UCA UCG		UAA UAG	종결 코돈	UGA UGG	종결 코돈 트립토판(Trp)	A G
	C	CUU CUC CUA CUG	류신 (Leu)	CCU CCC CCA CCG	프롤린 (Pro)	CAU CAC	히스티딘 (His)	CGU CGC CGA CGG	아르지닌 (Arg)	U C A G	코돈 세 번째 염기
						CAA CAG	글루타민 (Gln)			
	A	AUU AUC AUA	아이소류신 (Ile)	ACU ACC ACA ACG	트레오닌 (Thr)	AAU AAC	아스파라긴 (Asn)	AGU AGC	세린 (Ser)	U C
		AUG	개시 코돈 메싸이오닌(Met)			AAA AAG	라이신 (Lys)	AGA AGG	아르지닌 (Arg)	A G
	G	GUU GUC GUA GUG	발린 (Val)	GCU GCC GCA GCG	알라닌 (Ala)	GAU GAC	아스파라긴산 (Asp)	GGU GGC GGA GGG	글라이신 (Gly)	U C A G
						GAA GAG	글루탐산 (Glu)			

다른 코돈이 같은 아미노산에 대응하기 때문입니다. 이를 **코돈의 축중**(codon degeneracy)이라고 합니다. 코돈은 세 번째 염기가 달라져도 같은 아미노산을 지정하는 경우가 많습니다. 축중 덕분에 핵산의 염기 서열로 아미노산을 결정할 수 있지만, 반대로 아미노산으로 염기 서열을 결정할 수는 없으므로 정보의 방향성은 일방적입니다(97쪽).

코돈보다 아미노산의 종류가 적은 또 다른 이유는 **아미노산에 대응하지 않는 3종류의 코돈, 즉 종결 코돈 때문**입니다. 세포에는 종결 코돈에 대응하는 안티코돈을 가진 tRNA가 없으므로 리보솜이 이를 읽어 들이면 폴리펩타이드 합성이 중단되고 리보솜은 mRNA에서 떨어집니다.

한편 번역의 시작점 역시 코돈에 의해 결정되는데, 이를 지시하는 코돈을 **개시 코돈**이라고 합니다. 개시 코돈(AUG)은 메싸이오닌과 대응하는 유일한 코돈이기도 합니다. 리보솜은 mRNA의 5' 말단에 결합한 다음 3' 말단 방향으로 이동하다가 최초로 개시 코돈을 발견하면 그 자리에서 번역을 시작합니다.

RNA의 가공

원핵생물과 진핵생물은 전사된 RNA가 번역될 때까지 과정에 차이가 있습니다. 원핵생물의 경우 전사된 RNA를 바로 번역에 사용하지만, 진핵생물에서는 번역이 진행되기 전에 RNA를 다양한 방식으로 가공하는 과정을 거칩니다. 가공에는 RNA 가닥을 자르고 붙이는 **스플라이싱**(splicing), 그리고 **모자 씌우기**(capping)와 **폴리아데닐화**(polyadenylation)라는 화학적 변형 등이 있습니다.

① 스플라이싱

스플라이싱을 이해하려면 우선 진핵생물 유전자의 특징을 알아야 합니다.

진핵생물의 유전자에는 아미노산 서열의 정보를 보유한 **엑손**이라는 영역과 정보를 보유하지 않은 **인트론**이라는 영역이 있고, 대체로 엑손과 엑손 사이에 인트론이 들어 있는 구조입니다. 즉 하나의 유전자에 존재하는 단백질 설계도는 설계도가 아닌 부분에 의해 분단되어 있습니다.

전사 과정에서는 엑손과 인트론이 구별 없이 RNA로 전사되므로 전사가 끝난 다음에는 불필요한 인트론 부분을 제거하고 엑손을 이어 붙이는 과정이 필요합니다. 이 과정을 **스플라이싱**이라고 합니다.

원핵생물의 유전자에는 인트론이 없으므로 스플라이싱도 일어나지 않습니다.

② 모자 씌우기와 폴리아데닐화

전사가 시작된 RNA의 5' 말단에는 '**모자**' 구조가 결합합니다(**모자 씌우기**). 이 모자는 특수한 뉴클레오타이드(메틸화한 구아닌에 리보스가 결합한 물질)와 인산 3개가 결합한 물질입니다. 그리고 전사가 끝난 RNA의 3' 말단에는 70~250개의 아데닌(A) 뉴클레오타이드가 연속으로 결합한 구조(**폴리 A 꼬리**)가 결합합니다(**폴리아데닐화**).

모자와 폴리 A 꼬리의 역할은 mRNA를 핵 밖으로 운반하여 번역이 시작되도록 돕는 것입니다. 그리고 둘은 mRNA의 수명과도 관련되어 있습니다. 세포 안에는 RNA를 분해하는 여러 효소가 있는데, **모자와 폴리 A 꼬리가 붙은 mRNA는 분해 작용을 피할 수 있습니다.** 한편 번역이 끝나고 쓸모를 다한 mRNA는 분해되어야 합니다. 이때는 폴리 A 꼬리 분해 효소가 작용하여, 폴리 A 꼬리가 서서히 분해되어 짧아집니다. 그리고 꼬리가 어느 정도 짧아지면 이번에는 모자가 제거되면서 mRNA는 급속도로 분해됩니다.

스플라이싱은 왜 일어날까?

1977년 스플라이싱이라는 현상이 발견되자 과학자들은 놀라움을 감추지 못했습니다. 진핵생물의 유전자 하나가 여러 개의 엑손으로 나뉘어 있고, 그 사이사이에 엑손보다 긴 인트론

그림 2-46   전사가 끝난 진핵생물의 RNA가 번역되기까지

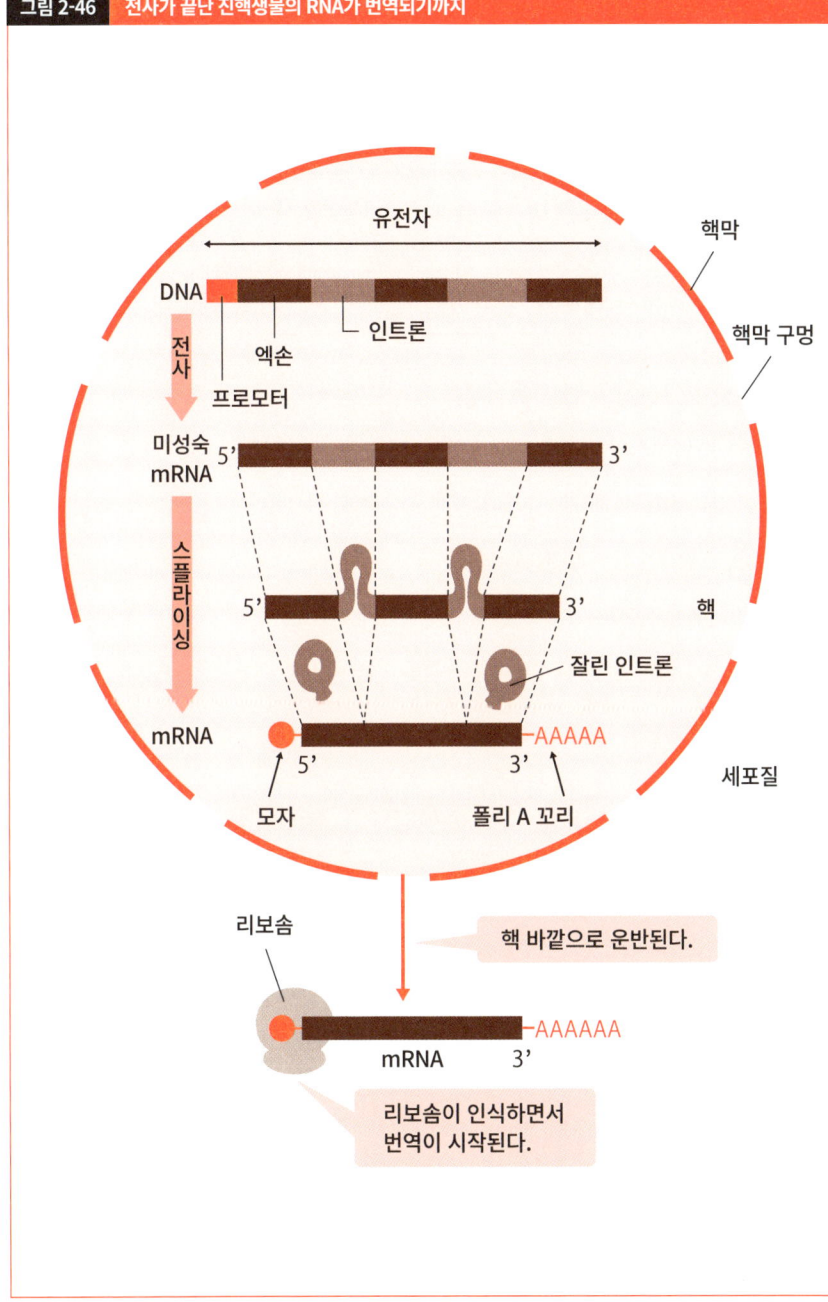

이 들어 있는 구조라는 사실이 밝혀졌기 때문입니다. 스플라이싱으로 인트론을 내버려야 한다니, 얼핏 보면 무의미해 보일지도 모릅니다. 하지만 진화 과정에서 그렇게 무의미한 과정을 대대로 물려받았다면 그보다 더 큰 이점이 있지 않을까 추측해볼 수도 있는데요. 대체 어떤 이점이 있었을까요? 과학자들이 주장한 설은 크게 두 가지입니다.

기존 유전자 일부를 조합하면 새로운 유전자로 진화하기 쉽다

엑손과 엑손 사이에 있는 긴 인트론 때문에 그 부분에서는 염색체의 교차(78쪽)가 잘 일어납니다. 염색체가 교차하면 **기존의 엑손 조합이 바뀌므로 새로운 유전자로 진화하기도 쉬워집니다.** 알기 쉽게 비유하자면 장난감끼리 부품을 교환해서, 시판하는 장난감과 다르게 독자적인 장난감을 조립하는 행위와 같습니다.

  단백질은 대부분 구조적으로 통합된 여러 구성단위(**도메인**)로 이루어져 있는데, 많은 단백질이 보편적인 도메인의 조합으로 만들어진 조각보 같은 구조로 되어 있습니다. 이 역시 가설을 뒷받침하는 증거입니다.

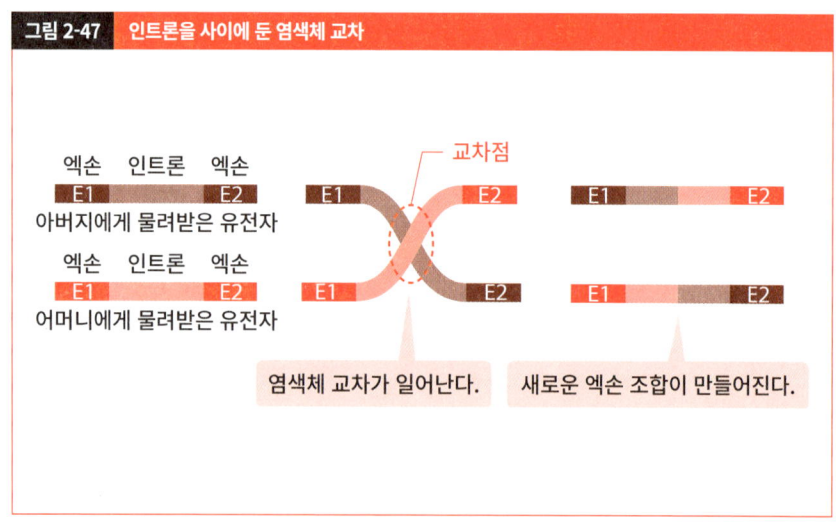

그림 2-47　인트론을 사이에 둔 염색체 교차

유전자 하나로 여러 단백질을 만들 수 있다

반드시 모든 엑손이 하나로 연결되는 것은 아닙니다. 특정 엑손이 인트론과 함께 분리되기도 하지요. 이 현상을 **선택적 스플라이싱**이라고 합니다. 예를 들어 4개의 엑손을 가진 유전자에서 전사된 mRNA에서 1-2-3-4가 연결된 mRNA 외에도 1-2-3 또는 1-3-4가 연결된 mRNA로 가공될 수도 있습니다. 이 mRNA들은 길이와 염기 서열이 모두 다르므로 번역되는 단백질 역시 서로 다릅니다. 스플라이싱은 임의로 이루어지는 게 아니라 세포의 종류나 발생 단계에 따라 다르게 조절되므로 그때그때 다른 단백질이 만들어집니다.

인간의 유전체에는 약 2만 개의 유전자가 있는데, 실제로 만들어지는 단백질은 약 10만 종에 이릅니다. 이는 인간의 유전자 중 75%가 선택적 스플라이싱으로 다양한 단백질을 만들기 때문입니다.

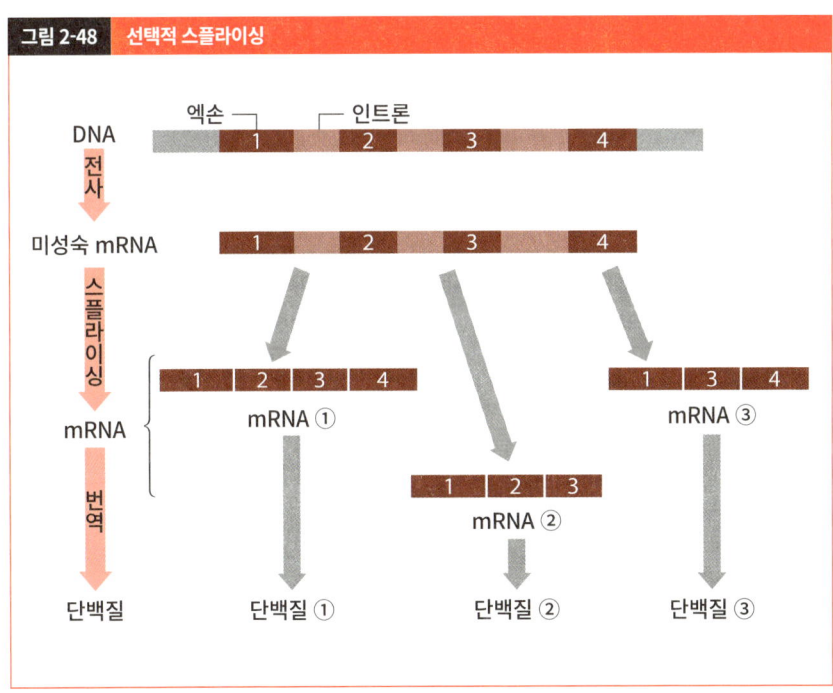

그림 2-48 선택적 스플라이싱

이처럼 **선택적 스플라이싱 덕에 실제 유전자보다 많은 종류의 단백질을 만들 수 있으므로** 유전자가 절약된다는 장점이 있습니다.

유전자 돌연변이

기본적으로 DNA는 복제할 때 전부 같은 염기 서열의 DNA를 만드는데, 드물게 염기쌍이 잘못 연결되는 등 복제 과정에서 오류가 발생하기도 합니다. 복제 오류는 대부분 효소에 의해 수정되지만 올바르게 수정되지 않으면 염기 서열이 바뀌는데, 이 현상을 **돌연변이**라고 합니다. 돌연변이에 의한 염기 서열의 변화로는 염기가 다른 염기로 바뀌는 **치환**, 새로운 염기가 끼어드는 **삽입**, 염기가 사라지는 **결실** 등 세 가지가 있습니다.

유전자에 돌연변이가 생기면 그 유전자에서 만들어진 단백질도 영향을 받습니다. 한 유전자에 염기 하나가 변하면 치환, 삽입, 결실에서 각각 어떠한 결과가 되는지 알아봅시다.

치환

염기 하나가 치환되어도 코돈이 지정하는 아미노산이 무조건 달라지지는 않습니다. 코돈 표(102쪽)를 보면 알 수 있듯이 코돈이 달라도 같은 아미노산을 지정하기도 합니다. 이 경우 **단백질의 아미노산 서열이 그대로이므로 아무런 영향도 나타나지 않습니다.**

염기가 치환되어 **종결 코돈이 만들어지면 번역이 도중에 멈추므로 불완전한 단백질이 만들어집니다.** 중요한 역할을 하는 유전자에 이러한 상황이 발생한다면 몸에 심각한 영향이 생깁니다.

염기가 치환되어 코돈이 지정하는 아미노산이 달라지면 단백질의 아미노산 중 하나가 다른 아미노산으로 바뀝니다. 단백질의 성질이 변하지 않을 때도 있지만, 인간의 낫적혈구빈혈(sicklemia) 같은 질병의 원인이 되기도 합니다.

삽입

리보솜은 번역 과정에서 mRNA의 개시 코돈을 발견하면 이를 기준으로 염기를 3개씩 끊어 읽어 아미노산에 대응합니다. 따라서 염기가 하나 끼어들면 코돈이 읽는 틀(**프레임**)이 어긋나고, 단추를 잘못 끼운 것처럼 번역에도 이상이 생깁니다. 이 현상을 **프레임 이동**이라고 합니다. **프레임 이동이 발생하면 단백질의 아미노산 서열이 달라지므로 단백질은 대체로 기능을 잃어버리게 됩니다.** 그리고 종결 코돈이 새로 만들어지면서 번역이 중단되기도 합니다.

결실

염기 하나가 사라져도 삽입과 마찬가지로 프레임 이동이 일어나고, 단백질의 성질이 크게 달라집니다.

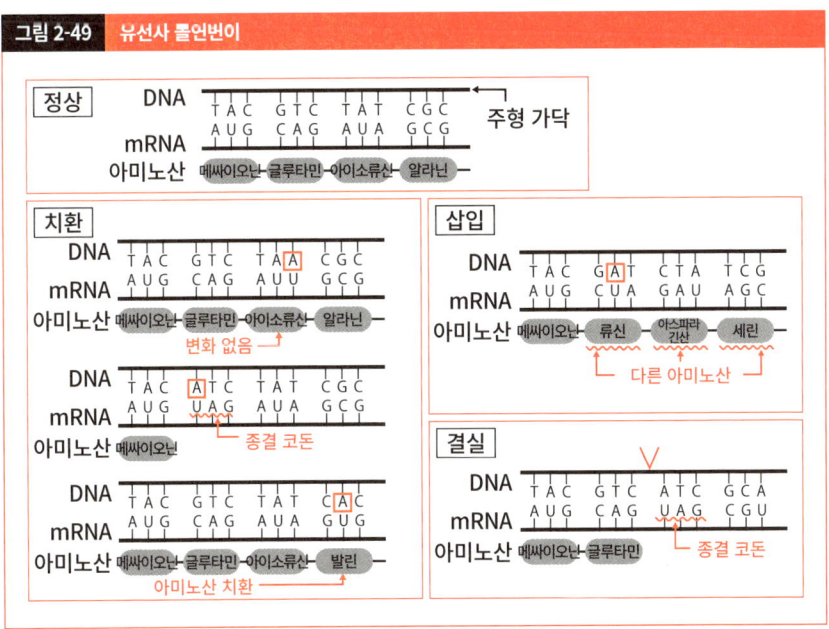

그림 2-49 유전자 돌연변이

제 2 장 | 분자생물학　　　　　　　　　　　　　　　　　　　| 유전체

유전체란 무엇일까?

유전체란 생물이 가지고 있는 모든 유전 정보의 집합입니다. 구체적으로는 생식 세포, 즉 **정자와 난자에 들어 있는 모든 DNA의 염기 서열**을 가리키는데요. 이번에는 유전체란 무엇인지, 그리고 유전체는 어디에 이용되는지 알아보겠습니다.

유전체와 염색체, DNA, 유전자의 관계

우리는 지금까지 염색체와 DNA와 유전자를 배웠습니다. 이쯤에서 용어를 한번 정리하고 갈까요? **DNA**는 **물질**입니다(54쪽). **염색체**는 히스톤이라는 구 형태의 단백질이 DNA를 휘감은 형태의 **뉴클레오솜**이 여러 겹 접혀 만들어진 **크로마틴 섬유**의 응집체입니다. 따라서 염색체는 **구조체**로 분류됩니다. 그리고 **유전자**는 DNA 중 **단백질의 설계도**를 담당하는 영역의 이름입니다(84쪽).

그렇다면 유전체는 무엇으로 분류될까요? 유전체는 한마디로 **정보**입니다. DNA처럼 질량이 있는 것도 아니고, 염색체처럼 현미경으로 관찰할 수도 없지요. 유전체를 '유전자의 집합'으로 알고 있는 사람이 많지만, 이 역시 잘못된 인식입니다. 유전체가 전부 유전자는 아니기 때문입니다.

2020년 1월 중국 상하이 공공위생임상센터는 세계 최초로 신종 코로나바이러스의 유전체를 해독하는 데 성공했습니다. 이후 바이러스의 유전체는 인터넷을 통해 전 세계에 공개되었습니다. 이 정보를 바탕으로 PCR 검사에 필요한 프라이머(70쪽)가 설계되었고, 백신 또한 개

그림 2-50 유전체와 염색체

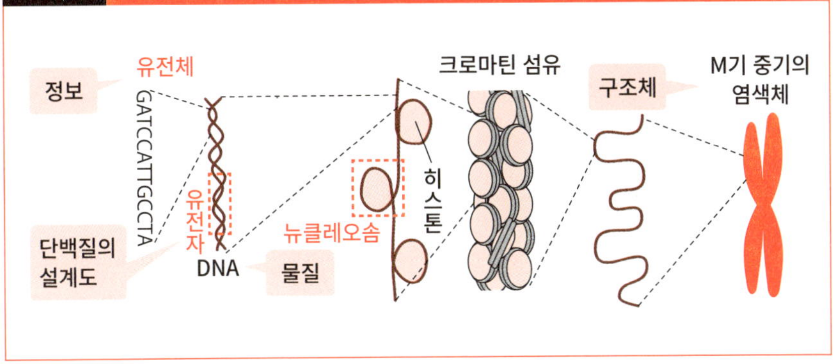

정보 — 유전체 — GATCCATTGCCTA
단백질의 설계도 — 유전자 — DNA — 물질 — 뉴클레오솜 — 히스톤 — 크로마틴 섬유 — 구조체 — M기 중기의 염색체

발되었습니다. 유전체를 인터넷에서 공유할 수 있다는 사실이야말로 유전체가 정보라는 증거입니다.

인간의 유전체

인간은 생식 세포(정자와 난자)에 23쌍의 염색체가 있고, 이 염색체를 구성하는 모든 DNA의 염기 서열이 유전체를 이룹니다. 단일 유전체에 들어 있는 염기쌍의 수를 **유전체 크기**라고 하며, 인간의 유전체 크기는 약 30억 염기쌍(bp)입니다.

정자와 난자가 수정하여 두 세포의 염색체가 만나면 수정란에는 유전체가 두 개 존재하게 됩니다. 즉 **우리의 몸을 구성하는 체세포에는 어머니에게 물려받은 유전체와 아버지에게 물려받은 유전체가 둘 다 있습니다.**

유전체와 유전자

앞에서도 설명했다시피 **진핵생물의 유전체 중 단백질로 번역되는 정보(=유전자의 엑손)는 극히 일부에 불과합니다. 대부분은 번역되지 않지요.** 인간의 유전체를 예로 들자면, 약 30억 개의 염기쌍 중 번역되는 영역은 약 4,500만 염기쌍, 즉 전체의 약 1.5%에 불과합니다. 그리고 이 1.5%의 영역에 약 2만 개의 유전자가 존재합니다.

그렇다면 단백질로 번역되지 않는 영역에는 대체 무엇이 있을까요?

비율로 따지면 특정 염기 서열이 무의미하게 수없이 반복되는 **반복 서열**이 유전체의 절반 이상을 차지합니다. 그중에서도 높은 비율을 차지하는 요소는 **트랜스포존**입니다. **트랜스포존이란 유전체의 특정 위치에서 다른 위치로 이동하는 전이 인자로, '움직이는 유전자'라고도 합니다.** 트랜스포존은 크게 DNA 트랜스포존과 레트로트랜스포존으로 나뉩니다. DNA 트랜스포존은 자기 DNA 서열을 잘라 다른 DNA 서열에 삽입합니다. 이른바 '잘라내기·붙여넣기'이지요. 반면 레트로트랜스포존은 DNA에서 전사된 RNA를 역전사해서 만든 cDNA를 다른 DNA 서열에 삽입합니다. 그러니까 '복사·붙여넣기'인 셈입니다. 레트로트랜스포존에는

그림 2-51	생물별 유전체 크기와 유전자 수				
생물명	대장균	효모	벼	침팬지	인간
유전체 크기 (염기쌍 수)	약 500만	약 1,200만	약 4억	약 30억	약 30억
유전자 수	약 4,500	약 7,000	약 32,000	약 20,000	약 20,000

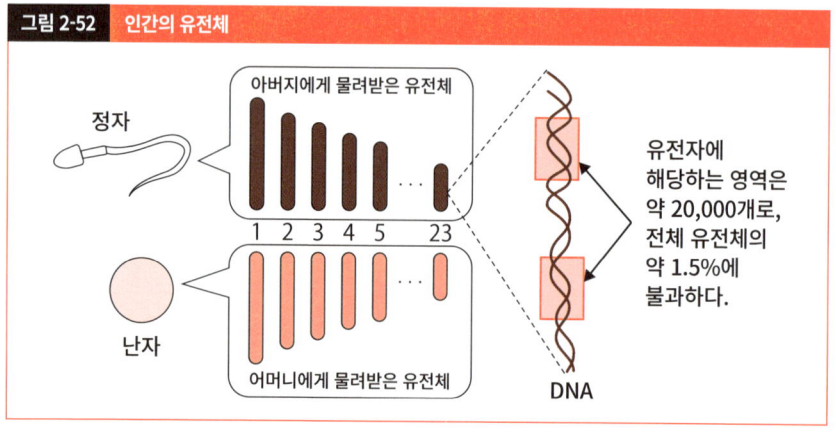

그림 2-52 인간의 유전체

고유한 역전사 효소의 유전자를 가진 자발적 레트로트랜스포존과 역전사 효소 없이 다른 유전자에서 만들어진 역전사 효소를 이용하는 비자발적 레트로트랜스포존이 있습니다. 자발적 레트로트랜스포존 중에는 LTR이라는 인자가 있습니다. LTR의 서열은 레트로바이러스(역전사 효소를 가지고 있는 RNA 바이러스)의 유전체와 거의 유사한데, 이를 근거로 레트로바이러스가 유전체를 빠져나와 세포 사이를 이동하는 트랜스포존에서 유래했다는 설도 있습니다.

트랜스포존처럼 '움직이는 유전자'가 유전체 여기저기를 움직인다니 어쩐지 오싹하네요. 트랜스포존의 활동으로 기존 유전자가 파괴되기도 하는 만큼 세포 입장에서는 탐탁지 않은 것도 사실입니다. 그래서 보통 체세포에서는 DNA 메틸화(125쪽)로 트랜스포존의 활동이 억제됩니다. 하지만 수정란에서는 메틸화가 일시적으로 사라지고 새로운 메틸화가 일어나는데, 이때 트랜스포존이 활성화됩니다. 새로운 트랜스포존이 중요한 유전자에 들어가면 유전자가 기능을 못 하게 되어 심각한 유전성 질환이 생길 가능성이 있습니다. 그러나 인간 유전

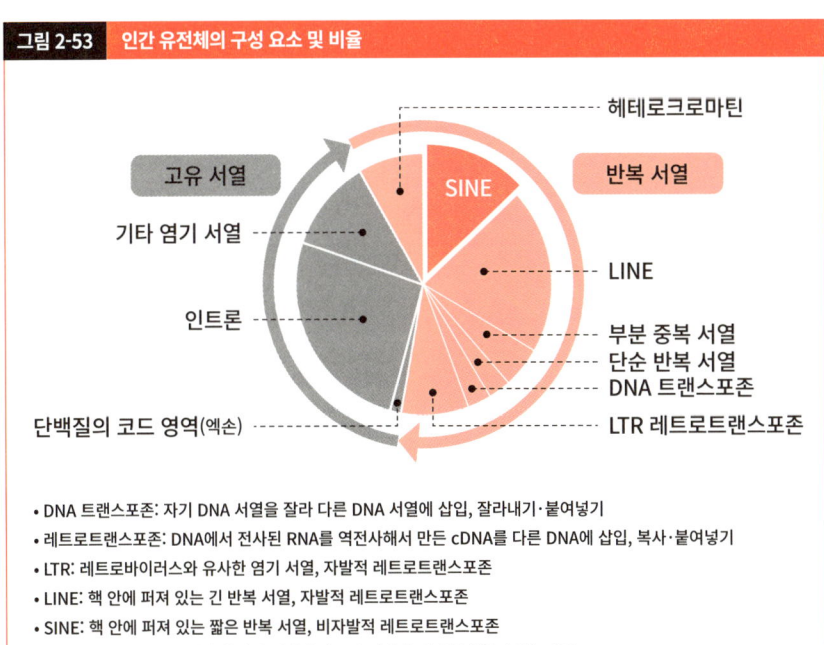

그림 2-53 인간 유전체의 구성 요소 및 비율

- DNA 트랜스포존: 자기 DNA 서열을 잘라 다른 DNA 서열에 삽입, 잘라내기·붙여넣기
- 레트로트랜스포존: DNA에서 전사된 RNA를 역전사해서 만든 cDNA를 다른 DNA에 삽입, 복사·붙여넣기
- LTR: 레트로바이러스와 유사한 염기 서열, 자발적 레트로트랜스포존
- LINE: 핵 안에 퍼져 있는 긴 반복 서열, 자발적 레트로트랜스포존
- SINE: 핵 안에 퍼져 있는 짧은 반복 서열, 비자발적 레트로트랜스포존
- 헤테로크로마틴: 염색체가 항상 응집되어 있고 유전자가 거의 존재하지 않는 영역

체 중 가장 복제 수가 많은 트랜스포존(SINE)에서도 새로운 삽입은 신생아 200명을 통틀어도 한 번밖에 일어나지 않는다고 합니다.

 세포 분화와 유전자 발현

우리 몸은 피부 세포, 근육 세포, 신경 세포 등 200여 종의 체세포로 이루어져 있습니다. 세포의 형성 과정을 거슬러 올라가면 그 출발점은 하나의 수정란입니다. 수정란이 체세포 분열을 반복하며 증식하는 과정에서 특정한 형태를 갖추고 특정 작용을 하는 세포가 되는 현상을 **분화**라고 합니다.

분화한 세포는 고유한 단백질을 만듭니다. 이를테면 눈의 **수정체 세포**는 **크리스탈린**이라는 단백질을 발현하고, **피부 세포**는 **케라틴**이라는 단백질을 발현합니다. 그리고 **근육 세포**는 **액틴**이라는 단백질을 발현합니다.

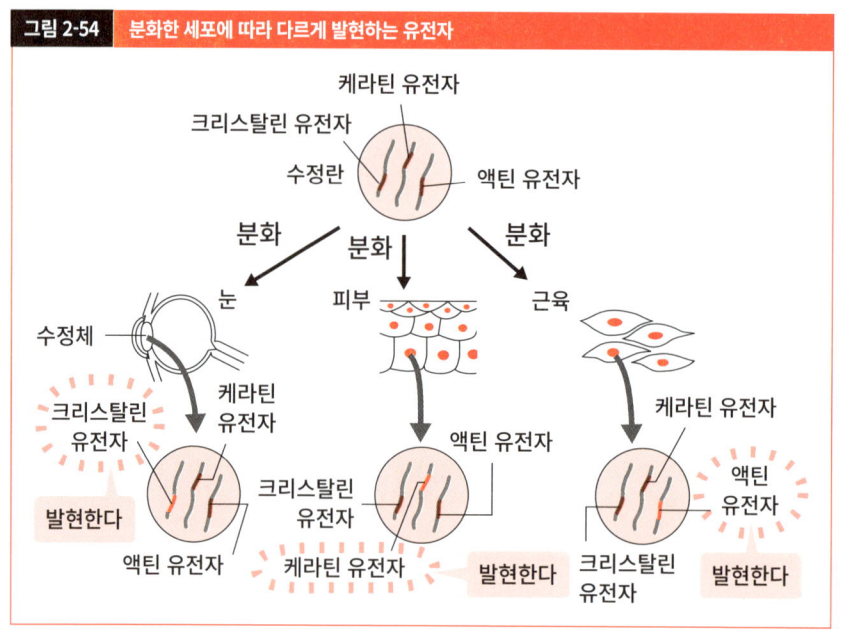

그림 2-54 분화한 세포에 따라 다르게 발현하는 유전자

체세포는 수정란에서 체세포 분열을 통해 만들어지므로 모두 같은 유전체를 가지고 있을 테지만, 체세포가 서로 다른 단백질을 만드는 이유는 **분화한 세포에 따라 발현하는 유전자가 다르기 때문**입니다. 수정체 세포에서는 크리스탈린 유전자가 작용해서 크리스탈린 단백질을 만들지만, 수정체에 불필요한 액틴 단백질을 만드는 유전자는 작용이 억제되는 식입니다.

인간의 유전체에는 약 2만 개의 유전자가 있는데, 각 세포에서 작용하는 유전자는 그중 약 1/3에 지나지 않습니다. 조직마다 작용하는 유전자 조합이 다른 셈이지요.

아프리카발톱개구리를 이용한 핵 이식 실험

인간을 비롯한 척추동물의 경우, 분화한 세포가 수정란처럼 분화하지 않은 상태(=미분화 상태)로 돌아가는 일은 없습니다. 만약 세포가 간단히 미분화 상태로 돌아간다면 심근세포가 기능을 멈추거나 근육이 다른 조직으로 변하는 등 상상만 해도 오싹한 상황이 펼쳐지겠군요. 그래서 생체 내에서 한 번 분화한 세포는 미분화 세포로 돌아가거나 다른 세포로 분화할 수 없게 설계되어 있습니다.

이 때문에 분화한 세포에서는 쓸모가 없어진 유전자가 폐기된다는 인식이 퍼졌던 시기도 있었습니다. 이러한 의문의 진위를 파악하기 위해 영국의 생물학자 존 거든은 아프리카발톱개구리를 이용해서 다음과 같은 실험을 1962년에 진행했습니다.

[실험]
① 아프리카발톱개구리 올챙이의 소장 상피로 분화한 세포에서 핵을 추출한다.
② 자외선을 쬐어 핵의 작용이 멈춘 아프리카발톱개구리의 미수정란에 ①에서 추출한 핵을 이식한다.
③ 핵이 이식된 미수정란 중 일부가 발생*을 시작하여 성체로 성장했다.

★발생: 수정란이 분열·분화하여 복잡한 기관을 형성하며 하나의 생물로 발달하는 일련의 과정 - 옮긴이 주

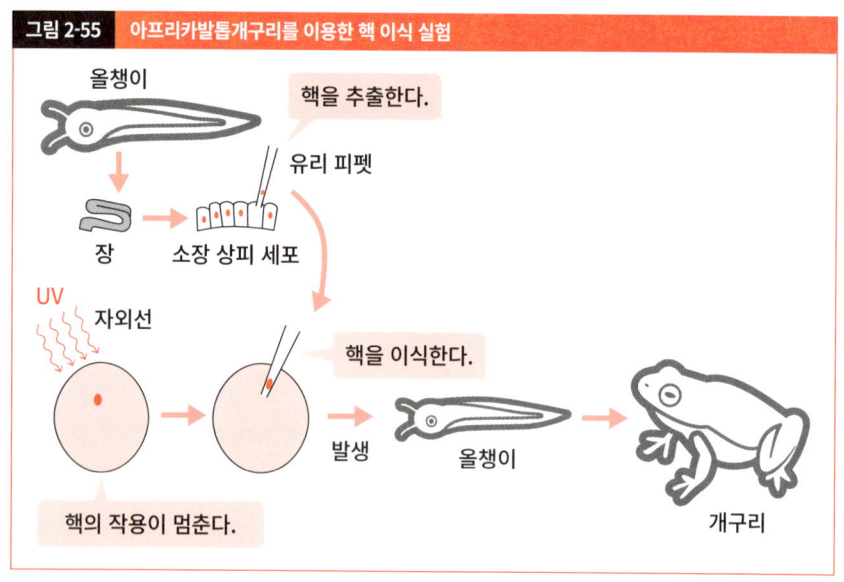

그림 2-55 아프리카발톱개구리를 이용한 핵 이식 실험

 이 실험을 통해 **한 번 분화한 세포의 핵에도 개체를 만드는 데 필요한 유전자가 전부 남아 있다**는 사실이 밝혀졌습니다. 그리고 수정란에는 분화한 세포의 핵을 미분화 상태로 돌리는, 즉 초기화하는 일종의 인자가 존재한다는 사실을 시사하는 실험이기도 했습니다.

iPS 세포

2000년대 일본 야마나카 신야 교수 연구팀은 분화한 세포를 초기화하는 인자를 찾고 있었습니다. 세포를 초기화할 수만 있다면 의료에 큰 도움이 되리라고 생각했기 때문입니다.

 그리고 2006년, 이들은 쥐의 피부 세포에 특정 유전자 4개를 집어넣어 발현시킴으로써 세포를 미분화 상태로 돌리는 데 성공했습니다. 게다가 이 세포는 다른 세포로 분화할 수도 있는 것으로 나타났습니다. 이렇게 인공적으로 미분화시킨 세포를 **iPS 세포**(induced pluripotent stem cell, **유도 만능 줄기세포**)라고 합니다. 이듬해에는 인간의 세포로도 iPS 세포를 만드는 데 성공했습니다.

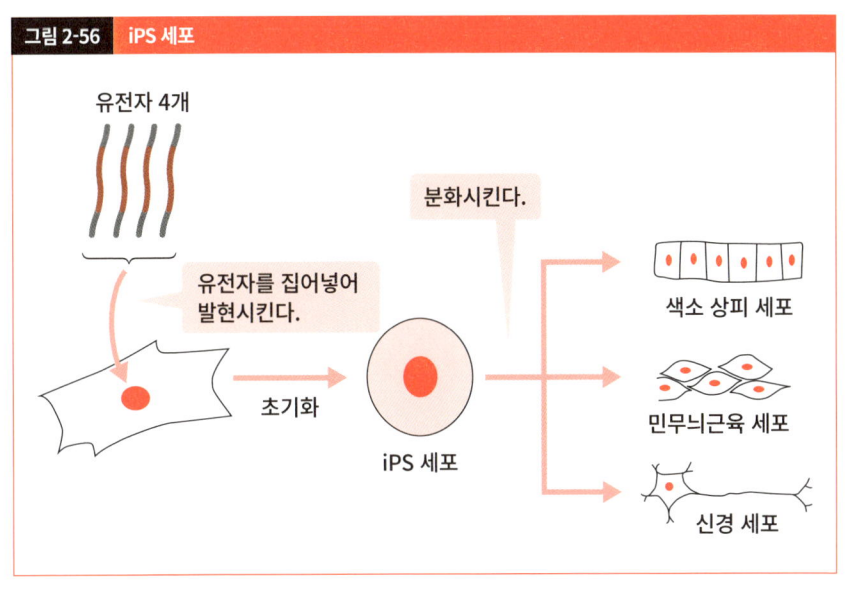

그림 2-56 iPS 세포

iPS 세포의 이용

iPS 세포를 재생 의료에 활용할 가능성이 생기면서 사람들의 기대가 한층 커지고 있습니다. 재생 의료란 질병과 부상으로 잃어버린 신체 기능을 되살리고자 하는 치료법입니다. **iPS 세포를 다양한 세포로 분화시켜 환자에게 이식**함으로써 회복을 꾀하는 것이지요.

의료 현장에서는 이미 노인성 황반 변성 치료에 iPS 세포를 도입했습니다. 노인성 황반 변성은 선진국의 노년층에서 나타나는 실명의 주요 원인으로 지목된 질환으로, 나이가 들면서 망막 내 색소 상피 세포의 기능이 떨어지는 것이 원인입니다. 이를 치료하기 위해 환자의 체세포로 만든 iPS 세포를 막처럼 생긴 색소 상피 세포로 유도 분화시킨 다음 환자에게 이식했고, 결과는 긍정적이었습니다. 또한 iPS 세포로 만든 도파민 신경 세포를 파킨슨병 환자에게 이식하는 임상 시험도 진행 중입니다. iPS 세포는 신약 개발에도 활용되고 있습니다. **환자의 iPS 세포를 사용하면 인체에 직접 실험할 수 없는 약물을 투여하고 부작용을 평가할 수 있기에** 신약 개발 속도를 한층 높일 수 있습니다.

iPS 세포를 이식에 활용할 때의 장점

재생 의료에는 다른 사람의 장기를 이식하는 방법도 있지만, 거절 반응이 일어날 수 있으므로 신중해야 합니다. 그뿐만 아니라 이식 후 투여하는 면역억제제의 부작용 또한 상당하므로 환자의 부담이 클 수밖에 없습니다.

하지만 iPS 세포를 이식하면 이러한 문제를 피할 수 있을지도 모릅니다. 왜냐하면 **면역 체계는 환자 본인의 체세포로 만든 iPS 세포를 자기로 판단하여 공격 대상에서 제외하기 때문**입니다.

하지만 현실적으로는 환자 한 사람의 세포로 iPS 세포를 만들어 유도 분화시키고 이식하려면 시간도 비용도 매우 많이 듭니다. 그래서 다른 사람의 iPS 세포를 이식해서 사용하는 방안이 등장했습니다. 교토 대학 iPS 세포 연구 재단은 누구에게 이식해도 거절 반응이 일어나지 않는 조합의 MHC(200쪽)를 지닌 사람을 모집했고, 이들이 제공한 세포로 재생 의료용 iPS 세포를 양산하는 프로젝트를 진행하고 있습니다.

현재 이렇게 양산된 iPS 세포를 사용했을 때 일본인의 약 40%가 거절 반응을 일으키지 않는다고 합니다. 앞으로 비축량이 늘어나면 더 많은 사람에게 iPS 세포를 활용할 수 있을 것으로 기대되고 있습니다.

 ## 인간 유전체의 이용

2000년대 초에 인간 유전체가 대부분 해독되면서 우리는 다른 사람과 유전체의 99.9%를 공유한다는 사실이 밝혀졌습니다. 즉 개개인의 유전체 차이는 0.1%(염기쌍 1,000개당 1개 차이)에 불과하다는 뜻이지요. 고작 0.1%의 차이로 개개인의 체질이 달라지는 셈입니다. 이러한 유전체의 차이를 분석하여 얻은 지식은 어떻게 이용되고 있을까요?

① **유전자 진단**

유전자 중에는 질병과 연관된 것으로 추정되는 유전자가 있는데, 이 유전자가 있는지 확인하면 훗날 병을 일으킬 가능성을 점칠 수 있습니다. 이를 활용하면 생활 습관을 개선하는 등의 예방 대책 또한 세울 수 있습니다.

② **유전체 의료**

유전체의 개인차는 질병에 걸릴 확률이나 약효의 차이와도 관련이 있을 것으로 추정됩니다. 이에 따라 의료 현장에서는 개인의 염기 서열에서 나타나는 특징과 질환과 관련된 임상 정보를 모아 데이터베이스를 구축하고 있습니다. 이 데이터베이스를 활용하면 환자의 염기 서열을 통해 환자에게 가장 적합한 치료법을 선택할 수 있으리라 기대됩니다.

③ **유전자 치료**

유전자에서 일부가 빠지거나 정상과 다른 유전자가 중간에 들어 있으면 세포는 기능을 제대로 못 하게 되고, 결과적으로 질병을 일으킵니다. 이 경우에는 세포에 정상 유전자를 집어넣어 세포의 기능을 회복하는 치료법을 고려해볼 수 있습니다. 치료용 정상 유전자를 가지고 있는 바이러스를 세포에 감염시켜 환자의 유전체에 정상 유전자를 집어넣는 방법이 대표적입니다. 바이러스에 존재하는 특정 물질이 바이러스의 유전체를 인간의 유전체에 삽입하는 성질을 이용하는 것이지요.

하지만 이 방법에는 문제가 있습니다. 바이러스가 운반하는 치료용 유전자가 인간의 유전체 중 어디에 삽입될지 알 수 없기 때문입니다. 만약 중요한 작용을 하는 유전자 영역에 치료용 유전자가 삽입된다면 그 유전자는 파괴되고 새로운 이상이 생길지도 모릅니다. 유전체 중 유전자 영역은 겨우 1.5%밖에 안 되지만, 도박이라는 점은 여전합니다.

오늘날에는 유전 정보 중 의도한 부위만 효율적으로 교체할 수 있는 유전체 편집 기술(CRISPR/Cas9)이 주목받고 있습니다. 이 기술은 뒤에서 자세히 설명하겠습니다.

④ 유전체 정보 관리

개인의 유전체를 분석하면 특정 질병(예: 치매)에 걸릴 위험성을 어느 정도 예측할 수 있는데요. 이러한 유전 정보를 직장이나 보험 회사에서 이용하게 되면 차별이나 불이익을 받을 가능성이 있습니다. 이를 막기 위해 일본에서는 2023년 유전체 정보를 신중하게 보호·관리하는 법률이 시행되었습니다. 유전체 의료의 발전과 유전 정보 관리에 관한 논의는 둘 다 자동차의 바퀴처럼 앞으로 나아가는 데 빠져서는 안 될 요소랍니다.

 ## 유전체 편집이란 무엇일까?

유전체의 특정 염기 서열을 인위적으로 바꾸는 기술을 **유전체 편집**이라고 합니다. 유전체 편집은 기본적으로 DNA의 특정 염기 서열을 자릅니다. 세포에는 잘린 DNA를 복구하는 시스템이 있지만, 복구할 때 가끔 실수가 생기기도 합니다. 돌연변이가 일어나는 이유는 이 때문입니다. X선이나 자외선을 사용하는 기존 돌연변이 기술은 유전체에 돌연변이를 일으키는 위치를 조정할 수 없었습니다. 하지만 **유전체 편집 기술은 특정 영역만 자를 수 있으므로 의도한 위치에 돌연변이를 일으킬 수 있습니다.** 이때 가장 보편적으로 쓰이는 유전체 편집 도구는 **CRISPR/Cas9(크리스퍼 캐스나인)**입니다. CRISPR/Cas9이 어떻게 발견되었으며 오늘날에는 어떻게 이용되는지 차례대로 살펴보겠습니다.

 ## CRISPR/Cas9의 발견

1987년 규슈대학의 이시노 요시즈미 교수 연구팀은 대장균의 유전체에서 수십 개의 염기쌍이 반복되는 서열을 발견했고, 이를 논문으로 발표했습니다. 다만 논문에 "어떤 역할을 하는지 알 수 없지만, 기묘한 DNA 서열을 발견했다"라고만 기술했을 뿐, 추가 연구를 진행하지는 않았습니다.

이후 비슷한 염기 서열이 여러 세균에서 발견되었고, 2002년에는 이 염기 서열에 CRISPR(**C**lustered **R**egularly **I**nterspaced **S**hort **P**alindromic **R**epeats, 일정한 간격을 두고 주기적으로 분포하는 짧은 회문 구조의 반복 서열)라는 이름이 붙었습니다. 그리고 CRISPR 근처에는 DNA 절단 효소를 비롯한 유전자군이 존재한다는 사실이 밝혀지면서 이 효소를 Cas(**C**RISPR-**a**ssociated, CRISPR 연관 효소)로 부르게 되었습니다.

한편 버클리 캘리포니아대학의 제니퍼 다우드나 교수와 막스플랑크 감염생물학연구소 소장 에마뉘엘 샤르팡티에 박사는 CRISPR와 Cas가 세균의 면역 체계임을 밝혀냈습니다. 나아가 두 사람은 이 시스템을 유전체 편집에 응용하자고 제안했습니다.

CRISPR/Cas9이 세균에서 하는 역할

세균에는 박테리오파지라는 천적이 존재합니다(64쪽). 파지는 세균에 감염할 때 파지 DNA를 세균에 주입하는데, 이 파지 DNA를 기록·보존하는 것이 바로 CRISPR입니다. 이후 같은 DNA가 다시 세균에 침입하면 Cas가 그 DNA를 절단해서 작용하지 못하도록 만듭니다. 즉 CRISPR/Cas9은 바이러스에 대항하는 세균의 획득 면역 체계입니다.

① 파지 DNA가 세균에 들어오면 Cas 단백질이 짧게 자릅니다. 잘린 파지 DNA는 CRISPR에 삽입되는데, 파지 DNA의 라이브러리라고 할 수 있는 CRISPR는 면역학적 기억으로 작용합니다.
② CRISPR를 전사해서 합성한 RNA 사슬이 효소에 의해 짧게 잘립니다. 부분적으로 구부러진 이 RNA 사슬 조각 중에는 ①의 파지 DNA에 상보적인 사슬도 있습니다.
③ ②에서 만들어진 짧은 RNA 사슬이 외부 DNA와 상보적으로 결합하면 Cas 단백질을 불러들이고, 결과적으로 RNA와 Cas 단백질의 복합체가 만들어집니다.
④ Cas 단백질은 외부 DNA를 의도한 위치에서 자릅니다.

그림 2-57 세균의 면역 체계

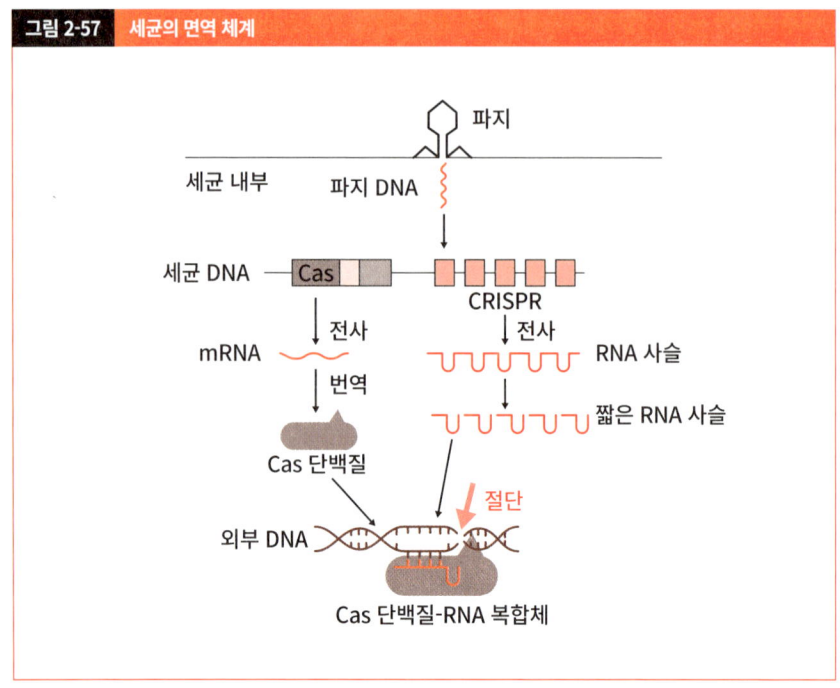

CRISPR/Cas9의 이용

유전체를 편집할 세포(예: 품종 개량할 식물 세포)에 미리 설계한 가이드 RNA(〈그림 2-57〉의 짧은 RNA 사슬)와 Cas를 함께 집어넣습니다. 세포 안에서 가이드 RNA와 Cas 단백질은 복합체를 형성하는데, 가이드 RNA가 표적 서열을 발견하면 Cas 단백질이 DNA의 이중 가닥을 자릅니다.

DNA가 잘리면 세포는 잘린 DNA를 복구하는데, 세포 안에 들어온 Cas 단백질이 지나치게 많이 발현되어 DNA가 계속 잘리고, DNA 복구 작용에 이상이 생깁니다. 이 현상이 유전자 영역에서 일어나면 그 유전자는 기능을 못 하게 되는데, 이를 유전자가 **녹아웃**(knockout)되었다고 합니다.

세포는 손상된 DNA 근처의 염기 서열과 서열이 같은 DNA(주형 DNA)가 있으면 그 염기 서열을 참고해서 DNA를 복구합니다. 이를 활용해서 가이드 RNA, Cas 단백질과 함께 임의의 유전자가 포함된 주형 DNA를 동시에 집어넣으면 Cas가 자른 위치에 임의의 유전자를 삽입[**녹인**(knock-in)]할 수 있습니다.

이처럼 직관적이고 간편하다는 장점 덕에 CRISPR/Cas9은 활용 범위를 빠르게 넓히고 있습니다.

유전자 발현 조절

앞에서 배웠다시피 세포 분화의 차이는 곧 발현하는 유전자의 차이입니다. 그렇다면 유전자 발현 방식에 차이가 생기는 이유는 무엇일까요? 이번에는 유전자 발현과 관련된 시스템을 배워 보겠습니다.

① 크로마틴의 구조

진핵생물의 DNA는 핵 안에서 크로마틴이라는 구조를 형성합니다. 크로마틴이 빽빽하게 접힌 상태(**헤테로크로마틴**)라면 RNA 중합 효소가 프로모터에 접근하지 못하므로 전사가 일어나

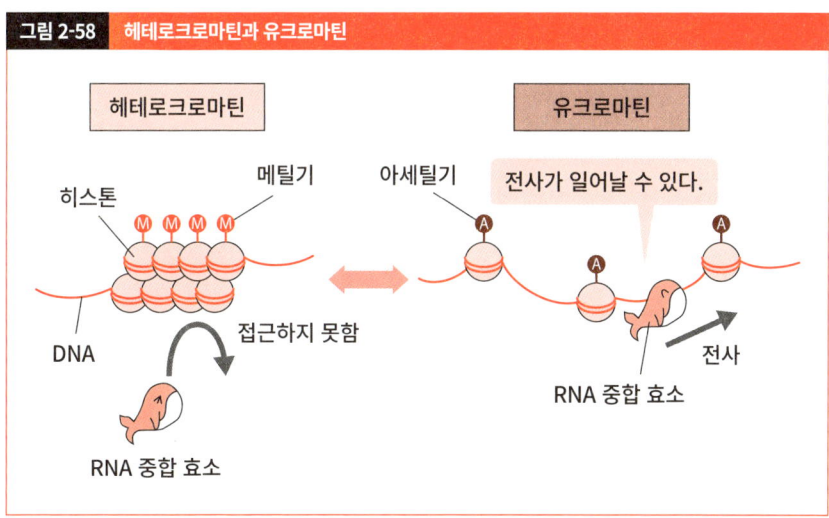

그림 2-58　헤테로크로마틴과 유크로마틴

지 않습니다. 반대로 크로마틴이 풀린 상태(**유크로마틴**)일 때는 RNA 중합 효소가 프로모터에 결합하면서 전사가 시작됩니다. 크로마틴이 접힐지 풀릴지는 히스톤의 화학적 변형에 달려 있습니다. 히스톤에 메틸기가 붙어 메틸화되면 빽빽하게 접히고, 아세틸기가 붙어 아세틸화되면 풀리는 식입니다.

② **전사 조절 영역과 조절 단백질**

원핵생물은 프로모터와 RNA 중합 효소만 있으면 유전자를 전사할 수 있지만, 진핵생물은 다른 요소가 필요합니다. 일단 프로모터에 **일반 전사 인자**라는 단백질 복합체가 결합해야 합니다. 프로모터에 일반 전사 인자가 결합하면 비로소 RNA 중합 효소가 프로모터에 결합할 수 있게 되면서 전사가 시작됩니다. 이를 **일반 전사**라고 합니다.

하지만 보통 일반 전사로 만들어지는 RNA의 양은 충분하지 않기에 전사량을 조절하는 또

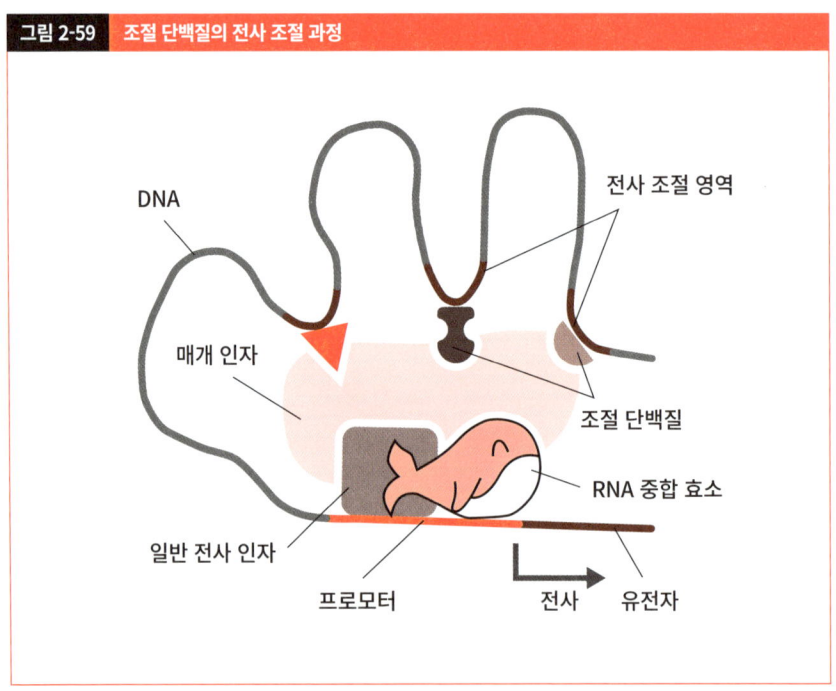

그림 2-59 조절 단백질의 전사 조절 과정

다른 시스템이 존재합니다. **전사 조절 영역**이라는 DNA 영역에 **조절 단백질**이 결합하면, 조절 단백질이 일반 전사 인자를 활성화하면서 전사량이 증가합니다. 일반적으로 전사 조절 영역은 프로모터에서 멀리 떨어져 있는데, DNA는 히스톤에 크로마틴이 감긴 구조이므로 전사 조절 영역과 프로모터는 공간적으로 가까워질 수 있습니다.

하나의 유전자에 여러 개의 전사 조절 영역이 관여하며, 조절 단백질은 전사를 자극하기도 하지만 억제하기도 합니다. 유전자의 발현량은 여러 종류의 단백질의 상호 작용에 따라 달라집니다.

후성유전학: 유전체가 모든 것을 결정할까?

개인의 체질이나 건강 나이의 차이를 결정하는 요인은 오로지 선천적인 유전체의 차이뿐일까요? 만약 그렇다면 건강을 지키기 위해 다이어트나 조깅을 하는 습관은 무의미한 걸까요?

최근 일란성 쌍둥이처럼 유전체가 같아도 DNA나 히스톤을 화학적으로 변형시켜 개인의 형질에 차이를 만드는 시스템이 밝혀졌습니다. DNA의 염기 서열을 변형시키지 않고 유전자 발현을 제어하는 구조를 **후성유전**, 이를 연구하는 학문 분야를 후성유전학이라고 합니다.

대표적인 후성유전학적 조절에는 **DNA 메틸화**와 **히스톤 메틸화, 아세틸화**(123~124쪽)가 있습니다.

DNA 메틸화

DNA 메틸화는 사이토신 염기(C) 뒤에 구아닌 염기(G)가 이어지는 서열(CpG 서열) 중 사이토신 염기에 메틸기가 결합하는 현상입니다. CpG 서열의 사이토신 염기는 무조건 메틸화되는 게 아니라 메틸화될 때도 있고 메틸화되지 않을 때도 있습니다. 그러나 **한번 메틸화된 사이토신 염기는 복제된 뒤에도 메틸화가 유지되므로 DNA의 메틸화 상태는 자식 세포로 이어집니다.**

그림 2-60　DNA 메틸화

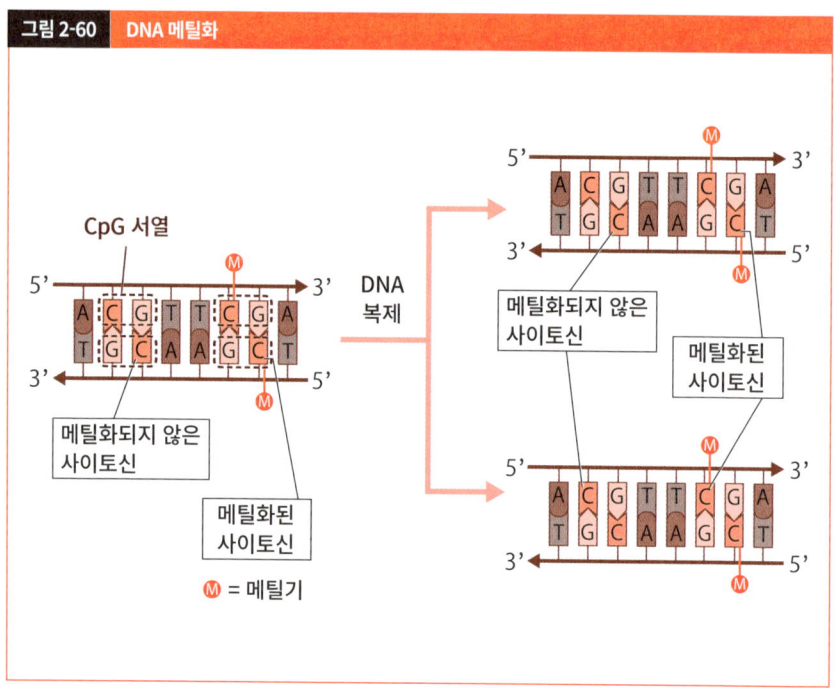

유전자 발현 억제

메틸화된 유전자의 프로모터는 전사에 필요한 일반 전사 인자와 RNA 중합 효소 같은 단백질 군이 결합하지 못하도록 방해합니다. 이로써 유전자의 발현이 억제됩니다. 또한 DNA가 집중적으로 메틸화된 영역에서는 히스톤도 메틸화되어 크로마틴이 빽빽하게 접히므로 넓은 범위에서 유전자의 발현이 억제됩니다.

탈메틸화

일반적인 DNA 메틸화는 발생 과정에서 쓸모가 없어진 유전자나 역할을 다한 유전자에서 나타납니다. 그리고 한번 메틸화된 유전자는 자식 세포로 유전됩니다. 하지만 인간을 비롯한 포유류에는 메틸화를 고쳐 쓸 수 있는 시기가 두 번 있습니다. 바로 난자나 정자가 성숙하는 시기와 배반포가 자궁에 착상하는 시기입니다. 이 시기에는 그전까지 축적된 메틸기가 대부분 떨어지고(**탈메틸화**), 세포가 분화하는 과정에서 다시 메틸화가 이루어진다고 추정됩니다.

인간 유전체의 메틸화

인간의 유전체에 존재하는 CpG 서열은 약 3,200만 개인데, 그중에는 나이가 들면서 메틸화와 탈메틸화가 일방적으로 진행되는 CpG 서열도 있습니다. 이러한 CpG 서열의 후성 유전체를 분석하면 나이를 추정할 수 있다고 합니다. 후성 유전체란 DNA 메틸화처럼 후천적으로 변형된 유전체입니다.

2023년 일본 이와테의과대학, 게이오대학, KDDI종합연구소의 합동 연구팀이 발표한 흥미로운 연구가 있습니다. 평균적인 일본인 수백 명의 후성 유전체와 101~115세까지의 고령자

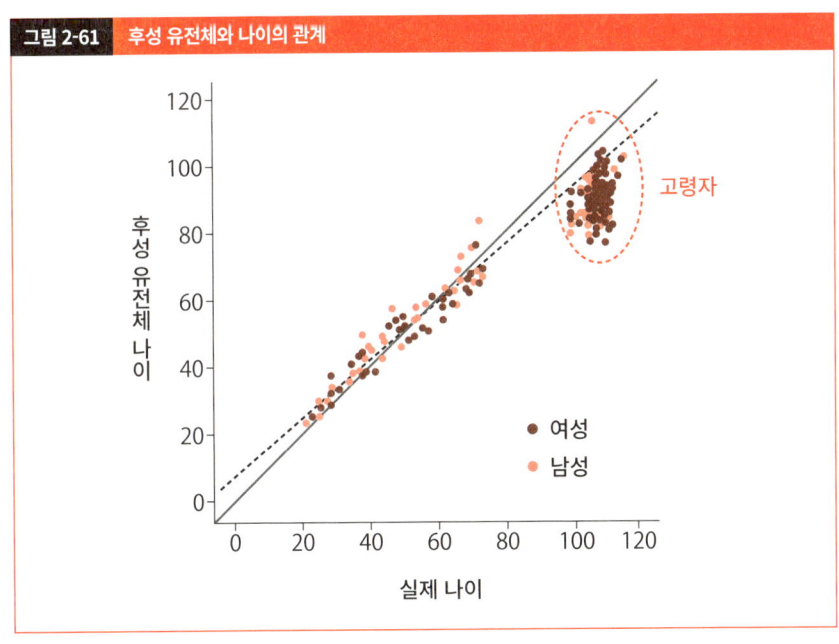

그림 2-61 후성 유전체와 나이의 관계

94명의 후성 유전체를 비교한 연구인데요.

CpG 서열은 나이가 들면서 직선적으로 메틸화 또는 탈메틸화가 일어나는데, 100세 이상 고령자는 20~79세의 피험자로부터 산출한 후성 유전체 나이(후성 유전체의 상태를 바탕으로 추정한 나이)에서 벗어난 결과를 보였습니다. 고령자의 CpG 서열은 메틸화가 젊은 상태로 유지되거나 반대로 메틸화가 빠르게 진행되었습니다. 그리고 젊은 상태로 유지된 고령자의 CpG 서열은 암과 인지 기능에 관여하는 유전자에 집중되어 있고, 메틸화가 빠르게 일어나는 CpG 서열은 대부분 염증을 비롯한 면역 기능에 관여하는 유전자에 집중되어 있었습니다.

이러한 결과를 분석하면 암 발병 및 인지 기능 저하가 일어나지 않는 고령자의 전형적인 특징을 설명할 수 있다고 연구팀은 설명했습니다. 그리고 노인성 질환과 만성 염증이 연관된 사례를 통해 염증에 관여하는 유전자에서 후성 유전체를 억제하면 건강 수명을 늘릴 수 있을지도 모른다고 덧붙였습니다.

제 3 장

생리학

| 제 3 장 | 생리학 | | 몸속 환경과 항상성 |

신체 기능의 조절

 ### 체내 환경이란 무엇일까?

3장에서는 인간의 신체 기능 조절을 배워 보겠습니다.

우리 몸을 구성하는 약 37조 개의 세포는 체액(세포외액)에 잠겨 외부 환경에 직접 노출되지 않는 상태입니다. 이 체액은 세포를 둘러싼 환경이므로 **체내 환경**이라고 합니다. 반대로 몸을 둘러싼 온도와 습도와 빛 같은 외부 환경은 **체외 환경**이라고 합니다.

우리 몸은 체내 환경과 체외 환경이 상피 세포로 서로 격리되어 있어, 체외 환경이 크게 변해도 체내 환경은 일정하게 유지됩니다. 이처럼 생물이 체내 환경을 일정하게 유지하려는 성질을 **항상성**(homeostasis)이라고 합니다.

그렇다면 우리 몸에 항상성이 필요한 이유는 무엇일까요? 이유는 간단합니다. 세포가 체외 환경에 직접 노출되면 환경 변화의 영향을 그대로 받기 때문입니다. 세포는 매우 섬세해서 온도, pH, 그리고 에너지원으로 쓰이는 당의 농도 등 여러 조건에 따라 활동이 크게 좌우됩니다. 그래서 **항상 최적의 상태로 세포 활동을 할 수 있도록 체내 환경을 갖추고 조건을 일정하게 유지하게 되었지요.** 그뿐만 아니라 세포를 위협하는 세균이나 바이러스 같은 적들로부터 보호받는다는 이점도 있습니다.

그런데 위나 장 같은 소화관의 내부는 체내 환경일까요, 아니면 체외 환경일까요? 생명과학에서는 **소화관의 내부를 체외 환경이라고 설명합니다.** 왜냐하면 소화관은 입과 항문을 통해 외부와 연결되어 있고, 소화관 안쪽이 빈틈없이 딱 달라붙는 상피성 세포로 덮여 있기 때문입니다. 그리고 소화관에는 체액이 흐르지 않는데요(소화액은 체액이 아닙니다). 세균이 장에서 살 수 있는 이유도 장이 체외 환경이기 때문입니다. 그러니까 우리 몸은 마치 대롱 어묵처럼 가운데가 빈 관 형태랍니다.

따라서 음식물을 먹는다고 바로 체내 환경에 흡수되는 게 아니라 소화관에서 혈액으로 흡수되어야만 우리 몸의 영양분이 될 수 있답니다.

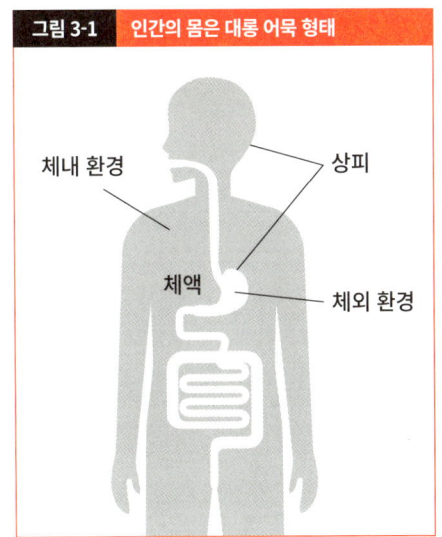

그림 3-1 인간의 몸은 대롱 어묵 형태

 ## 체액의 종류

체액에는 어떤 종류가 있을까요? 인간의 체액은 크게 혈액, 조직액, 림프액으로 나뉩니다. 혈관을 흐르는 체액인 **혈액**은 세포 성분인 **혈구**와 액체 성분인 **혈장**으로 이루어져 있습니다. 인간의 혈관은 동맥과 정맥이 모세혈관으로 이어져 있고, 적혈구가 혈관 밖으로 새어나가지 않으므로 **폐쇄 혈관계**라고 합니다. 폐쇄 혈관계인 동물은 많지 않은데, 인간을 비롯한 척추동물 외에 지렁이 같은 환형동물이 있습니다.

모세혈관벽은 내피세포라는 한 층의 세포로 이루어진 얇은 막이므로 혈장 일부가 스며 나와 조직의 세포를 적시고 있습니다. 이 조직과 조직 사이를 채우는 액체를 **조직액**이라고 합니다. 조직액은 대부분 다시 모세혈관으로 흡수되어 혈액으로 돌아가지만, 일부는 혈관과 구분되는 **림프관**으로 들어가 **림프액**이 됩니다.

폐쇄 혈관계라는 이름대로 혈관은 심장을 중심으로 고리처럼 순환하지만, 림프관은 그렇지 않습니다. 나뭇가지에서 기둥으로 이어지듯이 림프관은 온몸의 끝부분에 존재하는 림프모세

그림 3-2 인간의 체액

빗장뼈밑정맥
- **혈액**: 혈관을 흐르는 체액
- **조직액**: 조직과 조직 사이를 채우고 있는 체액으로, 모세혈관에서 스며 나온 혈장의 일부
- **림프액**: 림프관을 흐르는 체액으로, 원래는 조직액

관에서 시작해서 점점 굵어집니다. 그리고 **마지막에는 빗장뼈밑정맥과 만나 혈액으로 돌아갑니다.**

그런데 혈액, 조직액, 림프액 중 가장 양이 많은 체액은 무엇일까요? 혈액이라고 생각하는 분이 많겠지만, 사실 가장 양이 많은 건 조직액입니다. **혈액량은 몸무게의 약 8%(1/13)** 에 불과하므로 몸무게가 50kg인 사람의 혈액이 차지하는 비중은 약 4kg입니다. 큰 페트병으로 2개 분량이지요.

혈관의 구조

같은 혈관이라고 해도 동맥과 정맥은 구조적으로 다릅니다. **동맥은 심장에서 뿜어져 나오는 혈액을 운반해야 하므로 높은 혈압에 견딜 수 있도록 혈관 벽이 두껍습니다.** 이 혈관 벽을 구성하는 민무늬근육은 자율 신경의 명령에 따라 혈압의 조절에도 관여합니다.

동맥을 따라 운반된 산소와 영양분은 모세혈관에 도달하면 혈관 밖으로 확산해서 조직의 세포로 흡수됩니다. 그리고 세포에서 방출된 이산화탄소와 노폐물은 모세혈관과 림프모세관으로 흡수되어 정맥과 림프관으로 들어갑니다.

정맥은 몸의 끝부분에서 심장을 향해 흐르는 혈액을 운반하므로 동맥과 달리 심장의 펌프작용에 영향을 받지 않습니다. 따라서 정맥에서 혈액이 흐르는 방식은 동맥과 다릅니다. **혈**

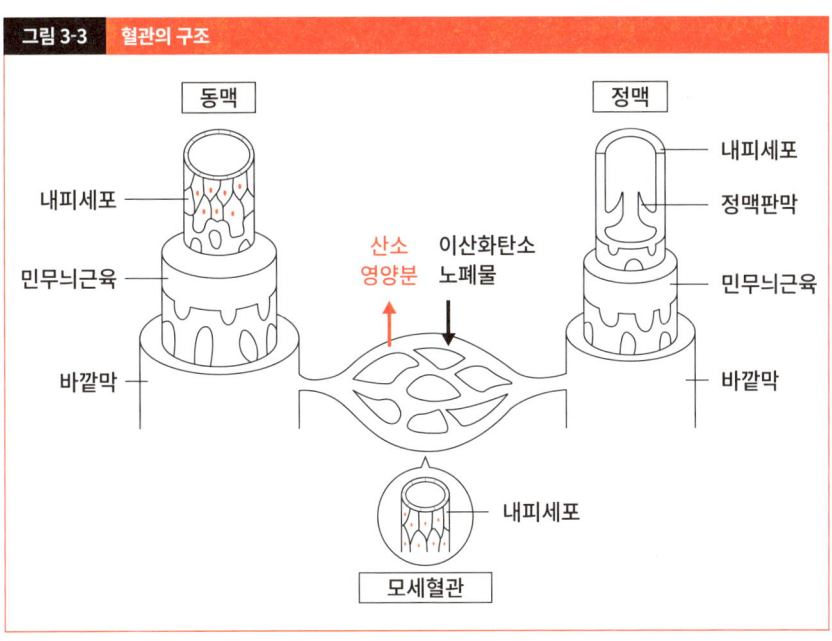

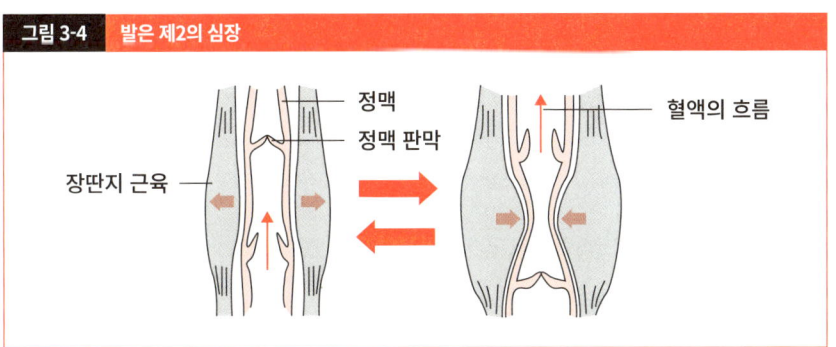

액이 거꾸로 흐르지 않도록 막아 주는 판막(정맥판막)이 군데군데 있다는 점이 정맥의 가장 큰 특징입니다. 그리고 정맥을 바깥쪽에서 미는 근육의 작용으로 정맥판막이 열렸다 닫혔다 하면서 혈액을 한 방향으로 보냅니다. 특히 발의 정맥은 중력을 거슬러 심장으로 혈액을 보내므로 장딴지(종아리) 근육의 역할이 중요합니다. "발은 제2의 심장"이라는 말이 생긴 이유도 이 때문이지요.

역류 방지용 판막은 림프관에도 있습니다. 림프액 역시 심장의 펌프 작용에 영향을 받지 않기 때문인데요. 정맥과 마찬가지로 림프액도 근육의 수축과 이완으로 인한 압력 변화, 호흡 운동에 따른 흉강 압력 변화, 그리고 외부에서 가해지는 자극(예: 마사지) 등에 의해 흐릅니다.

심장의 기능

심장은 체액을 순환시키는 펌프입니다. 심장이 직접 순환시키는 대상은 혈액이지만, 혈액의 흐름에 이끌린 조직액과 림프액도 함께 순환합니다. **혈액은 40~60초 만에 온몸을 한 번 순환하지만, 조직액과 림프액은 온몸을 한 바퀴 도는 데 12~24시간이 걸립니다.**

심장 박동의 리듬은 우심방 위쪽에 있는 **굴심방결절**이라는 부위에서 만들어집니다. **굴심방결절은 마치 박동기(페이스메이커)처럼 매우 약한 전기 신호를 규칙적으로 발생해서 심장 근육을 수축시킵니다.** 이 신호는 심방으로 전달되어 좌우 심방을 수축시킵니다. 이렇게 심방이 수축하면 혈액은 심방에서 심실로 이동합니다. 그리고 신호가 뒤이어 심실 벽에 도달하면 좌우 심실이 수축하고, 혈액은 동맥으로 이동합니다.

굴심방결절 덕에 심장은 자동으로 계속 뛸 수 있는데, 이 박동 리듬을 조절하는 주체는 연수와 **자율 신경계**(137쪽)입니다.

운동으로 혈액 속의 이산화탄소 농도가 높아지면 뇌의 연수에 있는 심장 박동 중추가 이를 감지해서 교감 신경을 흥분시킵니다. 교감 신경의 흥분이 굴심방결절에 전달되면 심장 박동이 빨라지고 혈류량이 증가하며, 혈압이 상승하면서 조직으로 전달되는 산소량도 증가합니다.

한편 **안정될 때는 혈액 속의 이산화탄소 농도가 낮아집니다. 그렇게 되면 연수의 심장 박동 중추가 이를 감지해서 부교감 신경을 흥분시킵니다.** 부교감 신경의 흥분이 굴심방결절에 전달되면 박동이 억제되면서 혈압도 낮아집니다.

이처럼 심장 박동이 운동할 때 빨라지고 안정될 때 느려지는 이유는 심장의 **굴심방결절이 교감 신경과 부교감 신경에 의해 조절되기 때문**입니다.

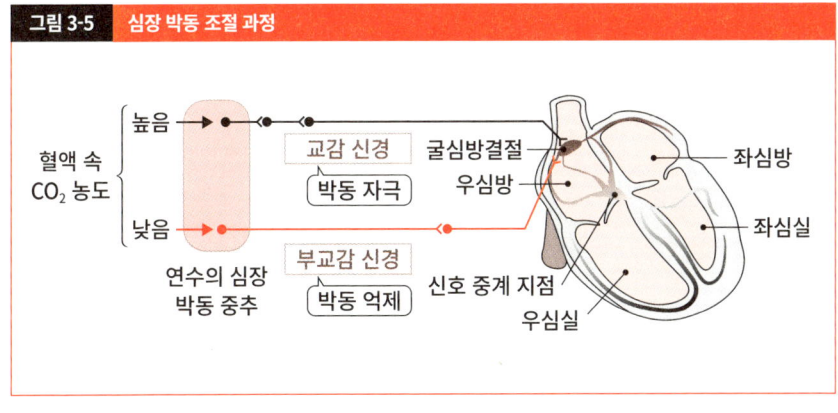

그림 3-5 심장 박동 조절 과정

정보를 전달하는 신경계와 내분비계

다세포 생물의 몸은 멀리 떨어진 세포끼리 정보를 면밀하게 주고받으며 항상성을 유지합니다. 이 정보 네트워크의 정체는 바로 **신경계**와 **내분비계**입니다.

우리의 몸에는 체내 환경을 감시하는 감각 세포가 있어 신체 각 부위의 움직임이나 체액 내 물질 농도 변화 등을 감지합니다. 이러한 감각 세포의 정보를 전기 신호 형태로 전달하는 것이 신경계의 역할입니다. 한편 내분비계는 혈액을 통해 **호르몬**을 보내 정보를 전달하는 네트워크입니다.

다음은 신경계와 내분비계를 자세히 알아보겠습니다.

| 제3장 | 생리학 | 신경계 |

신경계를 통한 정보 전달과 조절

 신경계란 무엇일까?

신경계는 **뉴런**(신경 세포)이 수없이 모여 만들어진 정보 네트워크입니다. 뉴런에는 긴 돌기(축삭)가 있어 정보를 전기 신호의 형태로 순식간에 멀리 전달할 수 있습니다. 우리 몸이 자극을 받으면 세포막에서 소듐 이온(Na^+)의 투과성이 변하고, 체액에서 세포 안으로 소듐 이온이 들어오면서 막전위가 미약하게(약 100mV) 변합니다. 이것이 전기 신호의 실체입니다. 그리고 이

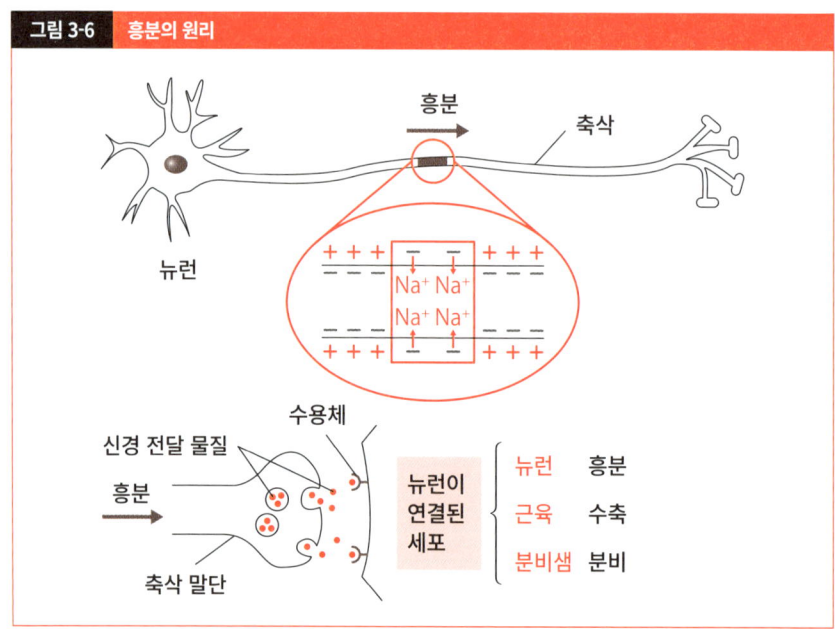

그림 3-6 흥분의 원리

그림 3-7 인간의 신경계

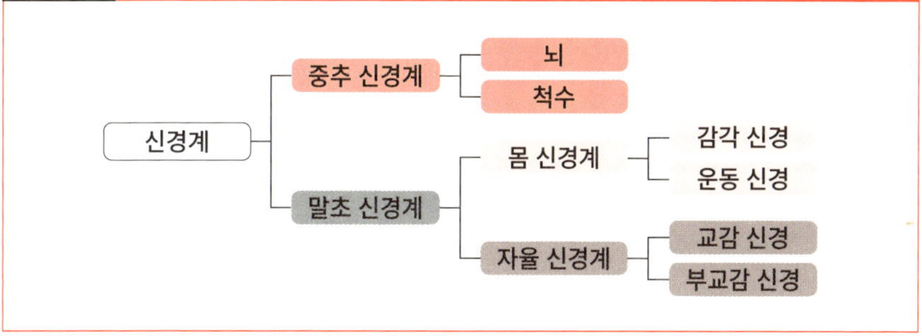

```
                    ┌─ 중추 신경계 ─┬─ 뇌
                    │              └─ 척수
신경계 ─┤
                    │              ┌─ 몸 신경계 ──┬─ 감각 신경
                    └─ 말초 신경계 ─┤              └─ 운동 신경
                                   └─ 자율 신경계 ─┬─ 교감 신경
                                                   └─ 부교감 신경
```

막전위의 변화를 **흥분**이라고 합니다.

흥분이 뉴런의 축삭 말단까지 도달하면 **신경 전달 물질**이라는 화학 물질이 말단에서 방출됩니다. 신경 전달 물질이 축삭과 맞닿은 세포의 수용체에 결합하면 그 세포는 고유한 역할을 하게 됩니다. 만약 **신경 전달 물질을 받은 세포가 뉴런이라면 흥분이, 근육이라면 근수축이, 분비샘이라면 물질의 분비가 일어납니다.**

신경계는 **뇌**와 **척수**로 구성된 **중추 신경계**와 중추 신경계에서 몸 끝까지 뻗은 **말초 신경계**로 나뉘며, 말초 신경계는 다시 **몸 신경계**와 **자율 신경계**로 나뉩니다. 몸 신경계는 자극을 받아들인 감각 세포의 신호를 중추로 전달하는 감각 신경, 그리고 자신의 의지로 손발을 움직이는 데 필요한 운동 신경으로 이루어져 있습니다. 반면 자율 신경계에는 **교감 신경**과 **부교감 신경**이 있는데, 몸 신경계와 달리 **의지와 관계없이 움직입니다.**

 ## 항상성 유지에 없어서는 안 될 자율 신경계

지금은 '자율 신경'이라는 용어가 의사나 간호사 같은 전문가뿐만 아니라 대중에게도 널리 정착된 만큼 알고 있는 분들도 많을 텐데요.

자율 신경계는 혈관, 소화관, 신장, 심장, 폐, 동공, 땀샘, 방광, 성기 등 모든 내장 기관과 직접 연결되어 기관의 기능을 빠르게 조절합니다. 자율 신경계가 조절하는 대상은 다음과 같습니다.

- 혈압
- 체액량과 염분의 균형
- 대사
- 심박수
- 타액, 눈물, 땀 분비
- 배뇨와 배변
- 체온
- 음식물 소화
- 성적 반응

이처럼 **자율 신경계는 몸에서 무의식적으로 일어나는 거의 모든 반응을 담당합니다.**

자율 신경계에는 **교감 신경**과 **부교감 신경**이 있으며, 〈그림 3-8〉에서 알 수 있듯이 두 신경은 **각 기관에서 길항적으로 작용합니다.** 보통 **교감 신경은 위기 상황에 대응할 수 있도록 몸을 준비시킵니다**(투쟁·도주 반응). 반대로 **부교감 신경은 휴식을 취해서 몸이 편안함을 느낄 때 작용하여 몸의 회복을 돕습니다.**

교감 신경과 부교감 신경의 작용을 빠르게 이해하려면 여러분이 동물이 되었다고 상상해보

그림 3-8 교감 신경과 부교감 신경

교감 신경
- 위기 상황일 때
- 활동(운동) 중일 때
- 긴장했을 때
- 스트레스를 받을 때

부교감 신경
- 휴식을 취할 때
- 밥을 먹고 느긋하게 있을 때
- 몸이 편안함을 느낄 때
- 잠을 잘 때

	동공	심장 박동	혈압	기관지	위와 장의 꿈틀 운동	배뇨	털세움근
교감 신경	확대	증가	상승	확장	억제	억제	수축
부교감 신경	축소	억제	하강	수축	촉진	촉진	-

※ -는 부교감 신경이 분포하지 않음을 의미.

면 됩니다. 예를 들어 사바나에서 야생의 얼룩말(여러분요!)이 사자와 맞닥뜨렸다고 해봅시다. 위기에 처한 얼룩말의 몸에서는 순식간에 **교감 신경**이 활발해집니다. 심장 박동이 빨라져서 심장이 쿵쾅쿵쾅 뛰겠군요. 혈액 펌프가 작동해서 지금 당장이라도 뛰어서 도망칠 준비가 끝난 상태입니다. 뛰기 시작하면 더 많은 산소를 폐에 공급하기 위해 기관지가 확장되고, 시야를 넓히기 위해 동공이 커집니다. 그러나 위와 장의 꿈틀 운동은 억제됩니다. 음식물을 소화해서 흡수하려면 위와 장으로 혈액을 보내야 하지만, 지금은 그 혈액을 근육 운동에 보내는 편이 유리하니까요. 물론 배뇨와 배변 활동도 억제됩니다.

반대로 천적이 없는 곳에서 무리와 함께 먹이를 먹을 때는 **부교감 신경**이 작용합니다. 이때 얼룩말은 심박수와 혈압이 낮아지고 동공이 축소됩니다. 그리고 위와 장이 활발해집니다. 천적이 나타나지 않는 동안 한시라도 빨리 먹은 풀을 소화·흡수해서 혈액·근육으로 전환해야 하기 때문입니다.

이처럼 교감 신경과 부교감 신경은 상황에 따라 시소처럼 균형을 맞추며 작용합니다. 어느 한쪽만 우세하면 몸의 균형은 무너지고 말지요.

자율 신경계의 신경 전달 물질

자율 신경계에서는 **교감 신경**이라면 대부분 **노르아드레날린**, **부교감 신경**이라면 **아세틸콜린**이라는 신경 전달 물질이 분비됩니다. 신경 전달 물질이 세포의 수용체에 결합하면 고유한 반응이 일어납니다. 따라서 <u>**신경 전달 물질이나 이와 구조가 비슷한 유사 물질을 투여하면 자율 신경이 작용했을 때의 몸 상태를 인위적으로 유도할 수 있습니다.**</u>

예를 들어 안저 검사에서 동공을 확대할 때 사용하는 점안액에는 노르아드레날린 수용체를 자극하는 화학 물질이 들어 있습니다. 그리고 '에피펜'으로 유명한 과민성 쇼크 보조 치료제에는 노르아드레날린과 구조가 유사한 아드레날린이 들어 있는데, 아드레날린은 교감 신경 수용체에 작용하여 심장 박동을 빠르게 하고 혈압 상승 및 기관지 확장 효과를 유도합니다.

신경 전달 물질 또는 그 유사 물질의 작용을 유도하는 점안액이나 에피펜과 달리 **신경 전달 물질의 작용을 방해함으로써 효과를 발휘하는 약물도 있습니다.**

가령 부교감 신경이 지나치게 활발해지면 위와 장의 경련, 통증, 궤양, 위염 악화, 설사 및 복통 등의 증상이 나타나는데, 이러한 증상을 완화하는 약이 항콜린제입니다. 항콜린 작용은 부교감 신경의 신경 전달 물질인 아세틸콜린의 작용을 방해합니다. 따라서 항콜린제를 투여하면 지나치게 활성화된 부교감 신경이 억제되면서 몸의 균형이 회복됩니다.

중추 신경계의 기능

체내 환경의 변화를 감지해서 자율 신경계에 명령을 내리는 부위는 어디일까요? 바로 중추 신경계에 속하는 **사이뇌**의 **시상하부**입니다. 시상하부는 나중에 설명할 호르몬 분비에도 관여하므로 **항상성의 중추**라고 할 수 있습니다.

체내 환경 변화를 감지한 시상하부는 자율 신경계와 내분비계를 통해 체내 환경을 조절합니다. 그 결과가 다시 시상하부에 피드백되면서 조절 정도가 바뀝니다.

여기서 잠깐 중추 신경계 중에서 뇌의 구조를 살펴볼까요? 뇌는 **대뇌, 사이뇌, 중간뇌, 소뇌, 숨뇌**로 이루어져 있고, 저마다 중추로서 기능을 수행합니다. 이 중에서 **사이뇌, 중간뇌,**

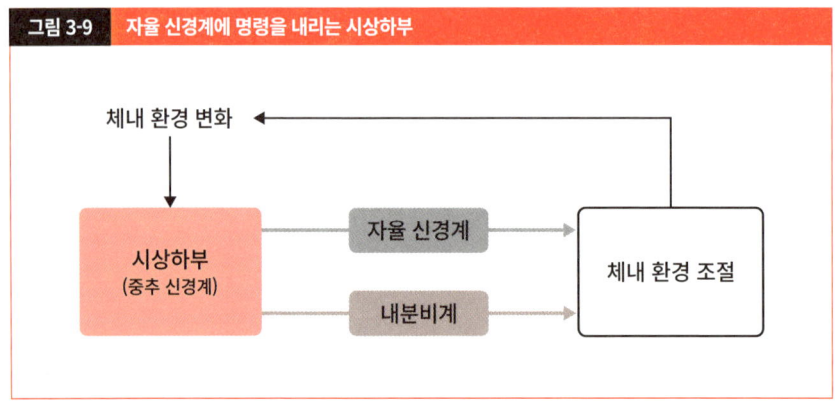

그림 3-9 자율 신경계에 명령을 내리는 시상하부

그림 3-10 뇌의 기능

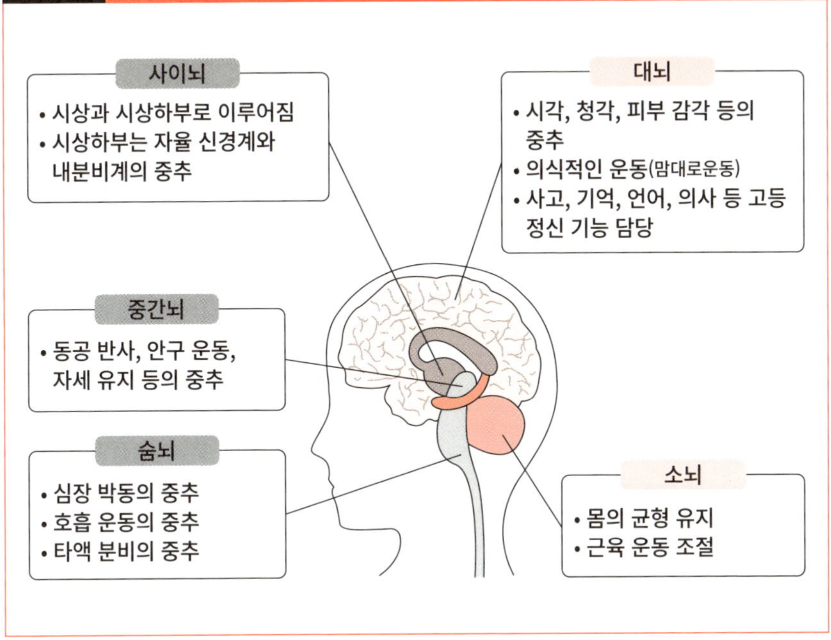

사이뇌
- 시상과 시상하부로 이루어짐
- 시상하부는 자율 신경계와 내분비계의 중추

대뇌
- 시각, 청각, 피부 감각 등의 중추
- 의식적인 운동(맘대로운동)
- 사고, 기억, 언어, 의사 등 고등 정신 기능 담당

중간뇌
- 동공 반사, 안구 운동, 자세 유지 등의 중추

숨뇌
- 심장 박동의 중추
- 호흡 운동의 중추
- 타액 분비의 중추

소뇌
- 몸의 균형 유지
- 근육 운동 조절

숨뇌를 통틀어 **뇌줄기**라고 합니다. **뇌줄기에는 생명을 유지하는 데 없어서는 안 될 기능이 모여 있습니다.**

뇌 기능을 기준으로 정한 죽음의 정의

대뇌의 기능이 멈추면 손발을 움직일 수도(맘대로운동), 말을 할 수도 없을 뿐만 아니라 의식마저 사라집니다. 하지만 **뇌줄기의 기능이 정상이라면 스스로 호흡하고 심장이 뛰는 등 생명 활동은 유지됩니다.** 이처럼 대뇌는 기능하지 않아도 뇌줄기가 기능하는 상태를 **식물인간**(지속 식물 상태)이라고 합니다. 한편 대뇌뿐만 아니라 뇌줄기의 기능까지 멈추면 호흡과 심장 박동이 멈추면서 죽음에 이릅니다. 하지만 이 상태에서도 인공호흡기의 도움을 빌리면 한동안 심장을 뛰게 할 수 있는데, 이를 **뇌사**라고 합니다.

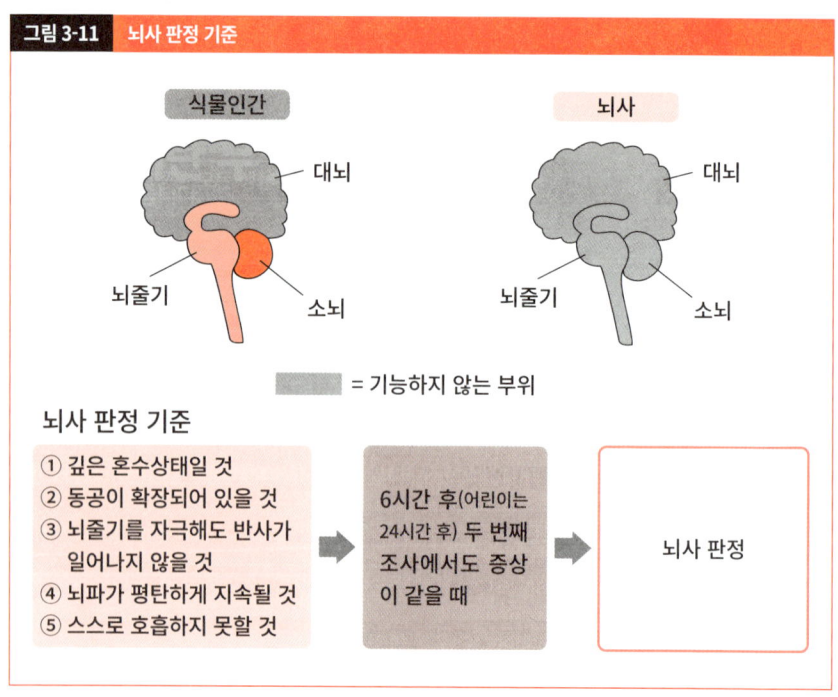

의학적으로 뇌사로 판정되려면 ① 깊은 혼수상태일 것, ② 동공이 확장되어 있을 것, ③ 뇌줄기를 자극해도 반사가 일어나지 않을 것, ④ 뇌파가 평탄하게 지속될 것, ⑤ 스스로 호흡하지 못할 것이라는 다섯 가지 조건을 충족해야 하며, 6시간 후 다시 확인해도 같은 증상이 나타나야 합니다. 단, 6세 미만의 어린이는 뇌 손상의 회복력이 높으므로 24시간 이상 간격을 두고 두 번째 뇌사 조사를 진행합니다.

뇌사 상태에서도 뇌를 제외한 장기는 정상적으로 기능할 때가 많기에, 뇌사 환자의 장기를 이식이 필요한 환자에게 이식하는 뇌사 장기 이식이 이루어지고 있습니다. 일본에서는 본인이 장기 기증에 대한 거부 의사를 밝히지 않았고 가족의 동의가 있을 때, 혹은 본인이 장기 기증 의사를 밝혔고 가족이 뇌사 판정을 받아들였을 때에 한해 뇌사 판정을 내리고 장기를 기증하게 되어 있습니다. 한국에서는 뇌사 환자 본인과 가족이 동의했을 때에 한해 장기를 기증할 수 있습니다.

제 3 장 | 생리학　　　　　　　　　　　　　　　　　　　| 내분비계와 호르몬

내분비계를 통한 정보 전달과 조절

지금까지 자율 신경계를 배웠습니다. 이번에는 내분비계가 어떻게 정보를 전달해서 몸을 조절하는지 알아볼까요?

내분비샘

세포끼리 **호르몬**을 통해 정보를 주고받는 체계 및 이에 관여하는 조직과 기관을 통틀어 **내분비계**라고 합니다. 혈중 호르몬 농도는 매우 미미한데, 50m 수영장에 한 숟갈 넣은 정도만으로도 효과를 보인다고 합니다. 지금까지 발견된 인간의 호르몬은 100종류가 넘고, 앞으로도 새로운 호르몬이 계속 발견되리라고 예상됩니다.

　호르몬은 **내분비샘**에서 혈액으로 분비되어 온몸을 순환하지만, 실제로 작용하는 부위는 특정 기관(**표적 기관**)뿐입니다. 호르몬이 표적 기관에만 작용하는 이유는 표적 기관을 구성하는 **표적 세포**에 특정 호르몬과 결합하는 **수용체**가 있기 때문입니다.

그림 3-12　호르몬이 표적 세포에만 작용하는 원리

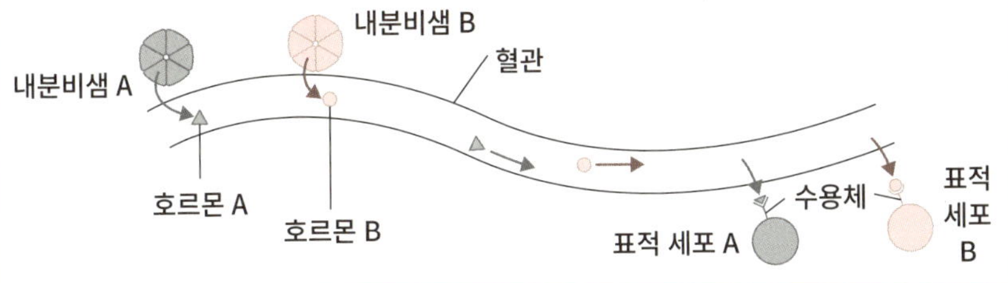

호르몬은 자율 신경에 의한 조절 작용보다 효과가 나타나기까지 시간이 걸리지만, **한 번 분비되면 혈중 호르몬 농도가 낮아질 때까지 효과가 지속된다**는 특징이 있습니다.

신경 분비 세포

호르몬을 만들어 분비하는 뇌의 신경 세포를 **신경 분비 세포**라고 합니다. 신경 분비 세포는 특히 시상하부에 많은데, 뇌하수체 전엽에 작용하는 전엽 호르몬의 분비를 자극하는 **방출 호르몬**이나 반대로 전엽 호르몬의 분비를 억제하는 **방출 억제 호르몬**이 여기서 분비됩니다. 그리고 신경 분비 세포 중에는 뇌하수체 후엽까지 축삭을 뻗은 세포도 있는데, 여기서는 **바소프레신**과 **옥시토신** 등의 호르몬이 분비됩니다.

뇌하수체는 시상하부 밑에 매달린 내분비 기관입니다. 크기는 7~8mm로 매우 작지만, 다양한 호르몬을 분비하는 중요한 기관입니다. 인간의 뇌하수체는 전엽과 후엽으로 나뉘며, **전엽**

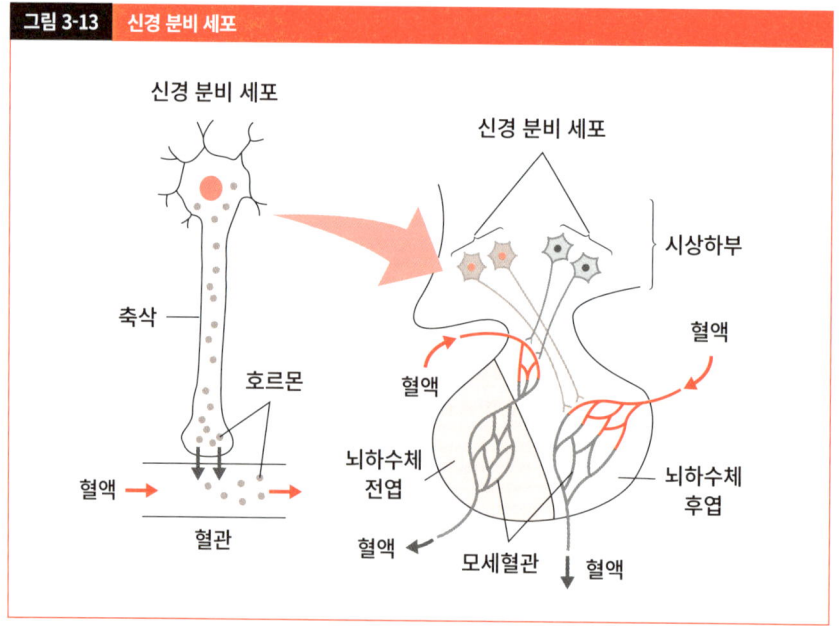

그림 3-13 신경 분비 세포

에는 시상하부의 신경 분비 세포에서 분비된 호르몬의 작용으로 또 다른 호르몬을 생산·분비하는 샘세포가 있습니다. 후엽에서는 호르몬이 만들어지지 않으며, 시상하부의 신경 분비 세포 축삭과 접해 있고 신경 분비 세포의 호르몬이 방출됩니다.

인간의 주요 내분비샘과 호르몬

이번에는 인간의 주요 내분비샘과 분비되는 호르몬을 알아볼까요? 항상성에 관여하는 호르몬과 그 호르몬의 작용을 〈그림 3-14〉에서 확인할 수 있습니다. 이 호르몬들 외에 정소와 난소에서 분비되는 생식샘 호르몬처럼 항상성에 직접 관계되지 않은 호르몬도 있지만, 호르몬은 대부분 시상하부와 뇌하수체에 의해 조절됩니다.

그림 3-14 항상성에 관여하는 호르몬과 그 작용

내분비샘		호르몬	주요 작용
시상하부		방출 호르몬	뇌하수체 전엽 호르몬 분비 자극
		방출 억제 호르몬	뇌하수체 전엽 호르몬 분비 억제
뇌하수체	전엽	성장 호르몬	뼈 발육 자극, 단백질 합성 자극, 혈당 증가
		갑상샘 자극 호르몬	티록신 합성 및 분비 자극
		부신 겉질 자극 호르몬	당질 코르티코이드 합성 및 분비 자극
	후엽	바소프레신(항이뇨 호르몬)	신장에서 물의 재흡수 유도, 혈압 상승
갑상샘		티록신	대사(호흡) 활성화, 성장 및 분화 자극
부갑상샘		파라토르몬	뼈에서 칼슘 이온(Ca^{2+})이 빠져나오도록 하여 혈중 칼슘 이온 농도 증가
부신	속질	아드레날린	글리코젠 분해를 자극하여 혈당 증가
	겉질	당질 코르티코이드	단백질로 당을 합성하여 혈당 증가
		무기질 코르티코이드	신장에서 소듐 이온(Na^+) 재흡수 유도
췌장 랑게르한스섬	알파(α) 세포	글루카곤	글리코젠 분해를 자극하여 혈당 증가
	베타(β) 세포	인슐린	글리코젠 합성 및 조직의 글루코스 소비를 자극하여 혈당 저하

호르몬을 만드는 재료는 무엇일까?

호르몬을 만드는 물질은 호르몬의 작용에 따라 다릅니다. 호르몬은 크게 **펩타이드 호르몬, 스테로이드 호르몬, 아미노산 호르몬**으로 나뉩니다.

• **펩타이드 호르몬**

성장 호르몬, 인슐린, 글루카곤 등

• **스테로이드 호르몬**

당질 코르티코이드, 무기질 코르티코이드, 생식샘 호르몬 등

• **아미노산 호르몬**

티록신, 아드레날린, 노르아드레날린(신경 전달 물질)

첫 번째 펩타이드 호르몬은 아미노산이 여러 개 연결된 폴리펩타이드로 이루어진 호르몬으로, 물에 잘 녹는 **수용성**입니다. 백혈구끼리 정보를 주고받을 때 이용하는 정보 전달 물질 사이토카인(174쪽)이 여기에 속합니다. 두 번째 스테로이드 호르몬은 지질인 콜레스테롤로 만들어진 호르몬으로, 물보다 지질에 잘 녹는 **지용성**입니다. 마지막으로 말 그대로 아미노산으로 이루어진 아미노산 호르몬은 아드레날린처럼 **수용성**인 호르몬도 있고, 티록신처럼 **지용성**인 호르몬도 있습니다.

 ## 호르몬이 작용하는 방식

호르몬이 표적 세포에 작용하는 방식은 호르몬이 수용성인지 지용성인지에 따라 다릅니다. 세포막은 인지질로 이루어져 있어 물을 튕겨내므로 **수용성 호르몬은 세포막을 통과하지 못하고 세포막 표면에 있는 수용체에 결합합니다.** 호르몬이 수용체에 결합하면 막에 있는 효소

가 활성화되고, 세포 안에서 정보 전달 물질이 만들어집니다. 이어달리기에 빗대자면 첫 번째 주자인 호르몬으로부터 바통을 넘겨받은 두 번째 주자를 **2차 전달자**라고 합니다. 2차 전달자가 세포 안에 존재하는 각종 효소를 활성화하면 생리 작용이 일어납니다.

반면에 **세포막을 투과할 수 있는 스테로이드 호르몬과 티록신 같은 지용성 호르몬은 세포 안에 있는 수용체와 결합합니다.** 그리고 호르몬과 결합한 수용체는 핵에 있는 DNA 중 전사 조절 영역(124쪽)에 결합해서 특정 유전자의 발현을 조절합니다. 즉 **호르몬과 수용체의 복합체 자체가 조절 단백질**인 셈입니다.

호르몬 중에는 약으로 쓰이는 호르몬도 있는데, 호르몬의 성질에 따라 처방이 다릅니다. **당질 코르티코이드**는 혈당을 증가시킬 뿐만 아니라 감염증이나 류머티즘으로 생기는 염증을 억제하므로 항염증제로 쓰이지만, 스테로이드 호르몬이므로 **복용하거나 피부에 발라도 효과가 있습니다.** 반면 당뇨병 치료제로 쓰이는 **인슐린**은 폴리펩타이드이므로 **복용하면 위산이**

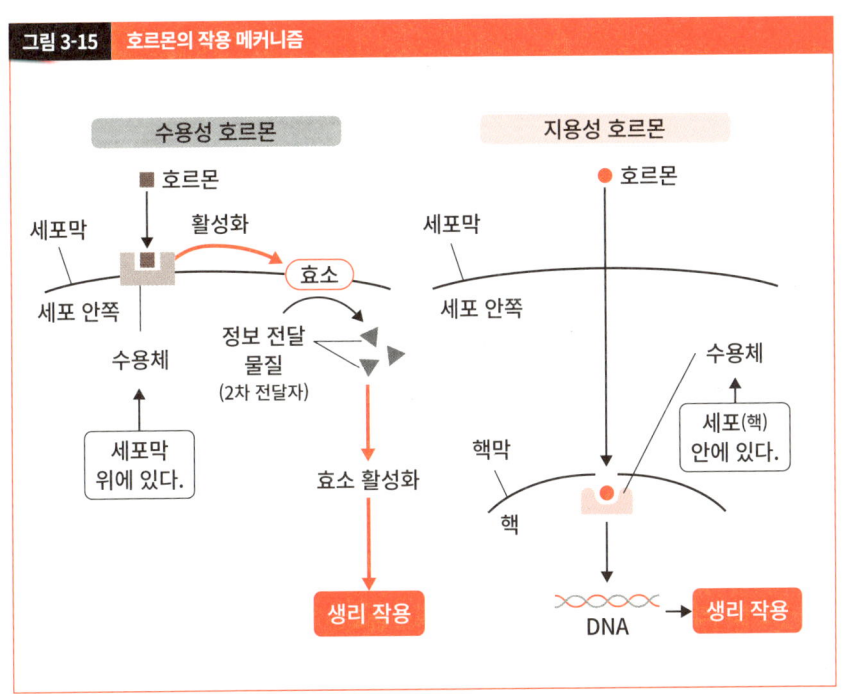

그림 3-15 호르몬의 작용 메커니즘

나 소화 효소에 분해되어 효과가 없습니다. 따라서 직접 혈액에 주사해야만 합니다.

호르몬 분비량 조절

호르몬은 부족하면 안 되지만 지나치게 많아도 과다증 같은 문제가 생깁니다. 그래서 호르몬의 분비량을 적절하게 조절하는 시스템이 있습니다. 갑상샘에서 분비되는 **티록신**을 예로 들어 이 조절 시스템을 살펴보겠습니다.

티록신은 조직에서 일어나는 대사(호흡)를 활성화하여 에너지로 만들고, 몸을 활동적인 상태로 만드는 호르몬입니다. 대사가 활발해지면 열이 발생하므로 티록신은 체온 상승 작용도 하는 셈입니다.

혈중 티록신 농도를 항상 감시하며 적절한지 판단하는 부위는 **시상하부**와 **뇌하수체 전엽**입니다. 티록신이 부족해지면 시상하부의 신경 분비 세포에서 **갑상샘 자극 호르몬 방출 호르몬 (TRH)**을 분비합니다. TRH는 혈류를 타고 바로 아래에 있는 뇌하수체 전엽으로 이동해서 샘세포를 자극합니다. 그러면 뇌하수체 전엽에 있는 샘세포가 갑상샘 자극 호르몬(TSH)을 분비합니다. 혈류를 타고 갑상샘으로 이동한 TSH가 갑상샘을 자극하면 티록신의 분비량이 증가합니다. 이처럼 티록신의 분비 과정은 호르몬이 호르몬 분비를 유도하는, 이른바 '호르몬 릴레이'입니다.

그리고 **혈중 티록신이 충분해지면 티록신이 시상하부와 뇌하수체 전엽에 작용해서 TRH와 TSH의 분비를 억제합니다.** 이는 티록신을 분비하도록 지시한 시상하부와 뇌하수체 전엽 자체가 티록신의 표적 세포이며, 티록신이 시상하부 세포의 수용체에 결합하면 TRH의 분비가 억제되는 구조이기 때문입니다.

호르몬 농도 상승이라는 결과가 원인에 영향을 주어 다시 농도를 낮추는 구조를 **피드백 조절**이라고 합니다. 피드백 시스템 덕에 혈중 티록신 농도는 적절한 범위에서 증가와 감소를 반복하며 유지됩니다.

그중에서도 티록신처럼 결과가 다시 원인으로 돌아가 반대되는 변화를 일으키는 피드백을 **음성 피드백**이라고 합니다. 기본적으로 항상성에 관여하는 호르몬은 음성 피드백으로 조절됩니다. 왜냐하면 한쪽으로 지나치게 기운 몸 상태를 반대쪽으로 되돌림으로써 항상성을 유지하기 때문이지요.

이와 반대로 분만처럼 특별한 경우에는 몸 상태의 변화가 한 방향으로 계속되도록 조절해 주어야 합니다. 뇌하수체 전엽에서 분비되는 **옥시토신**은 자궁 수축(분만)을 일으키며, 진통 촉진제로도 쓰입니다. 옥시토신의 농도가 상승하면 신경 반사를 통해 자극받은 시상하부에서 옥시토신을 더 많이 만들어 냅니다. 이 현상은 분만이 끝날 때까지 계속됩니다. 이러한 조절 작용을 **양성 피드백**이라고 합니다.

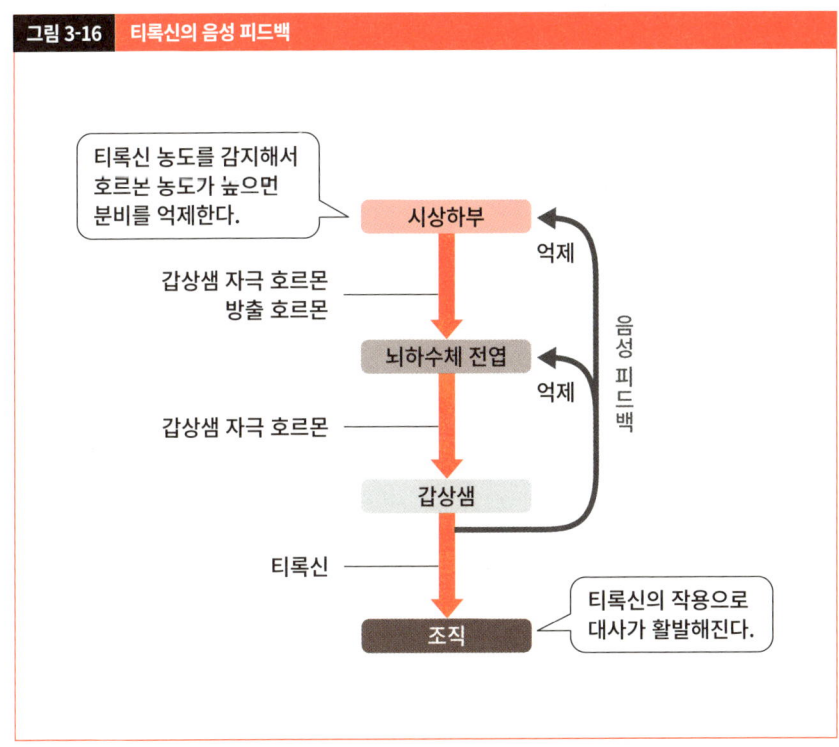

그림 3-16 티록신의 음성 피드백

| 제 3 장 | 생리학 | | 혈당 조절 |

혈당은 어떻게 조절될까?

우리 몸에는 자율 신경계와 내분비계가 모두 관여하는 정교한 조절 시스템도 있습니다. 바로 **혈당 조절**입니다. 이는 혈액 속에 있는 글루코스(포도당) 농도로, 글루코스는 온몸의 세포에 흡수되어 에너지원으로 쓰입니다. 보통 **인간의 혈당은 약 100mg/dℓ(0.1%)로 유지됩니다.**

 ## 혈당이 낮을 때

공복으로 **혈당이 낮아지면 시상하부가 이를 감지해서 교감 신경을 흥분시킵니다.** 배가 고플 때 짜증 내는 사람이 많은 이유 역시 교감 신경의 작용 때문입니다. 교감 신경은 위기 상황일 때 작용하는 신경이라고 배웠는데요(138쪽). 이는 진화 과정에서 **저혈당이 위기 상황**이라는 사실이 우리 몸에 각인되었기 때문입니다.

우리의 뇌는 혈당을 주요 에너지원으로 사용하므로 저혈당이 되면 뇌 기능도 떨어집니다. 구체적으로는 50mg/dℓ 이하가 되면 현기증과 함께 몸에서 힘이 빠지고, 30mg/dℓ 이하가 되면 혼수상태에 빠지며, 혈당이 원래대로 돌아오지 않으면 그대로 죽음에 이르기도 합니다.

교감 신경의 흥분은 **부신 속질과 췌장의 랑게르한스섬 알파 세포**로 전달되어 각각 **아드레날린**과 **글루카곤**의 분비를 자극합니다. 랑게르한스섬 알파 세포는 독립적으로 혈당의 변화를 감지할 수 있는데, 혈당이 낮으면 알파 세포에서 글루카곤이 분비됩니다. 여기서 랑게르한스섬은 췌장에 있는 내분비샘이고, 아드레날린과 글루카곤은 혈당을 정상 수치로 올리는 호르몬입니다. 이뿐만 아니라 오랫동안 굶으면 시상하부에서 호르몬을 통해 뇌하수체 전엽에

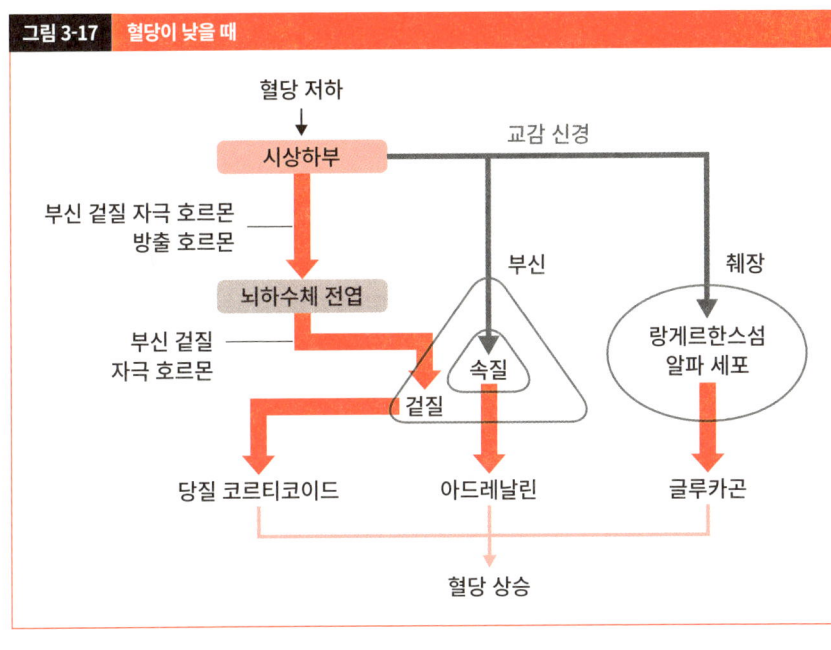

서 부신 겉질 자극 호르몬을 분비하도록 명령을 내립니다. **부신 겉질 자극 호르몬**은 말 그대로 부신 겉질을 자극해서 **당질 코르티코이드**의 분비를 유도합니다. 당질 코르티코이드 역시 혈당을 높이는 호르몬입니다.

혈당이 높을 때

식사 후 **혈당이 높아지면 췌장의 랑게르한스섬 베타 세포가 이를 감지해서 인슐린 분비량을 높입니다.** 인슐린은 혈당을 낮추는 호르몬입니다. 시상하부가 혈당 상승을 감지해서 부교감 신경을 흥분시키면 소화관이 활발하게 움직이고, 인슐린도 더 많이 분비됩니다. 나아가 음식물이 소화관에 들어오면 소장에서 GLP-1이라는 호르몬이 분비됩니다. GLP-1은 혈액을 타고 췌장으로 운반된 후 랑게르한스섬 베타 세포 표면의 수용체와 결합해서 인슐린의 분비를 자극하는 역할을 합니다.

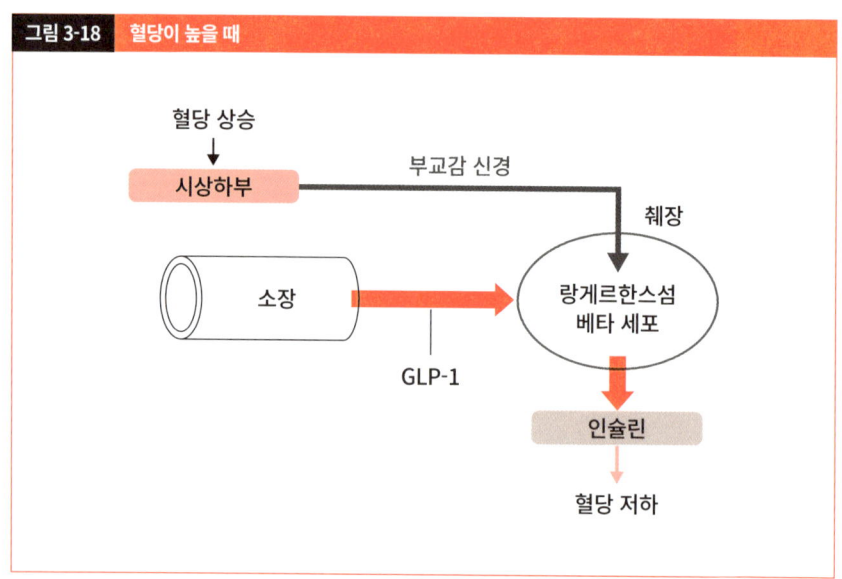

호르몬이 혈당을 조절하는 원리

이처럼 우리 몸에는 다양한 종류의 호르몬이 있습니다. 이 호르몬들이 어떻게 혈당을 조절하는지 자세히 알아볼까요?

아드레날린과 **글루카곤**은 간을 비롯한 기관에 작용하면 **글리코젠이 글루코스로 분해되어 혈액으로 방출됩니다.** 글리코젠은 글루코스가 사슬 형태로 이어진 구조의 탄수화물로, 글루코스 분자가 세포 안에 축적될 때는 글리코젠이라는 덩어리 형태로 저장됩니다. 한편 **당질 코르티코이드**는 **단백질을 분해해서 글루코스로 변환**(포도당 신생 합성)하여 혈당을 높입니다.

아드레날린이나 글루카곤과 반대되는 작용을 하는 호르몬은 **인슐린**입니다. 인슐린은 혈액 속의 글루코스를 온몸의 세포로 보내 **간과 근육에서는 글리코젠 합성을 자극하고, 지방 조직에서는 지방 합성을 자극합니다.** 인슐린이 작용하면 글루코스가 혈액에서 세포로 흡수되므로 혈당이 낮아집니다.

그림 3-19 호르몬이 혈당을 조절하는 원리

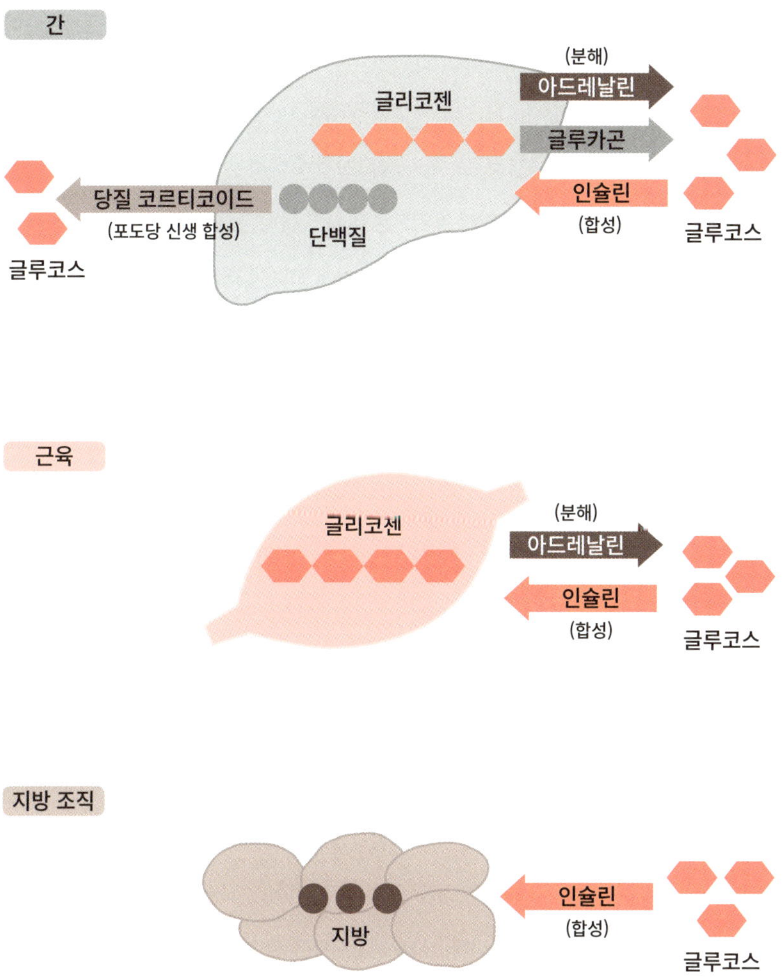

간

글리코젠 —(분해) 아드레날린→ 글루코스
글리코젠 —글루카곤→ 글루코스
글루코스 ←당질 코르티코이드 (포도당 신생 합성)— 단백질
단백질 ←인슐린 (합성)— 글루코스

근육

글리코젠 —(분해) 아드레날린→ 글루코스
글리코젠 ←인슐린 (합성)— 글루코스

지방 조직

지방 ←인슐린 (합성)— 글루코스

식생활의 변화와 호르몬

지금까지 배웠다시피 아드레날린과 글루카곤처럼 혈당을 높이는 호르몬은 다양하지만, 혈당을 낮추는 호르몬은 인슐린이 유일합니다. 그 이유는 무엇일까요?

초창기 인류는 수렵 채집 생활을 했습니다. 야생 동물이 그러하듯이 배를 채우는 날도 있지만 굶주린 배를 부여잡고 버텨야 하는 날도 있었겠지요. 다시 배를 채우기 전에 닥칠 저혈당에 대비하기 위해 혈당을 높이는 호르몬이 다양하게 필요하지 않았을까 생각해볼 수 있습니다. 반면에 배가 부를 때 혈당을 낮추는 호르몬은 비교적 활약할 일이 적었을 터입니다.

그러다가 인류는 1만여 년 전부터 농경을 시작하면서 식량을 계획적으로 거둘 수 있게 되었고, 하루에 여러 끼를 먹는 습관이 생겼습니다. 그러나 **우리의 몸은 구조적으로 빈번한 고혈당 상태에 대응할 수 없기에 여전히 당뇨병이나 비만 같은 문제에서 벗어날 수 없답니다.**

 ## 당뇨병의 메커니즘

당뇨병은 인슐린이 부족해서 혈액 속의 글루코스를 세포로 흡수하지 못할 때 생기는 질병입니다. 결과적으로 글루코스가 혈액에 그대로 남고, 그중 일부는 오줌으로 배출됩니다.

혈당이 지나치게 높다는 말을 지나치게 많이 먹어서 에너지가 과잉인 상태로 이해하는 사람도 있지만, 이는 오해랍니다. 오히려 **세포 자체는 글루코스를 흡수하지 못해서 에너지 부족 상태이지요.** 그 때문에 몸무게가 줄고, 때로는 심각한 혼수상태에 빠지기도 합니다.

고혈당 상태가 오랫동안 계속된다면 동맥 경화가 일어나고, 뇌졸중과 심근경색, 당뇨망막병증(실명) 등 심각한 병으로 이어집니다. 그래서 당뇨병을 만병의 근원이라고도 합니다.

당뇨병의 원인은 크게 두 가지입니다.

① 인슐린 분비량 저하

췌장의 랑게르한스섬 베타 세포가 면역 세포에 의해 파괴된 탓에 인슐린이 충분히 분비되지 않는 상태입니다. 이를 **제1형 당뇨병**이라고 합니다. 제1형 당뇨병은 어린 나이(주로 10대)에 발병하는 경우가 많아 한때 소아 당뇨병으로 불린 적도 있습니다. 제1형 당뇨병 환자의 경우, 간을 비롯하여 인슐린에 반응하는 기관이 정상이므로 인슐린 주사를 맞으면 고혈당 상태를 억제할 수 있습니다.

② 인슐린 저항성

몸에서 인슐린이 충분히 만들어지는데도 호르몬 효과가 제대로 나타나지 않는 상태입니다. 이를 **제2형 당뇨병**이라고 합니다. 제2형 당뇨병은 40대 이후에 나타나는 경우가 많은데, 한국인 당뇨 환자의 90% 이상이 제2형 당뇨병 환자라고 합니다. 제2형 당뇨병은 비만이나 운동 부족 등이 주요 원인이므로 생활 습관병으로도 불립니다. 특히 내장 지방이 지나치게 많으면 **지방 세포에서 인슐린의 작용을 방해하는 인자가 분비되어 표적 세포에서 인슐린의 효과를 떨어뜨립니다.**

　제2형 당뇨병 환자의 인슐린 분비량은 오히려 건강한 사람보다 많다고 합니다. 췌장에서 혈당을 낮추기 위해 인슐린을 만들기 때문입니다. 그러나 이 상태가 계속되면 결국 랑게르한스섬 베타 세포가 지쳐 인슐린을 만들어 내지 못하게 되고, 당뇨병은 점점 악화하는 악순환에 빠집니다.

 당뇨병 신약

1921년, 프레더릭 밴팅이 인슐린을 발견한 이래, 인슐린은 오랫동안 당뇨병의 유일한 치료제로 자리매김했습니다. 그런데 최근 인슐린을 대체할 호르몬제가 등장해 사람들의 눈길을 끌고 있습니다. 그 신약의 정체는 바로 GLP-1(151쪽)입니다.

GLP-1은 인슐린 분비를 자극하는 작용 외에도 다양한 작용을 합니다. 뇌에 작용해서 식욕을 억제하고, 지방 조직에서 지방의 분해를 자극합니다. 그리고 인슐린과 비교했을 때, 극도의 저혈당 상태에 빠질 위험이 적고 몸무게가 잘 늘어나지 않는다는 특징이 있어 당뇨병 치료의 새로운 선택지로 기대받고 있습니다. 그러나 일각에서는 GLP-1의 안전성을 과신한 나머지 건강한 사람이 다이어트 목적으로 사용하고 있어 문제로 떠오르고 있습니다.

혈당 조절에 관여하는 호르몬과 기억의 관계

주제에서 약간 벗어난 이야기로 이번 장을 마무리할까 합니다. **혈당 조절에 관여하는 호르몬이 기억과 관련되어 있다**는 사실이 밝혀졌는데요.

대표적인 당질 코르티코이드인 **코르티솔**이 지나치게 분비되면 기억력이 저하된다고 합니다. 이는 **코르티솔이 기억에 관여하는 뇌의 해마와 이마엽 앞 영역의 기능을 떨어뜨리기 때문**입니다. 코르티솔은 공복뿐만 아니라 스트레스를 받아도 분비량이 늘어나므로 스트레스를 오랫동안 받으면 뇌, 특히 해마가 위축되어 기억력과 주의력이 떨어집니다.

그리고 **인슐린**은 뇌에 작용해서 **신경 세포의 사멸을 억제하는 한편, 신경 돌기를 늘리고 시냅스가 형성되도록 자극한다**는 보고가 있으며, 해마 기능 유지에 중요한 역할을 하는 것으로 추정됩니다. 제2형 당뇨병이 알츠하이머병의 발병률을 높이는 위험 인자라는 사실은 잘 알려져 있는데, 뇌의 인슐린 저항성과 관련이 있을지도 모릅니다.

| 제 3 장 | 생리학　　　　　　　　　　　　　　　　　　　　체온 조절의 원리

체온은 어떻게 일정하게 유지될까?

인간을 비롯한 포유류는 체외 환경의 온도가 변동해도 체온을 일정하게 유지하는 **항온 동물**입니다. 항온 동물은 체온을 어떻게 조절할까요? 결론부터 말하자면 **체온 조절의 원리는 혈당 조절의 원리를 일부 공유합니다.**

 ## 체온이 낮을 때

체온 조절의 중추 역시 **시상하부**입니다. 피부가 차가운 자극을 받거나 혈액의 온도가 낮아지면 시상하부가 이를 감지해서 **교감 신경**을 흥분시킵니다. 교감 신경은 피부에 작용해서 피부에서 열이 달아나지 못하도록 막아 줍니다. 구체적으로는 **피부의 혈관을 수축**시켜서 몸 표면에서 방출되는 열을 줄입니다. 추운 날 손끝이 차가워지는 이유도 이 때문입니다. 그리고 교감 신경은 **털세움근을 수축**시키는 작용도 합니다. 털세움근은 몸털 한 올 한 올에 붙어 있는 민무늬근육으로, 털세움근이 수축하면 말 그대로 털이 곤두섭니다. 그 덕분에 포유류에서는 대체로 털과 털 사이에 공기층이 만들어지고, 몸 표면에서 방출되는 열이 줄어듭니다. 하지만 진화하면서 몸털이 점차 줄어든 인간은 이러한 효과를 누릴 수 없지만, 그 대신 닭살이 돋습니다.

이와 함께 교감 신경이 흥분하면 **아드레날린, 티록신, 당질 코르티코이드** 등 호르몬의 분비량이 늘어나고 간에서 대사가 활발해지면서 **열이 많이 발생합니다.**

온도가 더 낮아지면 운동 신경이 자극되면서 뼈대근이 수축과 이완을 반복하는 떨림(오한)이 일어나 열을 만들어 냅니다.

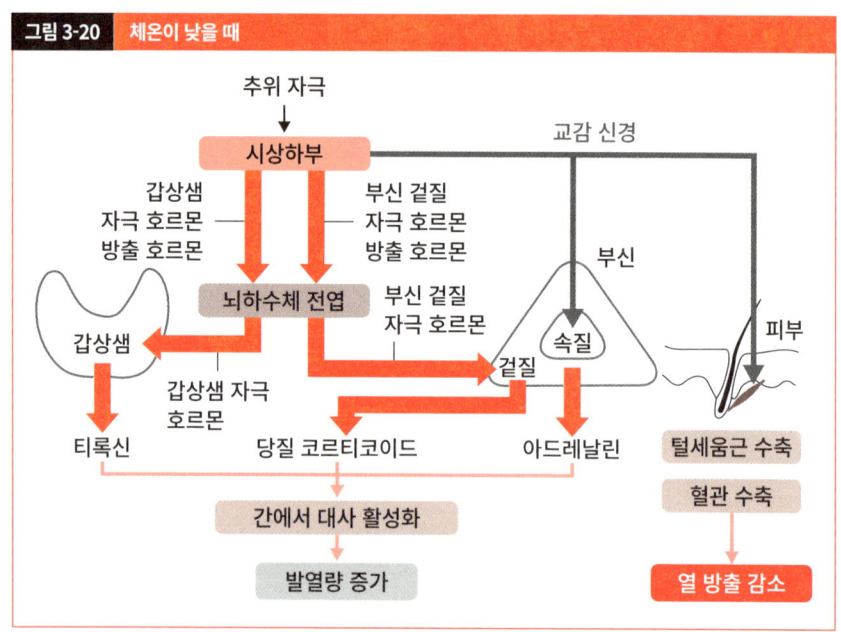

 체온이 높을 때

체온이 올라가면 시상하부가 이를 감지해서 심장 박동을 늦추거나 간에서 대사를 억제해서 열 발생량을 줄입니다. 그리고 교감 신경의 작용이 억제되면서 몸 표면의 혈관이 확장됩니다. 나아가 체온이 올라가면 **땀샘에 분포하는 교감 신경이 작용해서 땀을 더 많이 흘리도록 유도하는데,** 땀은 증발하면서 열을 빼앗으므로 열 방출량이 증가합니다.

 추울 때나 더울 때나 교감 신경이 작용하는 이유는 무엇일까?

그런데 추울 때나 더울 때나 교감 신경이 작용하는 이유는 무엇일까요? 진화 과정에서 우리 몸에는 **체온 상승이 위기 상황**이라는 사실이 각인되었습니다. 우리의 몸, 특히 뇌는 체온이 올라가면 매우 위험하기에 더운 날에도 교감 신경이 작용한다고 볼 수 있습니다.

여기서 약간 의문이 생기는데요. 피부가 교감 신경을 통해 내려온 명령을 받고 혈관을 수축해야 할지 확장해야 할지 착각하지는 않을까요? 사실 **추울 때 작용하는 교감 신경과 더울 때 작용하는 교감 신경의 종류가 다르답니다.** 추울 때 작용하는 교감 신경에서는 **노르아드레날린**이 분비되어 혈관과 털세움근을 수축시키지만, **더울 때는 교감 신경에서 아세틸콜린이 분비되어 땀샘으로 땀을 내보냅니다.**

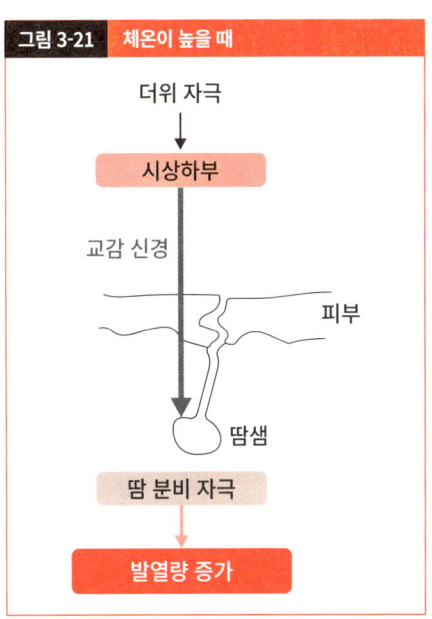

환절기에 몸이 아픈 이유

환절기에 아픈 사람이 많은 이유는 체온 조절 방식이 크게 바뀌기 때문입니다. 몸이 체온을 일정하게 유지하기 위해 조절하는 방식은 계절마다 다릅니다. 실온을 일정하게 유지할 때 여름에는 에어컨을 틀고, 겨울에는 난방을 트는 것과 마찬가지입니다. 환절기를 건강하게 보내려면 뜨거운 물로 목욕하거나 사우나에 들어가 시상하부의 체온 조절 중추를 자극하는 게 좋습니다.

제 4 장

면역학

제 4 장 | 면역학　　　　　　　　　　　　　　　　　　　　　| 혈액 응고

혈액 응고의 원리

누구나 넘어져서 무릎이 까진 경험이 있을 텐데요. 상처에서 피가 나오다가도 어느새 피가 굳고 딱지가 지지요. 이는 혈관의 출혈을 막기 위해 혈액 자체가 굳는(응고) 반응이 일어나기 때문입니다. 이때 상처에서 어떤 일이 일어나는지 들여다볼까요?

 출혈을 막는 2단계 반응

상처에서 흐르는 피가 굳는 현상을 **혈액 응고**라고 하며, 중심적인 역할을 하는 세포는 혈액에 있는 **혈소판**입니다.

　혈관이 손상되면 혈관 벽에서 콜라겐(콜라젠)이 노출되는 동시에 혈관 내피에서 방출된 폰빌레브란트 인자(VWF)의 작용으로 혈소판이 콜라겐과 결합합니다. 이를 계기로 활성화된 혈소판이 상처에 모이고, 혈소판끼리 뭉쳐 덩어리(혈소판 혈전)를 만들어 상처를 막습니다. 여기까지가 **1차 지혈**입니다.

　당단백질의 일종인 VWF는 1차 지혈에서 중요한 역할을 하는 인자입니다. **VWF가 부족해서 혈소판이 콜라겐과 결합하지 못한 탓에 지혈이 잘 안되는 질환을 폰빌레브란트병이라고 합니다.**

　1차 지혈로 급한 출혈을 막더라도 혈관을 원래대로 고치기 전까지는 완전히 끝난 게 아닙니다. 그래서 더 튼튼한 혈전을 만드는 **2차 지혈** 과정이 진행됩니다.

　2차 지혈에서는 혈액 속의 **혈액 응고 인자**가 차례로 활성화되고, **최종적으로는 피브린**이라

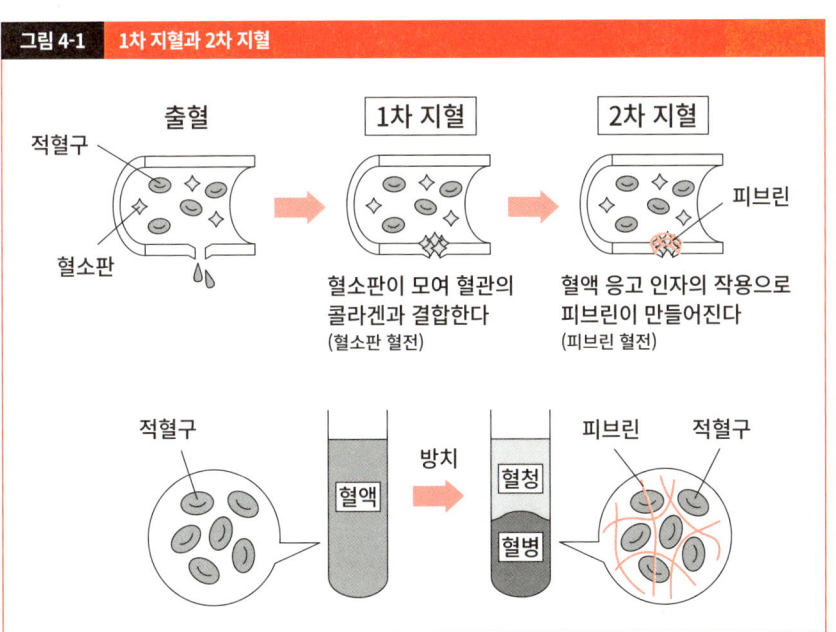

그림 4-1　1차 지혈과 2차 지혈

는 단백질이 그물 모양 막으로 혈전을 덮어 단단하게 만듭니다(피브린 혈전).

　2차 지혈 반응은 시험관에서도 관찰할 수 있습니다. 혈액을 실온에 약 30분 동안 내버려두면 혈액이 응고하면서 누렇고 투명한 상층액과 검붉은 침전물 덩어리로 분리됩니다. 누렇고 투명한 상층액을 **혈청**, 침전물을 **혈병**이라고 합니다. 혈병은 섬유 형태의 피브린에 혈구가 엉켜 굳은 물질입니다.

 ## 확실하게 출혈을 막는 2차 지혈의 원리

2차 지혈은 여러 종류의 혈액 응고 인자가 차례대로 활성화되면서 진행됩니다. 도미노처럼 한 단계가 끝나면 다음 단계로 이어지므로 응고 연쇄 반응이라고 합니다.

　혈액 응고 인자는 총 12종인데, 하나를 제외하면 모두 단백질입니다. 발견된 순서대로 이름에 로마 숫자(I~XIII)가 붙어 있으며, IV(4번) 인자는 칼슘 이온(Ca^{2+})이고 VI(6번) 인자는 결번입니다.

그림 4-2 혈액 응고 인자의 종류

인자 번호	관용명	활성화되는 물질
I	피브리노젠	피브린(Ia)
II	프로트롬빈	트롬빈(IIa)
III	조직 인자	당단백질
IV	칼슘 이온(Ca^{2+})	(보조 인자)
V	AC글로블린	Va
VI	(결번)	
VII	프로콘버틴	VIIa
VIII	항혈우병 인자	VIIIa
IX	크리스마스 인자	IXa
X	스튜어트 인자	Xa
XI	혈장 트롬보플라스틴 전구체	XIa
XII	헤이그먼 인자	XIIa
XIII	피브린 안정화 인자	XIIIa

응고 연쇄 반응에는 혈관 내 응고 인자(XII 인자)부터 시작하는 내인성 경로와 손상된 조직에서 방출된 인자(III 인자)부터 시작하는 외인성 경로 등 2가지 경로가 있습니다. 두 경로 모두 최종적으로는 혈장의 **피브리노젠**(I 인자)이 **피브린**으로 바뀌면서 완료됩니다.

모기는 어떻게 자신의 적정량을 알까?

피브리노젠이 피브린으로 바뀔 때 피브리노펩타이드라는 짧은 펩타이드가 잘려나가는데요, 최근 이 피브리노펩타이드에 의외의 효과가 있다는 연구 결과가 보고되어 화제에 올랐습니다.

일본 이화학연구소와 도쿄 지케이카이의과대학 공동 연구팀은 이집트숲모기의 흡혈 행동이 피브리노펩타이드에 의해 멈춘다는 사실을 발견했습니다. 모기는 인간의 피부에 주둥이를 꽂아 넣어 피를 빠는데, 오랫동안 정신없이 피를 빨다 보면 인간에게 들킬 위험이 커지므로 모기는 자기가 언제 흡혈을 멈춰야 할지 파악해야 합니다. 연구팀은 어느 정도 피를 빤 모기가 완전히 배를 채우기 전에 흡혈을 멈추는 신호로 피브리노펩타이드를 이용할지도 모른다는 가능성을 제시했습니다.

상처가 회복되면 사라지는 혈전

우리 몸에서는 상처가 나으면 혈액의 흐름을 막고 있던 혈전을 제거하는 반응이 일어나는데, 이를 **섬유소 용해**라고 합니다. 섬유소 용해 과정에는 **플라스민**이라는 단백질이 작용합니다. 플라스민은 혈장의 플라스미노젠이라는 단백질에서 만들어지는 효소로, 그물 형태의 피브린을 분해합니다. 피브린으로 덮여 있던 혈소판 등의 잔해를 백혈구의 일종인 대식세포(170쪽)가 먹어 치워 처리하면 혈전은 깨끗이 사라집니다.

조직형 플라스미노젠 활성화 인자(tPA)는 플라스미노젠을 절단해서 플라스민으로 바꾸는

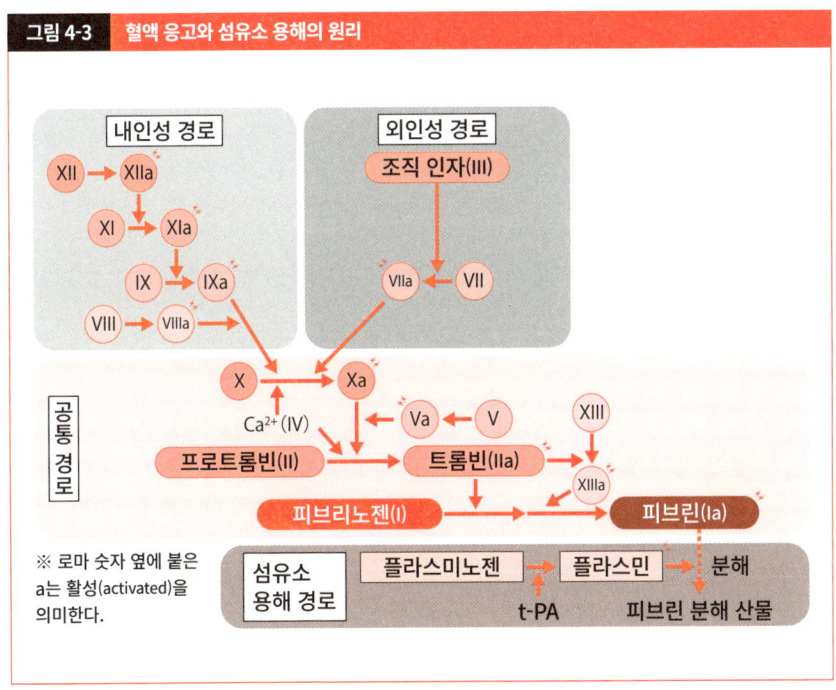

그림 4-3 혈액 응고와 섬유소 용해의 원리

※ 로마 숫자 옆에 붙은 a는 활성(activated)을 의미한다.

효소로, 혈전을 분해합니다. 효과와 안전성을 인정받아 2005년에는 일본에서 뇌경색 치료제로 인가받기도 했습니다. 뇌경색은 혈전이 뇌혈관을 막아서 생기는 질환인데, 뇌경색이 나타난 직후에 tPA를 투여해서 혈전을 녹이면 뇌세포의 사멸을 막을 수 있습니다.

 혈우병

혈우병은 특정 혈액 응고 인자의 부족 또는 결핍으로 피브린이 충분히 만들어지지 못해 2차 지혈이 제대로 이루어지지 않는 질환입니다. 혈우병은 크게 A형 혈우병과 B형 혈우병 두 종류가 있으며, 각각 XIII 인자와 IX 인자의 이상이 원인입니다. XIII 인자와 IX 인자의 유전자는 모두 X 염색체에 있는데, 혈우병 환자는 이 유전자에 변이가 일어나 있습니다.

여성은 X 염색체를 2개 가지고 있지만(XX), 남성은 한 개밖에 없으므로(XY) 혈우병의 발병 확률은 성별에 따라 다릅니다. 예를 들어 어머니가 혈우병 보인자(혈우병 유전자를 한 개 가지고 있는 사람)라면 혈우병 유전자가 자식에게 유전될 확률은 50%입니다. 이때 딸은 혈우병 유전자를 물려받더라도 아버지의 유전자가 정상이라면 혈우병이 발병하지 않습니다. 하지만 아들은 어머니에게 물려받은 X 염색체의 유전 형질이 반드시 발현되므로 50%의 확률로 혈우병이 발병합니다.

이러한 이유로 여성보다 남성 혈우병 환자가 많은데 한국은 혈우병 환자 중 약 91.5%(「2024 혈우병백서」-옮긴이), 일본은 혈우병 환자 중 98.5%가 남성입니다.

 왜 혈액은 혈관 안에서는 응고하지 않을까?

혈액 응고는 상처에서 피가 흐르지 않도록 막는 중요한 반응이지만, 만약 혈관 안에서 혈액 응고가 일어난다면 혈관이 막히는 대참사가 벌어지겠지요. 그래서 우리 몸에는 혈액 응고를 억제하는 장치도 존재합니다.

혈액 응고 억제 반응의 핵심 성분은 **항트롬빈**입니다. 항트롬빈은 간에서 만들어지는 당단백질인데, 말 그대로 트롬빈(활성화한 II 인자)의 작용을 방해합니다.

항트롬빈은 원래 1960년대에 혈전증이 빈번하게 나타나는 노르웨이의 한 집안에서 발견된 인자입니다. 이후 시험관 속 혈액에 항트롬빈을 추가하자 혈액 응고를 방해하는 효과가 미약하게 나타났고, 항트롬빈과 **헤파린**이라는 다당류를 함께 추가하자 혈액 응고를 방해하는 효과가 수천 배로 커졌습니다. 즉 **헤파린은 항트롬빈을 활성화하는 물질**이었던 것이지요.

우리 몸에서는 혈관 안쪽을 덮고 있는 내피세포 위의 헤파란 황산염이라는 물질이 헤파린 대신 혈액 응고를 막고 있습니다. 따라서 혈액이 혈관을 따라 흐를 때는 언제나 내피세포와 맞닿아 있으므로 응고하지 않지만, **혈액의 흐름이 멈추면 혈액이 응고해서 혈관을 막을 가능성이 커집니다.** 차 좌석처럼 좁은 공간에 오랫동안 앉아 있으면 위험한 이유는 이 때문입니다. 오랫동안 앉아 있으면 발 정맥에 혈전이 생기는데, 갑자기 일어설 때 혈전이 혈관 벽에서 떨어져 나와 혈액을 타고 흐르다가 폐로 가는 혈관을 막기도 합니다. 최악의 경우 정맥혈전증으로 죽음에 이를 수도 있습니다.

 ## 혈액 응고를 막는 방법

혈액 검사나 헌혈을 할 때는 **인위적으로 혈액 응고를 막기 위해 시트르산 삼소듐을 혈액에 넣습니다.** 시트르산 삼소듐은 프로트롬빈(II 인자)을 트롬빈(IIa 인자)으로 만드는 과정에 필요한 칼슘 이온(Ca^{2+})을 제거함으로써 혈액 응고를 막는 물질입니다.

채혈관에는 시트르산 삼소듐이나 헤파린이 들어 있는 경우가 많습니다. 다음에 건강검진을 받으러 가서 채혈할 때 한번 확인해보면 어떨까요?

| 제 4 장 | 면역학 | 생체 방어 |

면역 반응

우리는 항상 바이러스와 세균이라는 병원체의 위협에 노출되어 있습니다. 그렇지만 병원체가 침입할 때마다 질병에 걸리지는 않지요. 우리 몸은 병원체의 위협에 어떻게 대비하고 있을까요?

물리적인 생체 방어

우리 몸에는 바이러스와 세균이 쉽게 침입하지 못하게 막는 물리적 방어벽이 있습니다. 바로 **피부**와 **점막**입니다. 피부 표면은 죽은 세포가 쌓여서 만들어진 **각질층**으로 이루어져 있습니다. 각질층은 바닥층에서 만들어진 세포가 마지막으로 향하는 곳입니다. 바닥층에서 세포 분열로 만들어진 세포는 피부 표면으로 점점 밀려 올라가면서 평평해지며, 죽고 나서도 파이 반죽처럼 겹겹이 쌓인 층을 형성합니다. 이 세포층이 바이러스의 침입을 막는 장벽으로 작용합니다. 왜냐하면 **바이러스는 특성상 살아 있는 세포만 감염할 수 있기 때문**입니다. 따라서 때밀이로 각질층을 미는 미용법은 생물학적으로는 방어벽을 얇게 만드는 행위이므로 지나치면 몸에 좋지 않습니다.

한편 점막에서 분비되는 점액 역시 이물질의 침입을 막는 장벽입니다. 점액이 미끄러우면서도 끈적한 이유는 점막을 보호하고 마찰을 줄이는 뮤신이라는 당단백질이 들어 있기 때문입니다. 기관에서는 세포가 섬모 운동으로 점액에 달라붙은 이물질을 폐에서 입으로 이동시켜 이물질이 폐에 들어가지 못하도록 막아 줍니다.

 화학적인 생체 방어

피부는 땀샘이나 피지샘에서 나오는 분비물로 약산성을 유지하며 산에 약한 세균의 번식을 막습니다. 그리고 위에서는 강산성인 위산을 분비하여 음식물 속에 있는 세균이나 바이러스를 죽입니다.

침과 땀과 눈물에는 항균 작용을 하는 라이소자임과 디펜신이라는 물질도 들어 있습니다. **라이소자임**은 세균의 세포벽을 녹이고, **디펜신**은 세균의 세포막에 구멍을 뚫어 세균을 죽입니다.

피부와 점막에는 독립적인 작용 외에도 병원체의 침입을 막는 또 다른 요소가 있습니다. 바로 **상재균**(resident flora, 토박이 균 무리)입니다. **상재균은 피부와 장에 서식하는 무해한 세균인데, 상재균이 많으면 해로운 세균의 번식이 억제됩니다.** 미디어에 종종 소개되는 장내 미생물군이 대표적인 상재균입니다.

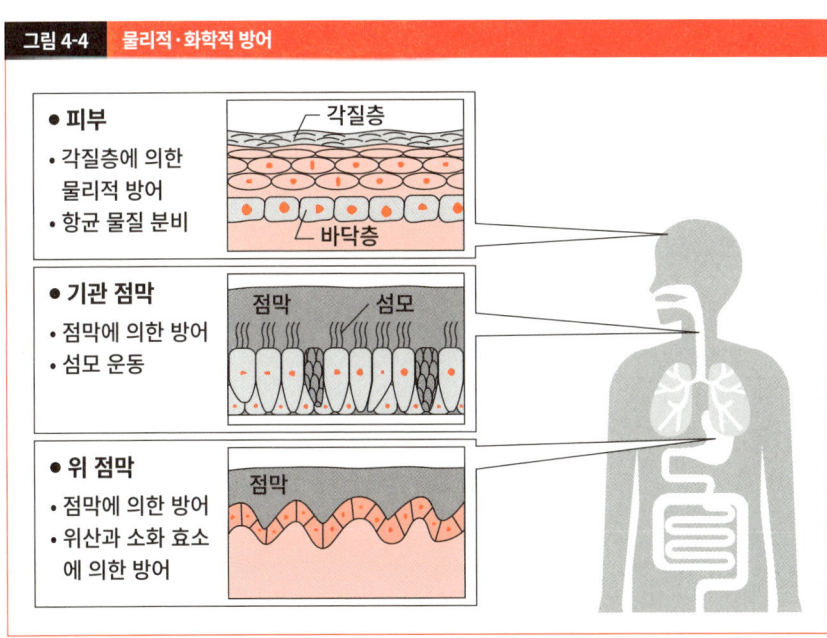

그림 4-4 물리적·화학적 방어

 ## 면역

앞에서 살펴본 각종 방어 체계를 뚫고 병원체가 몸속에 침입하면 **면역** 체계가 작동합니다. 면역은 바이러스와 세균처럼 몸 밖에서 침입한 이물질뿐만 아니라 암세포처럼 몸 안에서 생겨난 이물질까지 제거합니다. 면역은 태어날 때부터 가지고 있던 **자연 면역**과 특정 이물질을 인식한 뒤에야 작동하는 **획득 면역**(적응 면역)으로 나뉩니다. 이물질이 침입하면 자연 면역이 먼저 작동하고, 그 뒤를 따라 획득 면역이 작동합니다.

 ## 면역 반응에 관여하는 세포

면역에는 다양한 종류의 **백혈구**가 관여합니다. 백혈구에는 이물질을 먹어 치워(포식 세포 작용) 제거하는 **포식 세포**와 림프샘에 모이는 **림프구**가 있습니다. 림프샘은 림프관 군데군데 콩처럼 작게 부풀어 오른 기관입니다. 포식 세포에는 **호중구, 가지 세포, 대식세포** 등이 있고, 림프구에는 **T 세포, B 세포, NK 세포**(Natural killer cell, **자연 살해 세포**) 등이 있습니다. T 세포는 다시 **보조 T 세포, 세포 독성 T 세포, 조절 T 세포** 등으로 나뉘며, 저마다 역할이 다릅니다.

호중구: 강한 살균 작용을 한다. 병원체와 함께 자신도 죽는다. 염증을 일으킨다.

가지 세포: 병원체를 잡아먹고 항원의 정보를 T 세포에 전달한다.

대식세포: 강한 살균 작용을 한다. 염증을 일으킨다.

NK 세포(자연 살해 세포): 암세포와 감염 세포를 제거한다.

B 세포: 항체 생산 세포로 분화하여 항체를 만든다.

보조 T 세포: 다른 백혈구를 활성화한다.

세포 독성 T 세포: 암세포와 감염 세포를 제거한다.

조절 T 세포: 면역 세포의 과잉 작용을 억제한다.

그림 4-5 백혈구의 역할

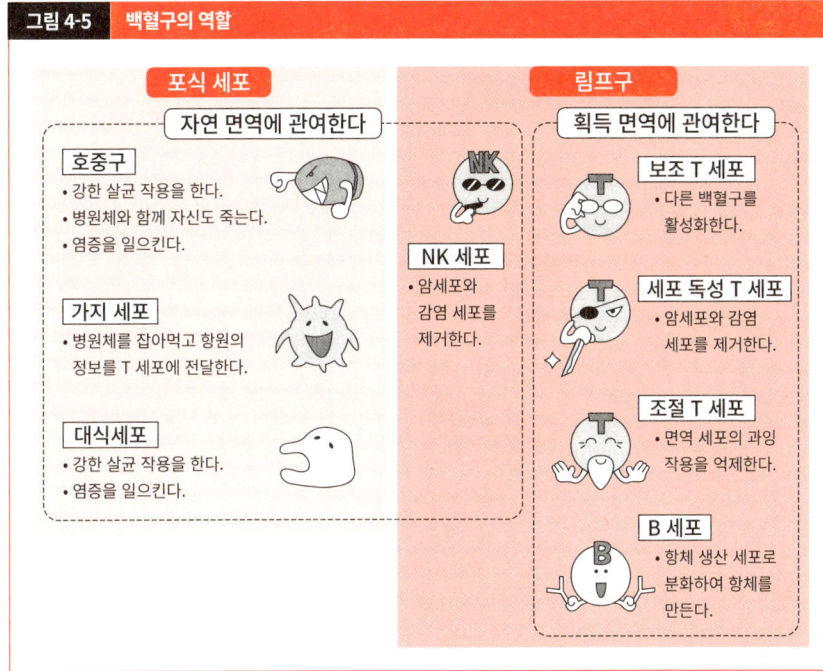

면역 반응에 관여하는 기관

면역 반응에 관여하는 기관에는 **골수, 가슴샘, 림프샘, 비장**, 소화관 등이 있으며, 면역에 관여하는 세포가 많이 모여 있습니다. 특히 림프샘, 비장, 소화관은 획득 면역에 중요한 기관입니다.

림프관으로 침입한 병원체는 림프샘에 모인 뒤 면역 반응으로 제거됩니다. 한편 혈관을 통해 침입한 병원체는 비장에 모인 뒤 면역 반응으로 제거됩니다. 그리고 병원체가 장으로 침입하면 파이어판(Peyer's patch)이라는 조직에서 면역 반응이 일어납니다. 파이어판은 음식물에 섞여 들어온 병원체를 물리치는 부위로, 이른바 면역의 '관문' 역할을 합니다.

면역 세포의 70%가 모여 있는 만큼 장은 음식물의 소화 및 흡수뿐만 아니라 면역에서도 중요한 기관입니다.

그림 4-6 병원체가 림프관 또는 장으로 들어오면

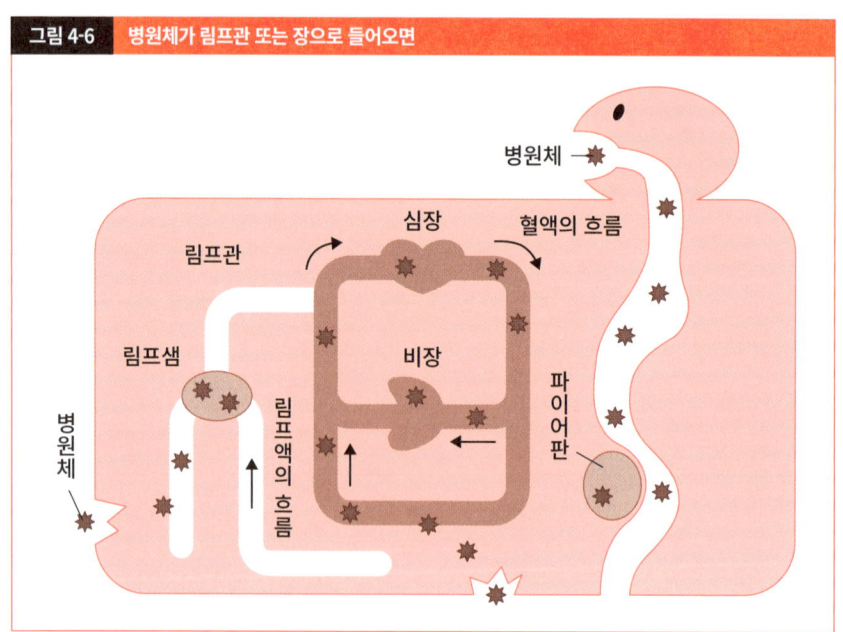

 ## 자연 면역

호중구, 가지 세포, 대식세포 등의 포식 세포가 **포식 작용**으로 병원체를 비롯한 이물질을 제거하는 반응을 **자연 면역**이라고 합니다. 자연 면역은 태어날 때부터 가지고 있는 생체 방어 체계로, 이전에 감염된 적 없는 병원체에 대해서도 유효합니다. **NK 세포** 역시 자연 면역을 담당하지만, 포식 작용이 아니라 바이러스에 감염된 세포나 암세포의 특징을 인식해서 그 세포를 직접 공격·파괴합니다.

 ## 병원체의 인식

포식 세포는 **TLR**(Toll-like receptor, **톨 유사 수용체**)이라는 단백질을 통해 병원체를 인식합니다. **세균은 대부분 종류가 달라도 세포벽과 편모 성분을 공유하는데, TLR은 이 병원체의 공통 성**

그림 4-7 대표적인 TLR과 TLR이 인식하는 병원체 성분

종류	인식하는 병원체 성분
TLR1+TLR2	세균의 지질 단백질(외막 성분)
TLR2	세균의 지질 단백질, 그람 양성균의 펩티도글리칸
TLR3	바이러스의 이중 가닥 RNA
TLR4	그람 음성균의 지질다당류
TLR5	세균의 편모 단백질(플라젤린)
TLR6+TLR2	마이코플라스마(세균벽이 없는 세균)의 지질 단백질
TLR7	바이러스의 단일 가닥 RNA
TLR8	바이러스의 단일 가닥 RNA
TLR9	세균과 바이러스의 DNA(CpG 서열)

분을 인식합니다. 그리고 세균과 바이러스의 DNA CpG 서열(125쪽)은 인간의 DNA와 달리 메틸화되어 있지 않으므로 이 차이를 구분하는 TLR도 있습니다. 지금까지 인간의 놈에서 확인된 TLR은 10종류로, 각 TLR이 인식하는 병원체의 성분은 〈그림 4-7〉과 같습니다.

 염증

염증은 병원체가 침입한 부위에서 열이 나며 빨갛게 부풀어 오르는 현상입니다. 병원체를 잡아먹고 활성화한 대식세포가 사이토카인이라는 정보 전달 물질을 방출할 때 일어납니다(사이토카인은 뒤에서 설명하겠습니다). **대식세포의 작용으로 모세혈관이 확장하면 혈류량이 늘어나는 동시에 혈액 속의 호중구와 단핵구**(대식세포로 분화하기 전의 세포), **그리고 NK 세포가 환부로 모입니다.** 이때 염증 부위 모세혈관의 투과성이 높아지므로 혈장이 조직으로 빠져나가고 환부가 부풀어 오릅니다. 그리고 모여든 포식 세포도 혈관에서 조직으로 이동합니다.

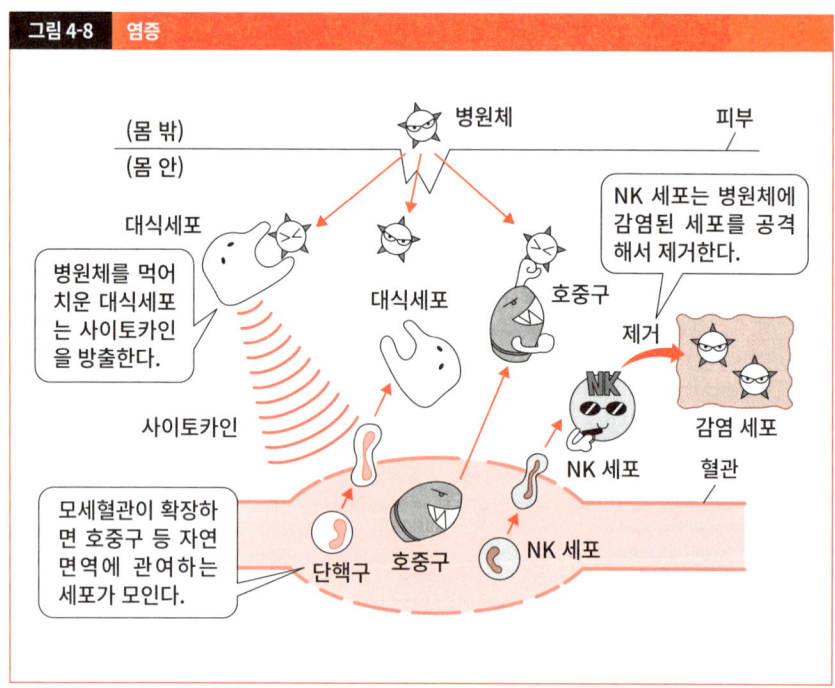

호중구는 백혈구 중 가장 수가 많고(백혈구 중 약 60%), 강력한 포식 작용으로 병원체를 차례차례 제거합니다. 다만 병원체를 제거하는 동시에 그 자신도 죽지만요. 환부에 고이는 고름의 정체는 사실 싸우다가 죽은 호중구랍니다.

단핵구는 혈관에서 조직으로 이동한 뒤 대식세포로 분화해서 왕성한 포식 작용으로 병원체를 제거합니다.

NK 세포는 병원체에 감염된 세포를 공격해서 파괴합니다.

 **발열**

독감이나 신종 코로나바이러스 감염증(COVID-19) 등 감염성 질환에 걸리면 고열이 나는데요. 이 현상에도 **대식세포**에서 방출되는 **사이토카인**이 관여합니다. 사이토카인은 세포에서 세포

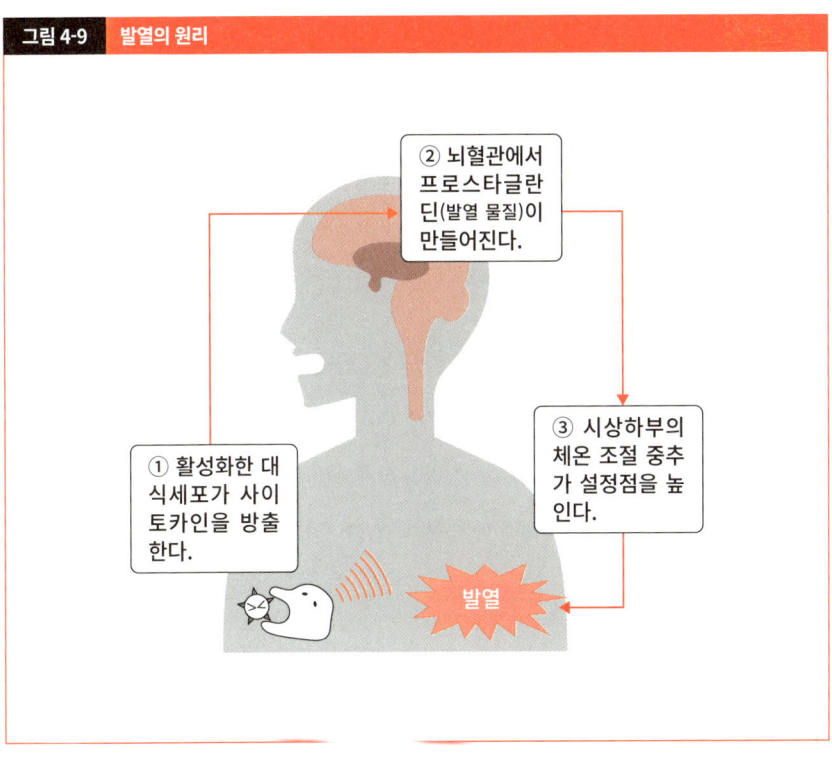

그림 4-9   발열의 원리

① 활성화한 대식세포가 사이토카인을 방출한다.

② 뇌혈관에서 프로스타글란딘(발열 물질)이 만들어진다.

③ 시상하부의 체온 조절 중추가 설정점을 높인다.

발열

로 정보를 전달하는 단백질의 총칭으로, 종류가 다양합니다.

병원체를 잡아먹고 활성화한 대식세포에서 사이토카인이 방출되면 뇌혈관 내피세포에서 프로스타글란딘이라는 물질이 빠르게 합성됩니다. **프로스타글란딘은 시상하부의 체온 조절 중추(157쪽)에 작용해서 체온의 설정점을 올립니다.**

그 결과 피부의 혈관이 수축해서 열 방출량이 감소하며, 근육이 수축과 이완을 반복하는 떨림 현상에 의해 발열량이 증가합니다. 이렇게 **체온이 높아지면 바이러스의 증식이 억제되는 동시에 면역 세포의 작용은 활발해집니다.**

이후 병원체가 제거되고 프로스타글란딘의 작용이 멈추면 체온 조절 중추의 설정점은 정상 범위로 내려오므로 몸은 열을 내보내려고 합니다. 증상이 호전될 때 땀이 나는 이유는 이 때문입니다. 참고로 해열진통제인 록소닌은 프로스타글란딘의 합성을 억제해서 열을 내립니다.

| 제 4 장 | 면역학   획득 면역 |

획득 면역의 원리

자연 면역에서 미처 제거하지 못한 병원체가 있다면 **획득 면역**(적응 면역)이 작동합니다. 자연 면역이 병원체를 피아 식별 없이 포식 작용으로 제거한다면, 획득 면역은 병원체만 정확하게 노려서 제거합니다. 그뿐만 아니라 한 번 침입한 병원체를 기억해뒀다가 그 병원체가 다시 침입한다면 처음보다 빠르고 강한 면역 반응으로 대처합니다. 이것이 획득 면역의 특징인 **기억**과 **특이성**입니다.

자연 면역에 의한 획득 면역의 유도

가지 세포는 자연 면역과 획득 면역의 연결고리 역할을 하는 세포입니다. 병원체가 몸 안에 침입하면 가지 세포가 침입자의 정보를 **T 세포**에 전달해서 획득 면역을 발동시킵니다.

병원체를 잡아먹은 가지 세포는 근처 림프샘으로 이동해서 분해한 병원체의 단편을 세포 표면으로 내보내 **T 세포**에 제시합니다. 이를 **항원 제시**라고 하며, 가지 세포가 제시한 단편을 **항원**이라고 합니다. 즉 가지 세포는 "이런 특징의 병원체가 침입했어요!"라는 메시지를 T 세포에 전달하는 세포입니다.

나중에 다시 설명하겠지만 항원과 결합하여 가지 세포 표면에 제시할 때 관여하는 단백질을 **MHC**(Major Histocompatibility Complex, 주조직 적합 복합체), MHC로부터 정보를 전달받는 T 세포의 수용체를 **TCR**(T cell receptor, T 세포 수용체)이라고 합니다.

체액성 면역과 세포성 면역

획득 면역은 크게 **체액성 면역**과 **세포성 면역**으로 나뉩니다.

체액성 면역에서는 B 세포가 항체 생산 세포로 분화해서 항체를 만듭니다. **체액으로 분비된 항체는 혈액을 따라 온몸에 퍼져 특정 항원과 특이적으로 결합합니다.** 항체와 결합한 항원은 비활성화되어 효율적으로 제거됩니다. 즉 항체는 외부의 이물질을 요격하기 위해 우리 몸이 만든 '유도 미사일'이라고 할 수 있습니다.

반면 **세포성 면역**에서는 항체가 만들어지지 않는 대신 대식세포와 세포 독성 T 세포가 직접 이물질을 제거합니다. T 세포의 일종인 **세포 독성 T 세포**는 병원체에 감염된 세포나 암세포를 공격해서 제거합니다.

체액성 면역과 세포성 면역은 독립된 반응이 아니라 서로 연결된 반응입니다. 이를테면 어떤 바이러스가 침입했을 때, 바이러스가 혈장에 존재한다면 체액성 면역으로 항체가 만들어집니다. 하지만 세포 안에서 증식하는 바이러스에는 항체가 작용하지 않습니다. **항체는 세포막을 통과해서 세포 안으로 들어갈 수 없기 때문이지요.** 그럴 때는 **세포성 면역이 작동해서 감염된 세포째로 제거합니다.**

 ## 체액성 면역의 원리

체액성 면역에 관여하는 세포는 **B 세포**와 **보조 T 세포**입니다. 보조 T 세포에 의해 활성화된 B 세포는 **항체 생산 세포(형질 세포)**로 분화하여 항체를 만들기 시작합니다. 자연 면역부터 체액성 면역까지의 흐름은 다음(〈그림 4-10〉)과 같습니다.

① 포식 작용으로 병원체를 잡아먹은 **가지 세포**가 림프샘으로 이동해서 항원을 제시한다.
② 가지 세포가 제시한 항원을 인식한 **보조 T 세포**가 활성화되어 증식한다.

그림 4-10 체액성 면역의 원리

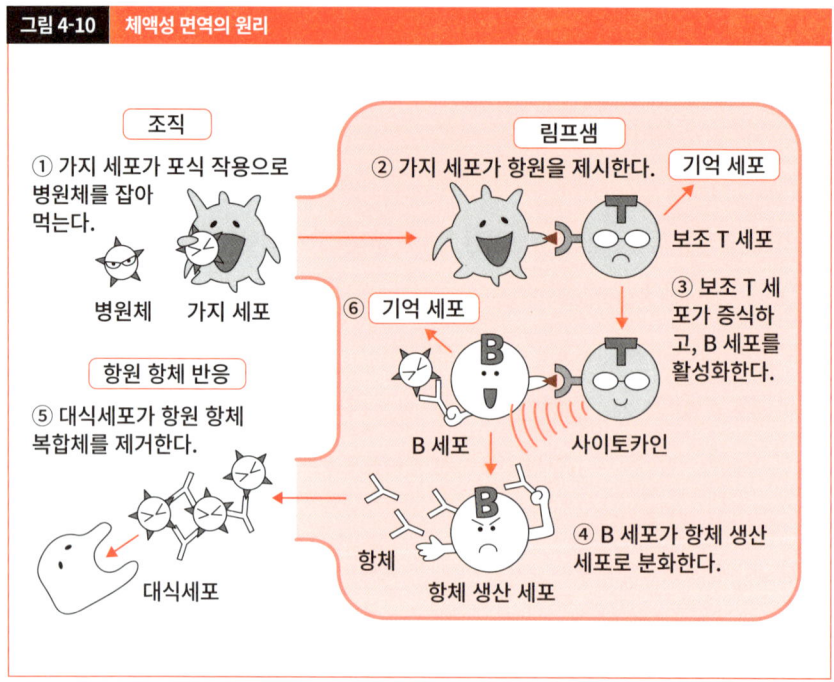

③ 보조 T 세포가 같은 항원을 인식하는 **B 세포**를 활성화한다.

④ 활성화된 B 세포가 증식해서 항체 생산 세포로 분화한 다음 항체를 생산·분비한다.

⑤ 분비된 항체가 항원과 특이적으로 결합한다. 이를 **항원 항체 반응**이라고 하며, 반응 결과 항원은 무력화된다. 항원과 항체가 결합한 복합체는 대식세포에 잡아먹혀 신속하게 제거된다.

⑥ 증식한 B 세포와 T 세포 중 일부는 **기억 세포**의 형태로 몸속에 남는다.

세포성 면역의 원리

세포성 면역에 관여하는 주요 세포는 **세포 독성 T 세포**와 **보조 T 세포**입니다. 보조 T 세포에 의해 활성화된 세포 독성 T 세포는 감염 세포나 암세포를 직접 공격해서 제거하는데요. 이번

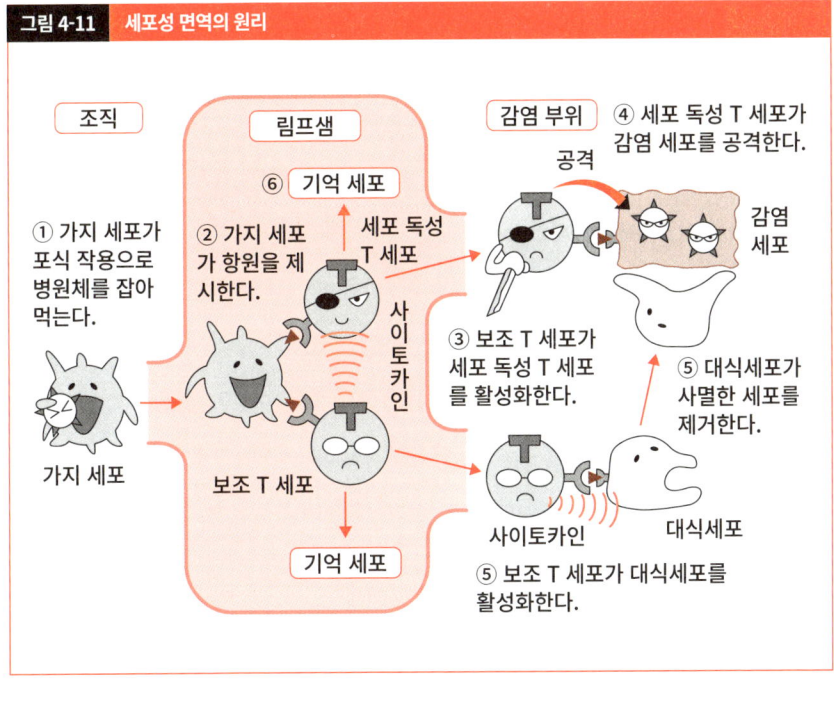

그림 4-11 세포성 면역의 원리

에도 자연 면역부터 세포성 면역까지의 흐름을 살펴보겠습니다(〈그림 4-11〉).

① 포식 작용으로 병원체를 잡아먹은 **가지 세포**가 림프샘으로 이동해서 항원을 제시한다.

② 가지 세포가 제시한 항원을 인식한 **보조 T 세포**가 활성화되어 증식한다.

③ 가지 세포가 제시한 항원 정보를 인식한 **세포 독성 T 세포** 역시 보조 T 세포에 의해 활성화되어 증식한다.

④ 림프샘을 나온 세포 독성 T 세포가 감염 세포 또는 암세포가 제시한 항원을 인식한 다음 직접 공격해서 사멸시킨다.

⑤ 보조 T 세포는 림프샘을 나와 대식세포를 활성화한다. 활성화된 대식세포는 세포 독성 T 세포의 작용으로 사멸한 세포를 포식 작용으로 제거한다.

⑥ 증식한 세포 독성 T 세포와 보조 T 세포 중 일부는 **기억 세포**의 형태로 몸속에 남는다.

똑같은 감염증에 두 번 걸리지 않는 이유: 2차 면역 반응

보통 홍역 같은 감염증에 한 번 걸리면 다시 걸리는 일은 잘 없습니다. 왜냐하면 **처음 병원체가 침입했을 때 활성화된 T 세포와 B 세포 중 일부가 기억 세포로 몸속에 남아 있다가 같은 병원체가 다시 침입해오면 강력한 면역 반응을 신속하게 끌어내기 때문**입니다. 이러한 면역 반응을 **면역 기억**이라고 합니다. 그리고 병원체가 처음 침입했을 때의 면역 반응을 **1차 면역 반응**, 같은 병원체가 다시 침입했을 때의 면역 반응을 **2차 면역 반응**이라고 합니다.

대부분 병원체가 침입하고 어느 정도 잠복기를 거친 뒤에야 증상이 나타납니다. 병원체가 처음 침입했을 때는 잠복 기간에 획득 면역이 충분히 발동하지 않으므로 그사이에 증상이 나타납니다. 그러나 두 번째 이후 침입부터는 기억 세포가 잠복기 동안 병원체를 제거하므로 증상이 나타나지 않거나 나타나도 가벼운 수준에 그칩니다.

〈그림 4-12〉는 쥐에 같은 항원을 두 번 접종했을 때 혈중 항체량 변화를 나타낸 그래프입니다. 1차 접종 후 1차 면역 반응으로 항체가 만들어집니다. 이때 만들어진 항체는 그리 많지 않지만, 활성화된 T 세포와 B 세포 일부가 기억 세포로 몸속에 남아 있습니다. 따라서 2차 접종 후에는 기억 세포가 순식간에 증식해서 항체 생산 세포로 분화합니다. 그 결과 2차 면역 반응에서는 1차 면역 반응보다 짧은 시간에 많은 항체가 만들어집니다(Y축은 로그 값입니다!).

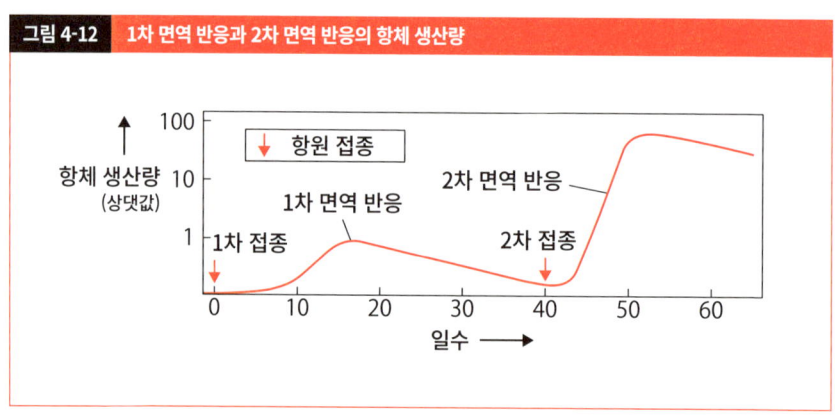

그림 4-12 | 1차 면역 반응과 2차 면역 반응의 항체 생산량

항체는 어떤 구조일까?

항체는 **면역 글로불린**이라는 Y자 형태의 단백질로, H 사슬과 L 사슬이라는 폴리펩타이드 사슬이 각각 두 개씩 붙어 있는 구조입니다. 항체가 항원과 결합하는 Y자의 두 끝을 **가변 부위**, 그 밖의 다른 부위를 **불변 부위**라고 합니다. 가변 부위는 항원과 정확하게 결합하는데, 구조가 정교해서 열쇠와 열쇠 구멍에 비유하기도 합니다. 즉 항원과 항체는 일 대 일 관계입니다.

여기서 한 가지 의문이 드는데요. 우리 주변에는 바이러스와 세균이라는 항원이 무수히 많이 존재하고, 여기에 대항하려면 항원과 같은 종류의 항체가 필요합니다. 그리고 항체는 단백질이며 이를 만드는 아미노산의 서열은 유전자에 의해 결정된다는 사실도 배웠지요. 하지만 인간의 유전자는 약 2만 개밖에 되지 않는데, 어떻게 유전자보다 많은 종류의 항체를 만들 수 있을까요?

DNA의 H 사슬과 L 사슬 가변 부위에 해당하는 유전자는 각각 세 영역(V, D, J), 두 영역(V, J)으로 나뉘며 각 영역에는 염기 서열이 다른 유전자 단편이 여러 개 존재합니다. B 세포가 성숙하는 과정에서 **임의로 선택된 각 영역의 단편이 연결되어 가변 부위의 유전자가 완성**되는데, 이를 **유전자 재조합**이라고 합니다. 즉 항체의 유전자는 하나의 덩어리가 아니라 단편이 조합된 결과물이며, 이 조합을 바꾸면 무수히 많은 항원에 대응할 수 있습니다.

이 원리를 발견한 도네가와 스스무 박사는 1987년에 일본 최초로 노벨 생리학·의학상을 받았습니다.

 ## 유전자 재조합과 선택적 스플라이싱의 차이

여기까지 읽고 유전자 재조합과 선택적 스플라이싱(107쪽)이 헷갈릴지도 모르겠네요. 이쯤에서 잠시 짚고 넘어가겠습니다.

선택적 스플라이싱은 DNA에서 전사된 RNA 사슬을 자르고 이어 붙이는 현상입니다. 원본

그림 4-13 항체의 구조와 유전자 재조합

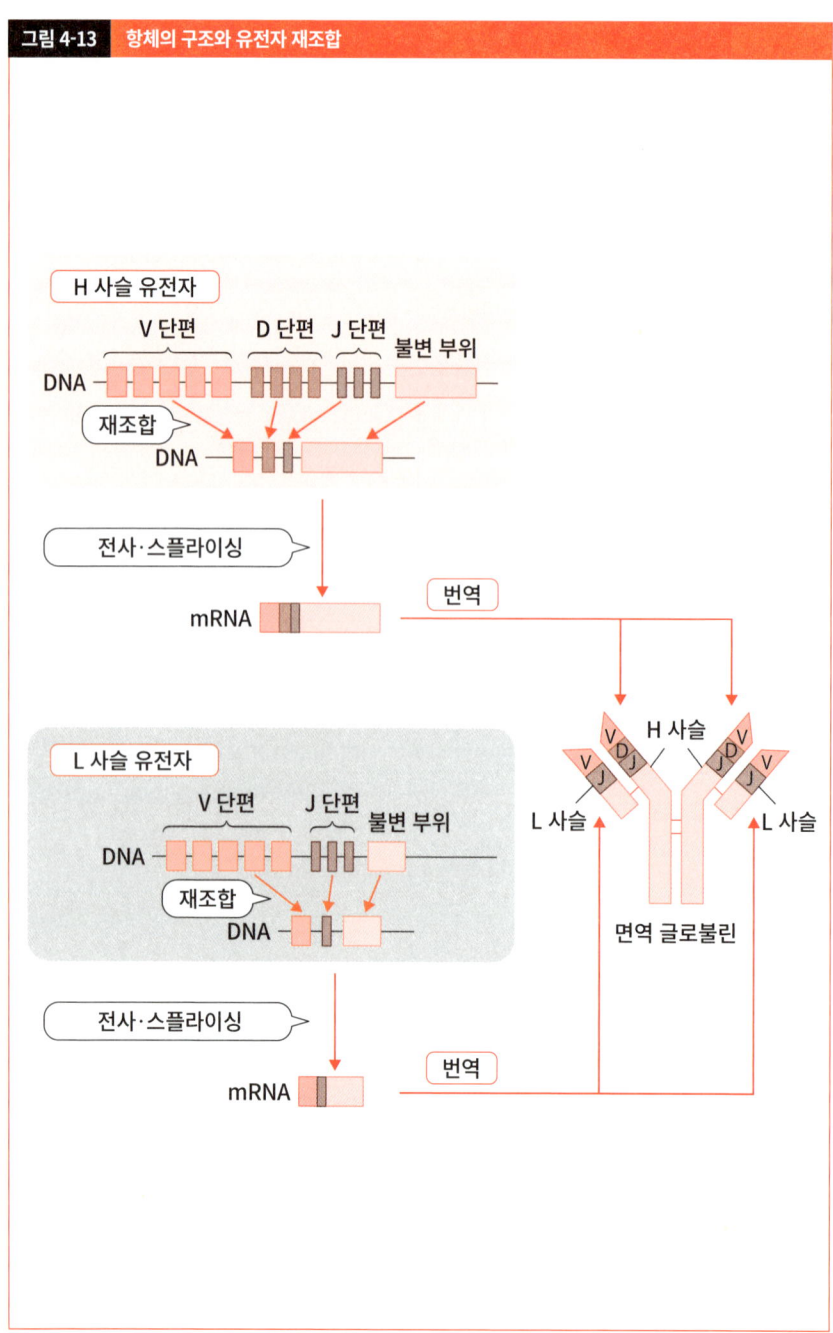

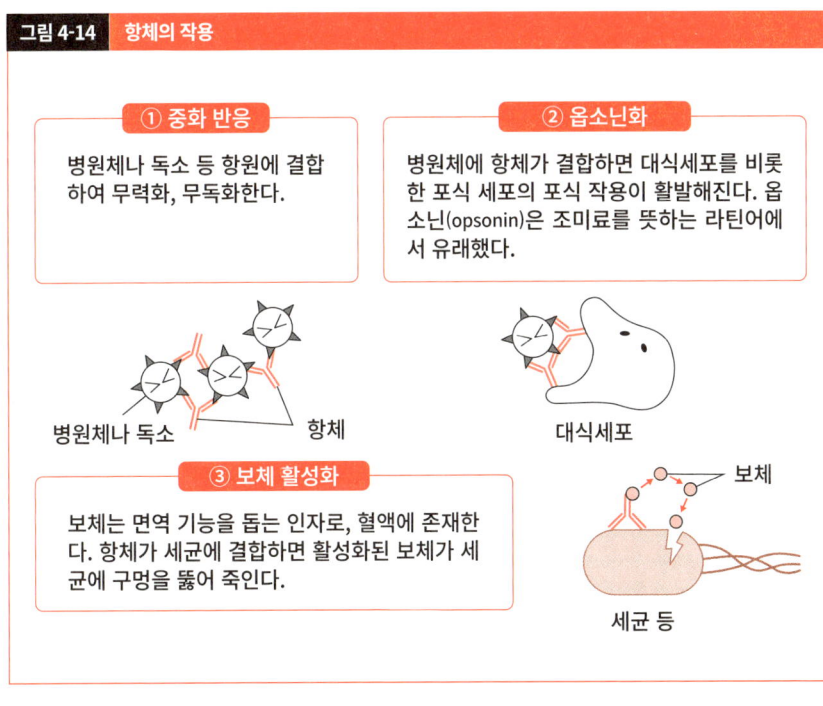

그림 4-14 항체의 작용

인 DNA는 변하지 않지요. 하지만 유전자 재조합은 DNA 사슬이 설난뇌므로 DNA가 변형되고, 결과적으로 한 종류의 항체만 만들게 됩니다. 가령 **홍역 바이러스에 대항하는 항체를 만드는 B 세포는 인플루엔자 바이러스에 대항하는 항체를 만들 수 없습니다.**

| 제 4 장 | 면역학 | 면역과 질병 |

면역 반응 때문에 병에 걸린다고?

면역은 병에 걸리지 않기 위해 존재하는 장치이지만, 아이러니하게도 면역 때문에 병에 걸리기도 합니다. 그리고 면역이 제대로 작동하지 않아서 병에 걸리기도 하지요. 이번에는 그 예시를 알아보겠습니다.

 ## 알레르기

알레르기는 병원체가 아닌 무해한 물질에 과도한 면역 반응을 일으켜 몸에 악영향이 가는 상태입니다. 알레르기를 일으키는 항원을 **알레르겐**이라고 합니다. 특정 음식물이나 약이 알레르겐으로 작용하면 재채기, 두드러기, 천식 등의 증상이 나타납니다.

급성 알레르기 반응으로 수 분에서 수 시간 동안 갑자기 혈압 저하와 호흡 곤란으로 생명이 위험해질 때도 있는데, 이를 **아나필락시스**라고 합니다. 아나필락시스로 온몸에 염증이 일어나고 체액 순환이 정체되며 급격한 혈압 저하와 의식 장애를 동반하는 증상을 **아나필락시스 쇼크**라고 합니다. 여기서 쇼크란 일상적인 의미의 '충격'이 아니라 중요한 장기에 피가 통하지 않는 상태를 가리키는 의학 용어로, 순환성 쇼크라고도 합니다.

 ## 화분증

삼나무나 편백의 꽃가루가 원인이 되어 재채기, 콧물, 눈 가려움 등의 증상을 일으키는 알레

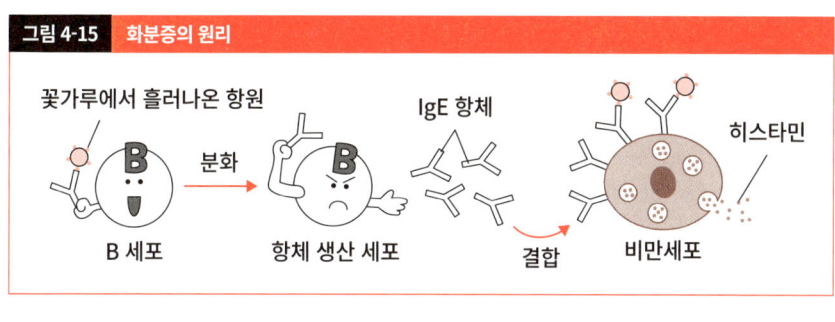

그림 4-15 화분증의 원리

르기 질환을 **화분증**이라고 합니다.

코점막에 붙은 꽃가루에서 항원으로 작용하는 단백질이 나오면 화분증에 걸린 사람의 몸속에서는 IgE라는 항체가 만들어집니다. IgE 항체는 일반적인 바이러스나 세균에 대항하는 IgG 항체와 달리 점막에 존재하는 비만세포(mast cell)의 표면에 결합합니다. 그리고 꽃가루 항원이 비만세포의 IgE 항체와 결합하면 비만세포에서 **히스타민**이라는 물질이 방출됩니다. **히스타민은 피부나 점막의 세포와 모세혈관에 작용해서 알레르기 증상을 일으킵니다.**

히스타민은 식품에도 들어 있는데, 히스타민이 고농도로 축적된 식품을 먹으면 알레르기와 비슷한 증상이 나타날 수 있습니다. 이를 **히스타민 식중독**이라고 합니다. 식품에 함유된 히스티딘(단백질을 구성하는 아미노산의 일종)에 히스타민 생산균이 작용하면 히스타민이 만들어집니다. 이 때문에 히스티딘이 많이 함유된 어류나 그 가공품을 상온에 오래 두면 히스타민 생산균이 증식하면서 식품 속에 히스타민이 많아집니다.

한편 히스타민의 재료인 히스티딘이 많이 함유된 물고기로는 다랑어, 정어리, 고등어, 꽁치 등이 있습니다. **등푸른생선을 먹고 알레르기 같은 증상이 나타났다면 알레르기가 아니라 식중독일 가능성도 있습니다.**

면역 기능 저하에 의한 질환

면역 세포 이상, 피로와 스트레스, 노화 등의 요인으로 면역 기능이 약해지기도 합니다. 면역 기능이 약해지면 건강할 때는 감염되지 않던 약한 병원체에게도 감염되어 증상이 나타나거나(**기회감염**) 원래 몸속에 숨어 있던 바이러스가 활동을 개시합니다. 믿을 수 없겠지만, 건강한 사람의 몸속에는 최소 39종의 바이러스가 존재한다고 합니다.

이러한 바이러스 중에는 인간 헤르페스 바이러스(HHV)도 있습니다. HHV는 뇌, 폐, 심장, 위, 간, 대장 등 온몸의 장기에 존재하며, 성인이라면 누구나 감염된 병원체입니다. HHV에 감염되면 일시적으로 발진이 나타나지만 금방 치유되어 증상이 사라집니다. 그러나 **그 뒤에도 바이러스는 세포 안에 잠복하고 있다가 면역력이 낮아지면 다시 활발하게 활동하며 증상을 일으킵니다.** 입술 헤르페스와 대상포진이 대표적인 사례입니다.

후천성 면역 결핍 증후군

후천성 면역 결핍 증후군(AIDS)은 인간 면역 결핍 바이러스(HIV) 감염으로 면역 기능이 떨어지는 질환입니다. HIV는 보조 T 세포에 특이적으로 감염하는 바이러스인데, HIV에 감염되어도 바로 증상이 나타나는 게 아니라 잠복 기간인 평균 10년 동안은 증상이 나타나지 않습니다. 하지만 그동안 HIV는 보조 T 세포 안에서 증식하며 세포를 파괴하는데요. **보조 T 세포는 체액성 면역과 세포성 면역의 사령탑으로 불릴 만큼 중요한 세포이므로, 보조 T 세포가 감소하면 획득 면역이 제대로 작동하지 않아 기회감염이 일어날 가능성 또한 커집니다.**

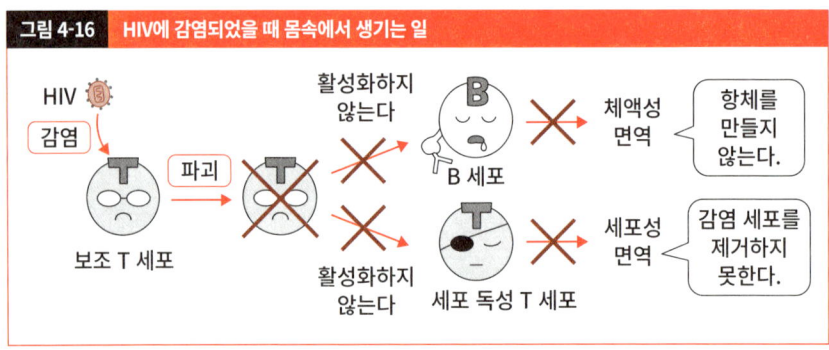

그림 4-16 HIV에 감염되었을 때 몸속에서 생기는 일

자가 면역 질환

원래 면역 체계는 병원체를 비롯한 이물질에 대해 반응하지만, **자신의 정상적인 세포나 조직에 반응해서 공격하기도 합니다. 이를 자가 면역 질환이라고 합니다.** 대표적인 자가 면역 질환은 다음과 같습니다.

• 류머티즘성 관절염

면역 세포가 관절 조직을 항원으로 인식해서 염증을 일으키고, 심해지면 관절뼈가 파괴되거나 변형되는 질환입니다.

• 제1형 당뇨병

췌장에서 인슐린을 분비하는 세포가 표적이 되어 파괴됨으로써 생기는 질환입니다. 혈당 농도를 정상으로 조절할 수 없기에 당뇨병으로 이어집니다(154쪽).

• 그레이브스병

갑상샘 세포 표면에 있는 갑상샘 자극 호르몬(TSH) 수용체를 공격하는 항체(**자가 항체**)가 만들어지는 것이 원인입니다. 자가 항체가 TSH 수용체에 결합하면 TSH 대신 갑상샘을 자극하므로 티록신이 계속 만들어집니다(148쪽). 그 결과 대사가 비정상적으로 활발해지고, 맥박이 빨라지며 쉽게 지치게 됩니다.

• 중증 근무력증

운동 신경과 연결된 근육 표면의 단백질(가장 비율이 높은 건 아세틸콜린 수용체)을 항원으로 인식하는 자가 항체가 만들어져 운동 신경을 통해 전달된 정보가 근육에 도달하지 못하고, 손발에 힘이 들어가지 않는 질환입니다. 원인인 자가 항체를 제거하면 증상이 개선됩니다.

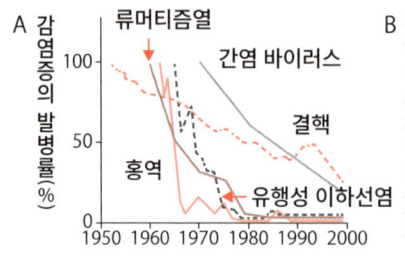
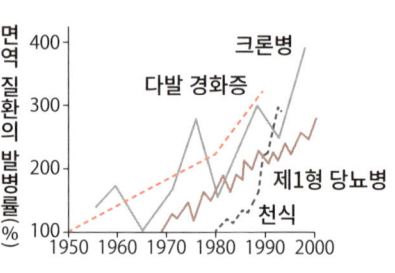

그림 4-17 1950년부터 2000년까지 전형적인 감염증의 발병률(A)과 면역 질환의 발병률(B)

면역 관련 질환이 늘어나는 이유는 무엇일까?

최근 천식 같은 알레르기 질환과 제1형 당뇨병 같은 자가 면역 질환의 발병률이 증가한 이유는 무엇일까요? 이에 대한 설명으로 1989년에 데이비드 스트래컨 교수가 제창한 **위생 가설**을 들 수 있습니다.

인간의 면역 체계는 태어나서부터 성장하는 동안 특히 영유아기에 세균, 바이러스, 기생충 등 온갖 미생물과 접촉함으로써 적절하게 발달합니다. 하지만 현대에는 식품과 식수의 위생 관리 및 소독의 보급, 항생 물질 등 여러 요인으로 영유아기에 미생물과 접촉할 기회가 줄어들고 있습니다. 이렇게 청결한 환경에서 자라면 면역 체계가 발달하지 못하고, 음식이나 꽃가루처럼 해롭지 않은 물질에 과도한 면역 반응을 일으킨다는 것이 위생 가설의 개요입니다.

위생 가설에서는 화분증이 발병하는 원리를 다음과 같이 설명합니다. IgE 항체는 원래 장내 기생충을 공격하는데, 몸 안에 기생충이 있는 현대인은 거의 없습니다. 그래서 기생충을 공격하는 IgE 항체보다 꽃가루를 공격하는 IgE 항체가 상대적으로 늘어나면서 꽃가루에 대한 면역 반응이 활발해졌다고 말이지요.

위생 가설을 뒷받침하는 증거는 수없이 많지만, 한편으로는 식품 알레르기나 아토피성 피부염을 설명하기에는 부족하다는 주장 또한 제기되고 있습니다.

의료에 응용되는 면역의 원리

이번 장에서는 면역의 원리가 의료 분야에 어떻게 응용되는지 알아보겠습니다.

예방접종과 백신

몸 안에 기억 세포를 만들기 위해 미리 약독화 또는 불활성화한 병원체를 접종하는 처치를 **예방접종**이라고 하며, 이렇게 접종한 병원체 또는 독소를 **백신**이라고 합니다. **백신을 접종하면 미약한 1차 면역 반응이 일어나는 동시에 기억 세포가 만들어집니다. 이 기억 세포 덕에 병원체가 침입하면 바로 2차 면역 반응이 일어나 발병을 억제할 수 있습니다.**

백신은 다음과 같이 크게 세 종류로 나뉩니다.

① **생백신**: 살아 있는 세균이나 바이러스를 수 세대 배양하고 병원성을 줄인 개체를 선별한 백신입니다. 면역 유도 효과가 크고 접종 횟수가 적다는 장점이 있습니다.
　예) 홍역, 풍진, 유행성 이하선염, 결핵, 대상포진 등

② **불활성화 백신**: 감염 능력을 없앤(죽인) 세균이나 바이러스를 원재료로 만든 백신입니다. 생백신보다 안전성이 높지만, 면역 유도 효과가 작아 수차례의 추가 접종이 필요합니다.
　예) 독감, 일본 뇌염, A형·B형 간염, 광견병, 사람유두종 바이러스(HPV) 감염증, 대상포진 등

③ **톡소이드**: 병원체로 작용하는 세균이 만든 독소만 추출해서 독성을 없앤 물질입니다.
　예) 디프테리아, 파상풍

 mRNA 백신이란 무엇일까?

18세기에 에드워드 제너가 천연두 백신을 발명한 뒤로 오랫동안 백신의 교과서적인 정의는 "약독화 또는 불활성화한 병원체"였습니다. 그런데 최근 이 정의를 고쳐 쓸 만한 사건이 일어났습니다. 신종 코로나바이러스 감염증(COVID-19) 팬데믹입니다.

COVID-19 팬데믹을 계기로, 기존에 연구 개발이 진행되고 있었으나 실용화 단계까지 이르지 못했던 완전히 새로운 종류의 백신이 승인되었습니다. 바로 **mRNA 백신**입니다. mRNA 백신의 원리는 **항원의 mRNA를 접종해서 우리 몸의 세포에서 항원을 만들게 하고, 이를 통해 면역 반응을 유도하는 것**입니다. mRNA 백신은 항원 그 자체가 아니라 항원의 설계도라는 점에서 기존의 백신과 크게 다릅니다.

신종 코로나바이러스의 감염 방식

이미 많은 사람이 접종했을 **코로나19 백신**은 COVID-19 예방 목적으로 개발된 mRNA 백신입니다. 여기서는 코로나19 백신의 원리를 배워 볼 텐데요. 코로나19 백신의 원리를 이해하려면 일단 신종 코로나바이러스가 어떻게 우리 몸을 감염하는지를 알아야 합니다.

신종 코로나바이러스(이하 '바이러스')의 표면에는 **스파이크 단백질**이라는 돌기가 수없이 달려 있습니다. 바이러스가 인간 세포에 감염할 때 **스파이크 단백질이 세포 표면의 ACE2 단백질에 결합하고, 이를 발판 삼아 세포 안으로 침입합니다.** 그러니까 ACE2라는 열쇠 구멍에 스파이크 단백질이라는 열쇠를 끼우면 세포로 들어가는 문이 열리는 셈입니다.

따라서 스파이크 단백질과 ACE2가 결합하지 못하게 막는 항체를 만들도록 면역 반응을 유도할 수 있다면 감염을 예방할 수도 있습니다.

그림 4-18 신종 코로나바이러스의 감염 방식과 예방

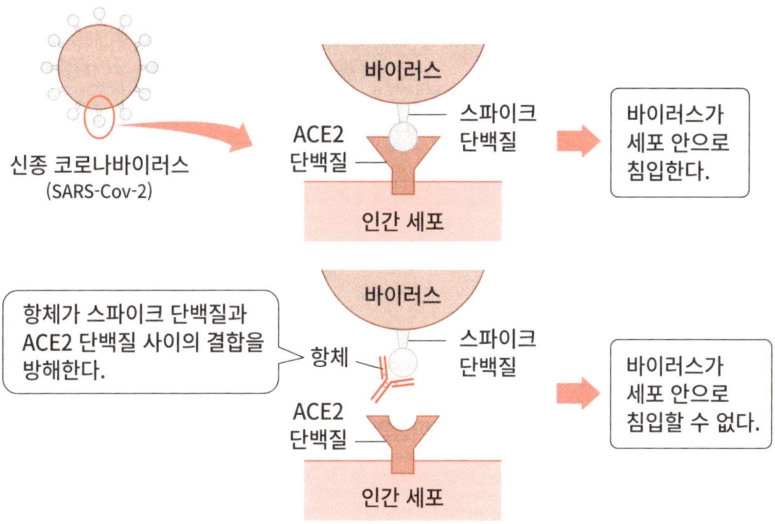

코로나19 백신의 목적

코로나19 백신의 목적은 스파이크 단백질을 우리 몸의 세포에서 만들게 해서 획득 면역을 발동시키는 것입니다.

첫 번째 단계는 바이러스의 유전체에서 스파이크 단백질의 설계도에 해당하는 영역을 분석해서 인공적으로 mRNA를 합성하는 반응입니다. 이렇게 만든 mRNA 백신을 근육에 주사하면 세포가 mRNA를 번역해서 스파이크 단백질을 만듭니다. 이 단백질을 면역 세포가 섭취하면 1차 면역 반응이 일어나 면역 기억이 성립합니다.

mRNA 백신은 인공적으로 만든 RNA지만, 우리 몸속에서 만들어지는 천연 RNA와 똑같이 작용합니다. 따라서 **바이러스 자체가 아니라 설계도 일부만을 사용하므로 병원성이 없고, 번역이 끝나 쓸모를 다한 mRNA는 수 시간에서 수일 만에 분해된다는 장점이 있습니다.**

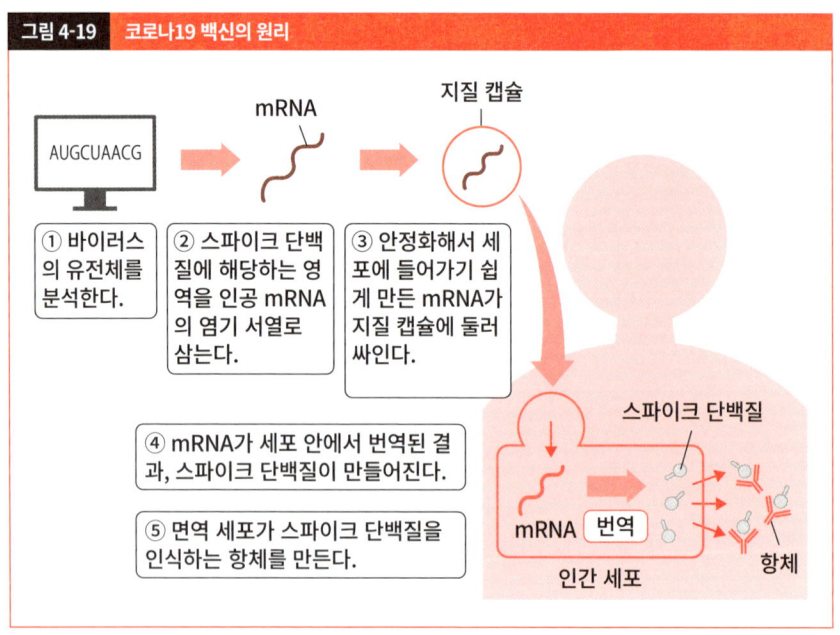

mRNA를 백신으로 만들기 위한 연구

mRNA 백신에는 수많은 연구를 통해 축적된 성과가 녹아 있습니다. 그중 핵심은 **RNA의 가공**입니다.

스파이크 단백질의 염기 서열을 복제한 인공 mRNA는 그대로 집어넣어도 의도대로 번역되지 않습니다. 가공하지 않은 mRNA를 세포에 집어넣으면 세포가 염증을 일으켜 죽고 말지요. 이는 **우리 몸이 외부의 핵산을 이물질로 인식해서 제거하는 자연 면역 때문입니다**(172쪽).

따라서 자연 면역을 속이려면 RNA 사슬을 마치 우리 몸의 원래 mRNA인 것처럼 가공해야 합니다. 그중에서도 다음 두 가지 가공법이 특히 중요합니다.

① 모자 형성과 폴리 A 꼬리 추가

세포 내 mRNA는 5' 말단에 모자 구조가 형성되고, 3' 말단에 폴리 A 꼬리가 붙는다는 특징이 있습니다(104쪽). 그러나 바이러스의 RNA는 이러한 과정을 거치지 않습니다. 따라서 모자와 폴리 A 꼬리를 붙이면 세포 안에서 전사된 mRNA로 속일 수 있습니다.

② 유라실의 화학적 변형

일반적으로 세포 내 mRNA의 염기 중 유라실(U)은 효소에 의해 화학적으로 변형된 슈도유리딘(ψ)이라는 염기로 존재합니다. 슈도유리딘의 화학 구조는 유라실과 매우 비슷하고, 리보솜은 슈도유리딘을 일반적인 유라실로 번역하므로 화학적 변형 때문에 단백질의 아미노산 서열이 변하지는 않습니다.

유라실이 슈도유리딘으로 변형되면 일종의 표지 역할을 해서 "이 mRNA는 우리 몸의 mRNA야!"라는 신호를 보내므로 면역계의 공격을 피할 수 있게 됩니다. 하지만 바이러스의 mRNA는 그런 사인이 없으므로 면역계는 둘을 구별할 수 있습니다.

자연 면역의 관문으로 작용하는 TLR(172쪽) 중 하나는 유라실을 지닌 RNA에 결합하지만,

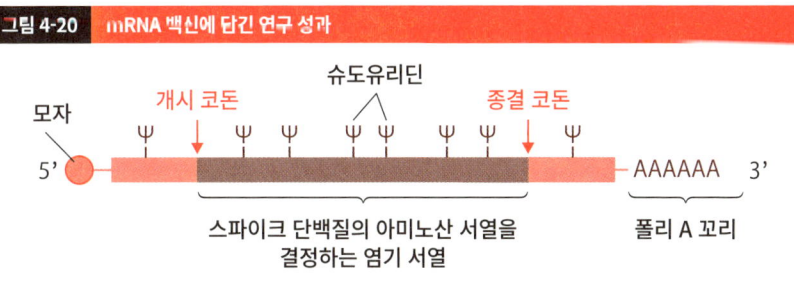

그림 4-20 mRNA 백신에 담긴 연구 성과

[RNA 가공]
① RNA 사슬 5' 쪽에 모자를, 3' 쪽에 폴리 A 꼬리를 붙여 세포 내에서 전사된 mRNA인 것처럼 가장한다.
② 염기 서열 중 유라실(U)을 슈도유리딘(ψ)으로 변형하여 자연 면역을 억제한다(실제 백신은 효과를 높이기 위해 N1-메틸슈도유리딘을 사용한다).
③ 코돈을 최적화하여 아미노산 서열을 유지한 채 번역 효율을 높인다.
④ 번역된 스파이크 단백질이 변형되지 않도록 일부 아미노산을 프롤린으로 치환한다.

등이 있다.

슈도유리딘을 가진 RNA에는 결합하지 않습니다. 따라서 **mRNA의 유라실을 슈도유리딘으로 변형하면 자연 면역의 제거 작용을 피할 수 있습니다.**

이쯤에서 '백신은 면역 작용을 유도하는 물질인데, 왜 면역계에서 벗어나는 방법을 궁리해야 하지?'라는 의문이 들지도 모르겠네요. 잠시 mRNA 백신의 목적으로 돌아가 볼까요?

mRNA 백신의 역할은 세포가 스파이크 단백질을 만들게 하는 것이었지요. 그리고 면역세포가 스파이크 단백질을 항원으로 인식하게 만드는 것이 목적입니다. **백신에 활용되는 mRNA는 어디까지나 항원의 설계도에 불과합니다. 따라서 이 설계도가 면역계에 파괴된다면 항원을 만들지 못하고, 항원에 대처할 면역 작용 또한 일어나지 못하게 됩니다.** 그러니까 설계도에는 면역계가 작용하지 못하도록 해야겠지요.

이렇게 RNA의 가공과 자연 면역의 관계를 발견해서 RNA 백신을 개발할 길을 개척한 카탈린 카리코 박사와 드루 와이스먼 교수는 2023년 노벨 생리학·의학상을 받았습니다.

🦠 RNA 백신의 장점

이처럼 RNA 백신에는 분자생물학의 최신 지식과 기술이 담겨 있지만, 제약 기업 모더나에서 **코로나19 백신을 설계하는 데 걸린 시간은 이틀, 백신을 실용화 수준까지 개발하는 데 걸린 기간은 약 11개월에 불과했습니다.** 일반적으로 백신을 실용화하기까지 5~10년이 걸린다는 점을 생각하면 굉장히 이례적인 속도였습니다.

기존 백신과 차별화되는 mRNA 백신의 장점은 다음과 같습니다. mRNA 백신은 ① 설계 및 개발이 쉽고, ② 비용이 저렴하며, ③ 체액성 면역과 세포성 면역의 면역 기억을 모두 형성할 수 있다는 장점이 있습니다. 이러한 특성 덕분에 앞으로는 원래 체액성 면역에서만 면역 기억을 형성할 수 있었던 독감 백신이나, 많은 이들이 염원하는 암 백신에도 mRNA 백신을 응용할 수 있을 것으로 기대됩니다.

혈청 요법이란 무엇일까?

일본에서 2024년 7월에 발행된 지폐 신권에는 기타자토 시바사부로의 얼굴이 들어가게 되었는데, 기타자토는 바로 **혈청 요법**을 고안한 인물입니다. 혈청 요법은 미리 동물의 몸에서 만든 혈청(163쪽)을 주사해서 증상을 완화하는 치료법입니다.

만약 뱀에게 물렸다면 미리 동물의 몸에 반시뱀 독을 소량 주사해서 만들어둔 항체가 포함된 혈청을 주사해서 독을 중화시킵니다.

하지만 혈청 요법에는 주의 사항이 있습니다. 바로 같은 혈청을 반복해서 주사할 수 없다는 점인데요. 동물의 혈청에는 항체를 비롯하여 체내에서 만들어진 여러 단백질이 들어 있습니다. 사람에게 이 혈청을 주사하면 **동물 단백질에 대응하는 항체가 생겨 알레르기나 아나필락시스 쇼크를 유발할 위험성이 있습니다.**

이 때문에 오늘날에는 뱀독처럼 신속하게 해독하지 않으면 목숨이 위험한 상황이 아니면 혈청 요법을 사용하지 않습니다. 그리고 파상풍균 독소에 대응할 때는 혈청 요법을 개선하여 인간의 혈액으로 만든 혈청을 사용합니다.

240여 명의 아기를 살린 남자

• **Rh식 혈액형이란 무엇일까?**

Rh식 혈액형은 인간의 혈액형을 구분하는 방식 중 하나입니다. Rh^+와 Rh^- 두 가지가 있으며, 적혈구 표면에 있는 **D 항원**이라는 단백질 유무로 구별합니다.

D 항원이 있는 사람은 Rh^+형, D 항원이 없는 사람은 Rh^-형입니다. **Rh^-형인 사람에게 Rh^+형의 적혈구는 이물질이므로 몸에 들어오면 항체에 공격받게 됩니다.** 따라서 Rh^-형에게 Rh^+형의 피를 수혈할 수 없습니다.

• **Rh 부적합 임신**

Rh식 혈액형의 부적합으로 문제가 생기는 대표적인 사례가 Rh⁻형 어머니가 Rh⁺형 아이를 임신한 **Rh 부적합 임신**입니다.

   Rh 부적합 임신이 되면 첫째를 임신 중일 때는 부적합이 일어나지 않습니다. 하지만 분만할 때 몸에 태아의 피가 들어가 모체에 D 항원을 공격하는 항D 항체가 만들어지고, 이 항체는 둘째를 임신했을 때 태반을 통해 태아의 혈액으로 들어가 적혈구를 파괴합니다. 그 결과 신생아 용혈성 질환이 일어나며, 심각한 경우 사산에 이를 위험도 있습니다. **이를 예방하려면 분만 직후의 산모에게 항D 항체가 포함된 혈청을 주사해서 태아의 D 항원을 제거함으로써 모체에 항체가 만들어지지 않도록 해야 합니다.** 이 처치로 둘째를 임신했을 때도 첫째 때와 같은 상태를 유지할 수 있습니다. 이처럼 특정 물질에 대한 항체를 사용한 치료제를 **항체 의약품**이라고 합니다.

• **기적의 혈청을 보유한 남자**

여기서 잠깐 기네스 기록을 세운 남자의 이야기를 소개할까 합니다. 항D 항체가 포함된 혈청은 인간의 혈액에서 만들어지는데요. 60여 년 동안 헌혈을 1,173번 한 오스트레일리아의 제임스 해리슨 씨. 사실 그의 혈액에는 굉장히 희귀한 항D 항체가 들어 있었다고 합니다.

   Rh 부적합의 메커니즘은 1960년대 중반에 규명되었습니다. 당시 연구자들은 혈액 속의 항체로 이 문제를 해결할 수 있을지도 모른다고 생각했고, 전 세계를 뒤진 끝에 해리슨 씨를 찾아냈습니다.

   1951년 당시 14세였던 해리슨 씨는 한쪽 폐를 들어내는 외과 수술을 받았고, 8리터나 되는 피를 수혈했습니다. 죽음의 위기에서 벗어난 해리슨 씨는 자기도 사람들을 돕겠다고 결심했고, 오스트레일리아에서 헌혈이 가능한 최소 나이인 18세가 되자마자 헌혈을 시작했습니다.

   이후 해리슨 씨가 강력한 항D 항체의 보유자임을 알아낸 연구자들은 그의 혈액에서 항D 인간 면역 글로불린이라는 항체 의약품을 만들어 냈습니다. 피를 제공하면 할수록 많은 아기를 구할 수 있다는 사실을 깨달은 해리슨 씨는 81세가 되는 2018년까지 약 2주에 한 번꼴로 꾸준히 헌혈했습니다. 이때까지 오스트레일리아에서 만들어진 거의 모든 항D 의약품에는 해리슨 씨의 항체가 들어 있으며, 그 덕분에 살아난 아기는 240만여 명에 이른다고 합니다.

해리슨 씨의 몸에서 왜 특별한 항체가 만들어지는지는 밝혀지지 않았지만, 연구자들은 14세 당시 수혈받은 피와 관계가 있을지도 모른다고 추정하고 있습니다.

항체 의약품의 진화: 단일 클론 항체

결합하고자 하는 항원의 특정 부위에 정확하게 결합하는 항체를 양산한다면 연구에 이용하거나 항체 의약품에 응용하는 등 폭넓게 활용할 수 있습니다. 이러한 항체, 즉 **단일 클론 항체**는 어떤 물질일까요?

일반적으로 감염증이나 백신 접종으로 항원이 몸에 들어오면 한 종류의 항원에 대해 여러 종류의 항체가 만들어집니다. 왜냐하면 항원이 한 종류라도 B 세포가 표면의 요철 중 어떤 부분(항원 결정기)을 인식하느냐에 따라 만들어지는 항체가 다르기 때문입니다. 이처럼 한 종류의 항원에서 만들어지는 여러 종류의 항체를 **다중 클론 항체**라고 합니다.

반면에 **단일 클론 항체**는 가변 부위의 구조(181쪽)가 항상 같아 항원의 특정 부분에만 결합할 수 있습니다.

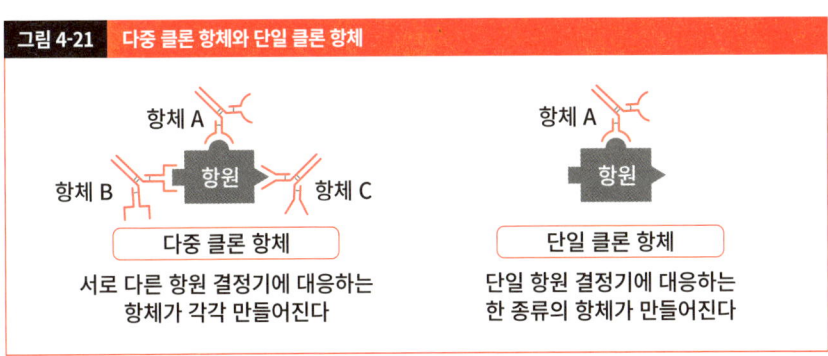

그림 4-21 다중 클론 항체와 단일 클론 항체

다중 클론 항체: 서로 다른 항원 결정기에 대응하는 항체가 각각 만들어진다

단일 클론 항체: 단일 항원 결정기에 대응하는 한 종류의 항체가 만들어진다

단일 클론 항체를 만드는 방법

항체를 만드는 B 세포(항체 생산 세포)는 유전자 재조합(181쪽)이 끝난 상태이므로 한 종류의 항체만 만들 수 있습니다. 따라서 단일 클론 항체를 만들려면 목적에 맞는 B 세포 하나를 선택하고 이를 증식해서 항체를 만들면 되지만, 한 가지 문제가 있습니다. 몸 밖으로 꺼낸 B 세포는 장기간 배양할 수 없다는 점이지요.

이러한 단점을 극복하기 위해 만들어진 것이 항체를 만드는 능력을 상실하고 암세포가 된 B 세포(다발성 골수종 세포)와 항체를 만드는 B 세포를 융합한 **하이브리도마**(hybridoma)입니다. **하이브리도마는 다발성 골수종 유래 세포의 무한히 증식하는 능력과 B 세포 유래 항체를 만드는 능력을 모두 갖춘 융합 세포입니다.** 여러 하이브리도마에서 필요한 항체를 만드는 세포를 선발해서 배양하고, 배양액에서 단일 클론 항체를 정제합니다.

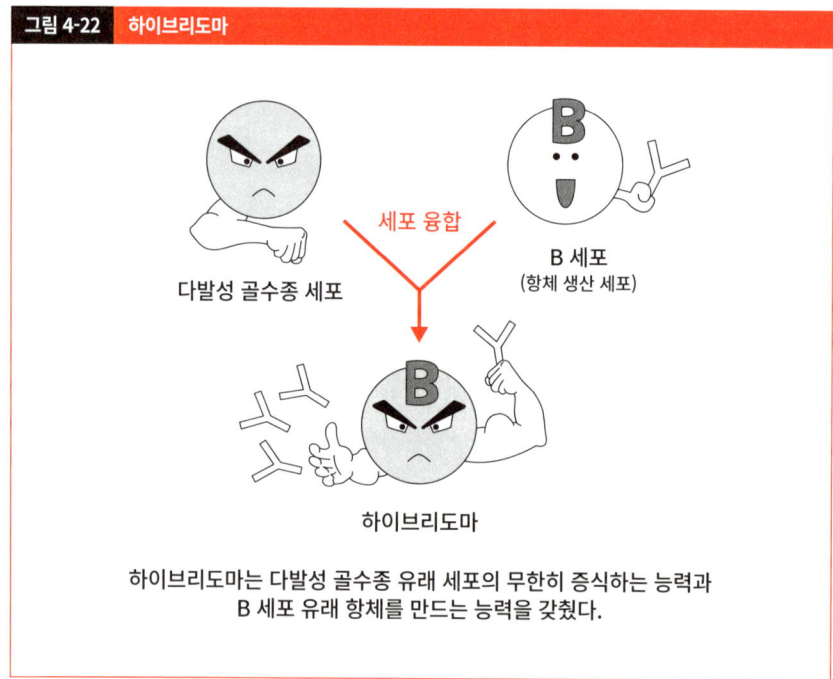

그림 4-22 하이브리도마

하이브리도마는 다발성 골수종 유래 세포의 무한히 증식하는 능력과 B 세포 유래 항체를 만드는 능력을 갖췄다.

이 하이브리도마는 생쥐를 비롯한 동물에 사용하는 고전적인 방법이지만, 오늘날에는 세포 융합 외에도 다양한 방법으로 인간의 단일 클론 항체를 만듭니다.

현재 개발된 방법으로는 생쥐 항체의 항원 결합 부위만 남기고 나머지를 인간 항체로 치환하는 방법, 유전자 치환으로 생쥐의 몸에서 인간의 항체를 만들게 하는 방법 등이 있습니다. 이러한 기술 덕에 항체를 의약품으로 사용할 수 있게 되었습니다.

항암제인 니볼루맙(Nivolumab, 208쪽)이나 알츠하이머 치료제인 레카네맙(Lecanemab)처럼 '~맙(mab)'으로 끝나는 의약품은 모두 항체 의약품입니다. 여기서 '맙'은 단일 클론 항체(**m**onoclonal **a**nti**b**ody)를 가리킵니다.

1991년에 명명법이 제정된 이래로 항체 의약품이 발전하면서 다양한 신약이 등장했습니다. 하지만 '–mab'만으로는 의약품을 정의하기 힘들어졌습니다. 이 때문에 2021년에 '–mab' 표기를 폐지하는 대신 '–tug', '–bart', '–mig', '–ment'를 사용하게 되었습니다.

| 제 4 장 | 면역학 | | 자기와 비자기 |

자기와 비자기를 구분하는 원리

앞에서 면역 세포와 면역 반응을 살펴보았습니다. 그런데 T 세포를 비롯한 림프구는 어떻게 자기 몸을 구성하는 물질(자기)과 병원체 같은 이물질(비자기)을 구별할 수 있을까요? 이번에는 그 원리를 알아볼 차례입니다.

 거절 반응

장기 이식은 한 사람의 조직이나 장기를 다른 사람에게 이식하는 의료 행위입니다. 하지만 장기 이식 과정에서 **거절 반응**이 일어날 수도 있는데요. 거절 반응의 원인은 면역 세포가 이식된 조직을 이물질로 인식하고 공격하기 때문입니다. 이식된 장기 세포를 **보조 T 세포**가 비자기로 인식하면 항원 정보를 받은 **세포 독성 T 세포**가 세포를 공격해서 파괴합니다. 이때 **T 세포가 자기인지 비자기인지 판단할 때 이용하는 물질이 세포 표면의 MHC(주조직 적합 복합체)입니다.**

 MHC

MHC(주조직 적합 복합체)는 세포 표면에 발현되는 당단백질로, 세포가 항원을 제시할 때 항원을 붙잡는 '손' 역할을 합니다. 인간의 MHC는 HLA라고 합니다.

항원을 제시할 때 T 세포는 TCR(T 세포 수용체)에서 MHC와 MHC에 결합한 항원을 함께 인

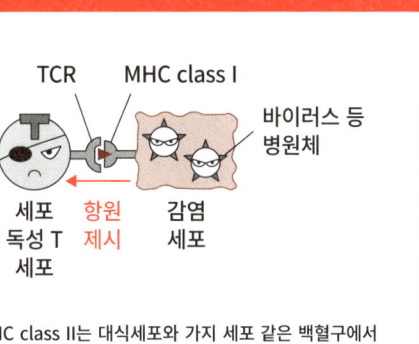

그림 4-23 MHC

MHC에는 class I(1형)과 class II(2형)가 있다. MHC class II는 대식세포와 가지 세포 같은 백혈구에서만 발현되며, 포식 작용으로 잡아먹은 이물질을 보조 T 세포에 항원으로 제시한다. MHC class I은 적혈구를 제외한 모든 세포에서 발현되며, 바이러스에 감염된 세포가 만드는 비자기 단백질을 세포 독성 T 세포에 항원으로 제시한다.

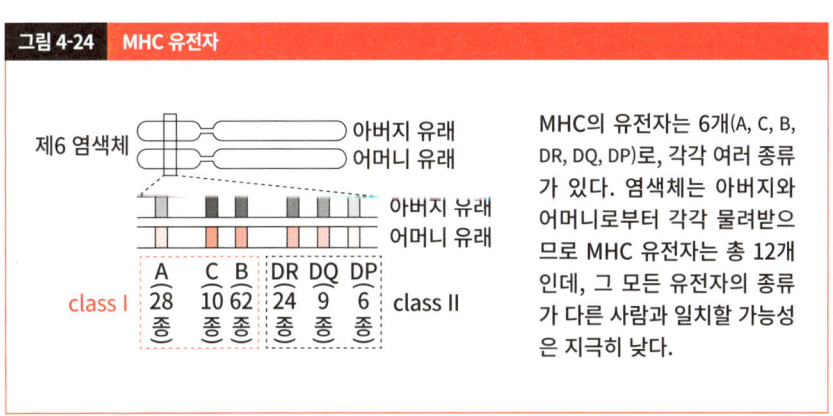

그림 4-24 MHC 유전자

MHC의 유전자는 6개(A, C, B, DR, DQ, DP)로, 각각 여러 종류가 있다. 염색체는 아버지와 어머니로부터 각각 물려받으므로 MHC 유전자는 총 12개인데, 그 모든 유전자의 종류가 다른 사람과 일치할 가능성은 지극히 낮다.

식합니다. 이때 **T 세포는 MHC의 차이도 인식하는데, 세포의 MHC가 자기와 다르면 비자기로 인식합니다.**

MHC의 종류는 매우 다양하며, 지문과 마찬가지로 세포의 MHC가 완전히 같은 사람은 없습니다.

따라서 최대한 MHC 종류가 비슷한 사람의 장기를 이식해야 하며, 이식 후에는 거절 반응이 일어나지 않도록 T 세포의 작용을 억제하는 면역억제제를 투여해야 합니다.

MHC는 온몸에 존재하는 모든 세포의 표면에 발현하지만, 예외적으로 적혈구에는 발현하지 않습니다. 수혈했을 때 혈액에 대한 거절 반응이 일어나지 않는 이유는 이 때문입니다.

 ### 왜 림프구는 자기를 공격하지 않을까?

사실 T 세포와 B 세포 같은 림프구가 만들어지는 과정에서는 자기 자신을 이루는 물질에 반응해서 제거하려는 림프구도 만들어집니다. 하지만 그런 림프구는 미성숙한 단계에서 사멸하거나, 성숙하더라도 억제되어 작용하지 못합니다. 이러한 체계 덕분에 자기 자신에 대한 획득 면역이 작동하지 않지요. 이 상태를 **면역 관용**(immune tolerance)이라고 합니다.

T 세포의 면역 관용은 가슴샘에서 일어나는 중추 면역 관용과 말초의 림프 조직에서 일어나는 말초 면역 관용 등 두 가지입니다.

 ### 중추 면역 관용의 원리

가슴뼈 뒤쪽에 존재하는 **가슴샘**은 T 세포가 자기와 비자기를 구별할 수 있도록 '교육하는' 기관입니다. 가슴샘에서 이루어지는 교육은 매우 엄격합니다. MHC를 인식하지 않는 세포나 자기 자신을 이루는 물질(자기 항원)과 반응하는 세포는 졸업하지 못하고 죽는데, 졸업하는 세포는 입학 정원의 5%밖에 되지 않습니다. 무사히 가슴샘을 졸업한 세포는 가슴샘(**T**hymus)의 앞 글자를 따서 **T 세포**라는 이름을 받게 됩니다.

[중추 면역 관용의 원리]
① 골수에서 만들어진 미성숙한 T 세포가 가슴샘으로 들어간다.
② 미성숙한 T 세포에 TCR이 발현한다. TCR에는 유전자 재조합(181쪽)으로 만들어진 항체와 같은 가변 부위가 존재한다. 유전자 재조합은 임의로 일어나므로 MHC에 반응하지 않는

TCR이나 자기 항원과 결합하는 TCR이 만들어질 수도 있다.

③ 가슴샘 안의 자기 항원 제시 세포는 다양한 자기 항원을 발현하고, 이 항원과 MHC가 결합한 복합체를 미성숙한 T 세포에 제시한다. 즉 자기 항원과 MHC의 복합체에 대한 TCR의 반응을 확인한다.

④ **자기 MHC에 반응하지 않는 TCR은 제 기능을 하지 못하므로 이 TCR을 가진 미성숙한 T 세포는 세포 자살(apoptosis)로 죽는다.** 이 과정에서 MHC와 일정 수준 이상 반응하는 TCR이 살아남는다. 이를 **양성 선택**(positive selection)이라고 한다.

⑤ **자기 항원과 정확하게 결합하는 TCR을 가진 미성숙한 T 세포가 세포 자살로 죽는다.** 이 TCR을 가진 T 세포는 자기 자신을 공격할 가능성이 있으므로 미성숙 단계에서 제거되어야 한다. 이 과정에서 자기 항원에 반응하지 않는 TCR이 살아남는다. 이를 **음성 선택**(negative selection)이라고 한다.

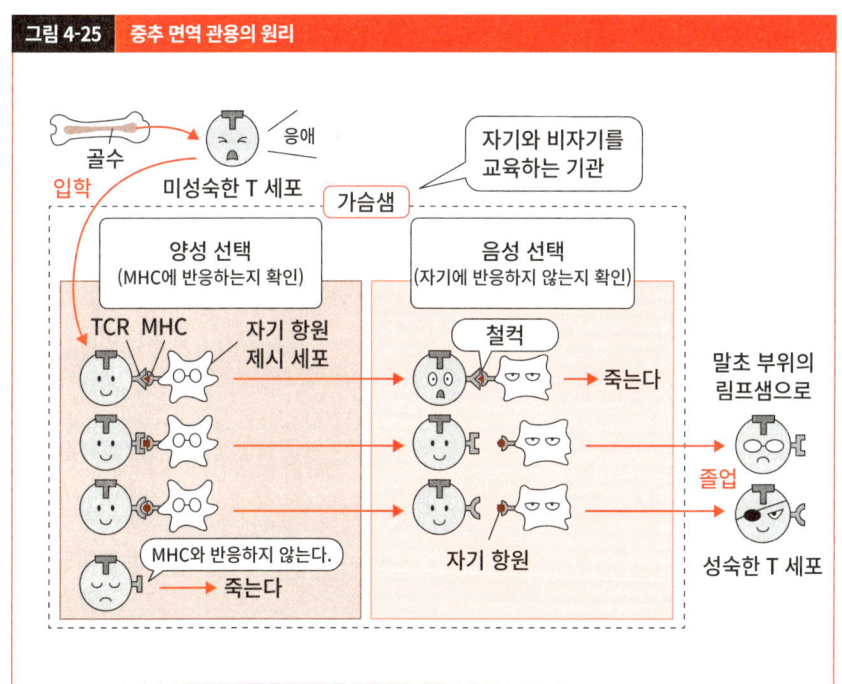

그림 4-25 중추 면역 관용의 원리

가슴샘은 인체에서 가장 빠르게 노화하는 기관으로, 10대 초반까지 성장하다가 20세가 지나면 쪼그라들어 지방으로 바뀝니다. 이전에는 태아기부터 소아기까지 만들어진 T 세포가 황혼기까지 활동하기 때문에 나이가 들수록 면역력이 낮아진다고 여겨졌습니다. 하지만 최근에는 성인이 된 후에도 소량이나마 새로운 T 세포가 만들어진다는 연구 결과가 보고되었습니다.

말초 면역 관용의 원리

가슴샘에서 일어나는 중추 면역 관용의 원리는 매우 뛰어나지만 완벽하지 않습니다. 자기 항원에 반응하는 T 세포 중 중추 면역 관용으로 제거되는 세포는 약 60~70%로 추정되며, 살아남은 세포는 가슴샘을 졸업합니다. 이 졸업생들이 자기를 공격할지도 모르므로 작용을 억제해야 하는데, 이때 필요한 시스템이 말초 면역 관용입니다.

말초 면역 관용의 원리는 다음과 같습니다.

① 조절 T 세포

조절 T 세포는 조절 사이토카인을 생산하는 한편, T 세포가 활성화될 때 필요한 보조 신호(후술)의 전달을 방해합니다.

② 면역 무시

항원이 있는 장소와 격리되거나 항원이 극히 적을 때는 T 세포가 활성화되지 않으며, 자기 항원과 만나도 무시합니다. 그러나 염증이 생기면 T 세포는 이를 무시할 수 없으므로 자가 면역 질환이 일어납니다.

③ 무반응

T 세포가 활성화되려면 항원 제시에 의한 TCR 신호뿐만 아니라 보조 신호도 필요합니다. 가지 세포 같은 항원 제시 세포가 병원체에서 유래한 항원을 제시하면 이에 반응하는 T 세포를 향해 보조 신호가 나오면서 T 세포가 활성화됩니다. 반면에 항원 제시 세포가 자기 항원을 제시하면 이에 반응하는 T 세포와 만나도 보조 신호가 나오지 않으므로 T 세포는 활성화되지 않습니다. 이처럼 T 세포가 TCR에서 항원을 포착해도 활성화되지 않고 가만히 있는 상태를 무반응(anergy)이라고 합니다.

④ 결손

무반응 상태가 된 T 세포는 대부분 세포 자살 반응으로 제거됩니다.

말초 면역 관용 중 특히 중요한 요소가 **조절 T 세포**의 존재입니다. 조절 T 세포도 가슴샘에서 성숙하지만, 비자기를 제거하는 다른 T 세포와 달리 면역 세포의 작용을 적절하게 제어하는 역할을 합니다. 즉 **조절 T 세포는 면역 반응이 과도하게 일어나지 않도록 제어해서 자가 면역 질환이나 알레르기를 억제하는 세포입니다.** 그리고 이 억제 작용은 보조 T 세포, 세포 독성 T 세포, B 세포, 가지 세포, 대식세포 등에 모두 적용됩니다.

태아에게 거절 반응이 일어나지 않는 이유는 무엇일까?

'면역계 유지'와 '임신'의 양립은 포유류에게 매우 중요한 과제입니다. 태아가 발현하는 MHC는 절반이 아버지로부터 물려받은 것이므로 어머니의 면역계에 의해 비자기로 인식되기 때문입니다.

역시 이번에도 **조절 T 세포**가 중요한 역할을 합니다. **조절 T 세포는 태아의 MHC에 반응하는 보조 T 세포의 작용을 억제함으로써 태아를 이물질로 인식해서 파괴하지 않도록 막아 줍니다.** 이 상태를 **임신 중 면역 관용**이라고 합니다. 태아의 MHC를 기억한 조절 T 세포는 출산

그림 4-26 임신 중 면역 관용

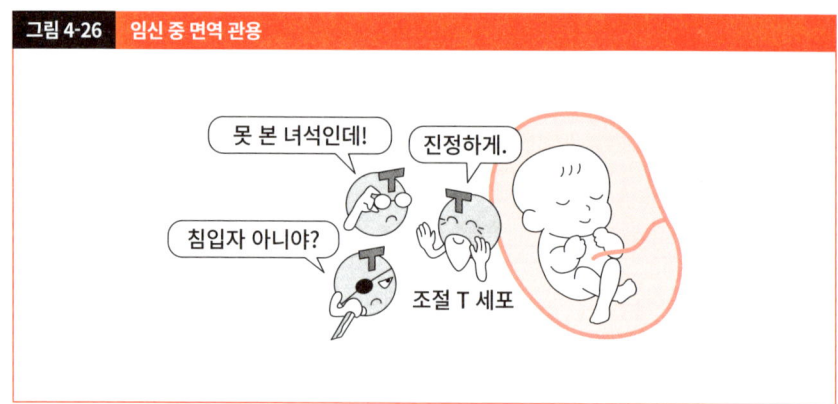

후에도 오랫동안 모체에 남고, 같은 아버지 사이에서 두 번째 아이가 생겼을 때 급속도로 증식해서 태아를 면역 세포로부터 보호합니다.

항암 치료에 활용하는 면역 반응

전통적인 암 치료는 외과 치료, 방사선 치료, 약물 치료 등 주로 암세포 자체를 표적으로 삼습니다. 그런데 최근 네 번째 선택지가 새로 등장하여 주목을 받고 있습니다. 바로 암 면역 치료입니다. 암 면역 치료는 환자의 면역계를 활용해서 암세포를 공격한다는 점에서 기존의 치료법과 구별됩니다.

이번에는 암 면역 치료를 배워 보겠습니다.

PD-1은 자기임을 증명하는 신분증

면역계에는 T 세포가 필요 이상으로 작용하지 않도록 막아 주는 브레이크, 즉 **면역 관문**(immune checkpoint)이 존재합니다.

면역 관문에는 다양한 분자가 작용하는데, 그중에서도 **PD-1**과 **PD-L1**이라는 단백질이 중요한 역할을 합니다.

- **PD-1**: 항원 제시를 인식하는 T 세포의 표면에 발현합니다. **브레이크 페달 같은 역할을 하는 수용체로, PD-1에 PD-L1이 결합하면 T 세포의 작용이 억제됩니다.**
- **PD-L1**: 항원 제시 세포의 표면에 발현합니다. PD-L1이 T 세포의 PD-1과 결합해서 브레이크 페달을 밟으면 **PD-L1이 발현된 세포는 T 세포의 공격에서 벗어나게 됩니다.**

정리하자면 PD-L1은 정상 세포가 자기임을 증명하는 신분증이라고 할 수 있습니다. T 세포가 이를 인식하면 그 세포를 자기로 간주해서 면역 관용을 보입니다.

원래는 몸을 지키는 장치이지만, 이 장치를 암세포가 악용하기도 합니다. 암세포 중 PD-L1을 발현하는 세포는 암세포를 공격하는 T 세포의 작용을 억제하기 때문입니다. 이렇게 암세포는 면역 체계를 교묘하게 빠져나가 계속 증식합니다.

면역 관문 억제제

최근 이 원리를 이용한 항암 치료법이 개발되었습니다. 바로 면역 관문 억제제라는 항암 의약품입니다.

면역 관문 억제제인 니볼루맙은 PD-1에 결합하는 단일 클론 항체(항PD-1 항체)입니다. **항PD-1 항체가 T 세포의 PD-1에 결합하면 암세포의 PD-L1이 PD-1과 결합하지 못하게 방해하므로 T 세포는 암세포를 공격할 수 있게 됩니다.**

2014년에 일본에서 최초로 승인된 이래로 항PD-1 항체는 악성 흑색종, 폐암, 신장암, 호지킨 림프종, 위암 등 다양한 암에 활용되고 있습니다. 하지만 부작용 역시 고려해야 합니다. 항체에 의해 **T 세포의 브레이크가 해제되면서 T 세포가 암세포뿐만 아니라 정상 세포까지 공격하므로 자가 면역 질환 증상이 나타날 가능성이 있기 때문입니다.**

일본의 혼조 다스쿠 교수는 PD-1을 발견하고 PD-1과 PD-L1이 관여하는 면역 관문 체계를 밝혀낸 업적을 인정받아 2018년에 노벨상을 받았습니다.

암세포를 죽이는 개조 T 세포: CAR-T 세포 치료

면역 관문 억제제를 사용하지 않고 환자 자신의 T 세포를 개조해서 면역력을 높이려는 시도 또한 이루어지고 있습니다.

CAR-T 세포 치료는 환자 자신의 T 세포를 추출해서 유전자 치환으로 강화한 다음 다시 환자의 몸에 집어넣는 최신 항암 치료입니다.

그림 4-27 PD-1과 PD-L1

그림 4-28 면역 관문 억제제

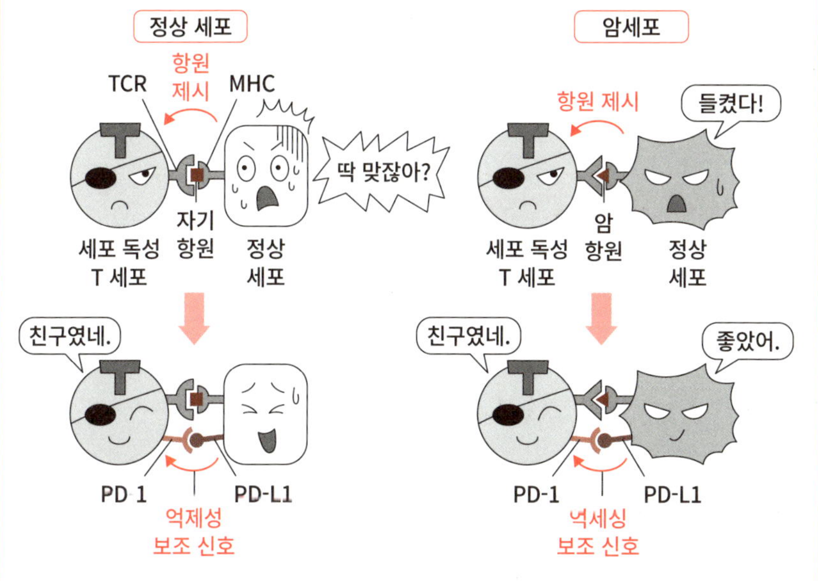

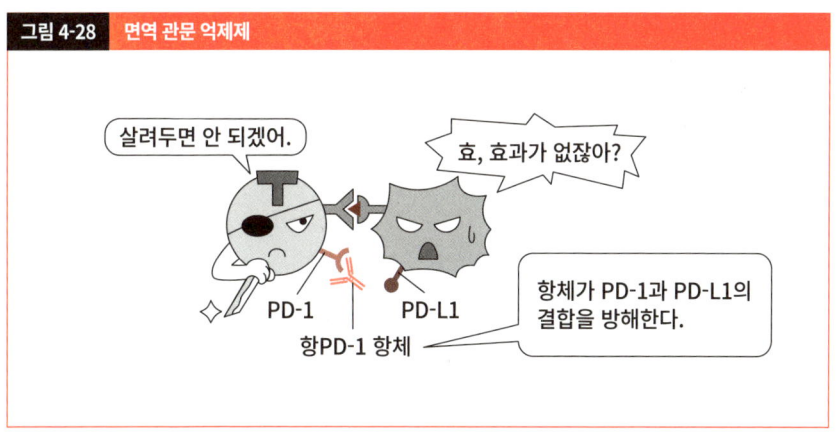

항체 의약품의 문제점

세포 표면에 암 특유의 항원(암 항원)이 발현된 암세포가 있습니다. 그리고 이 암 항원을 목표로 하는 항체 의약품이 개발된 지도 20년이 넘었습니다. 하지만 항체는 체내에서 서서히 감소하므로 치료받는 동안 계속해서 투여해야 하는 데다가, 약물 치료로 면역 세포가 감소하면 항체를 투여해도 옵소닌화(183쪽) 효과가 약해진다는 문제가 있었습니다.

CAR-T 세포란 무엇일까?

CAR-T 세포(Chimeric Antigen Receptor-T cell, 키메라 항원 수용체 T 세포)는 암 항원과 결합하는 항체 끝부분과 T 세포 수용체 중 뿌리 부분(T 세포를 활성화하는 신호를 보내는 부분)이 융합된 **키메라 항원 수용체**(CAR)를 발현하는 T 세포입니다. 키메라 항원 수용체는 환자에게서 채취한

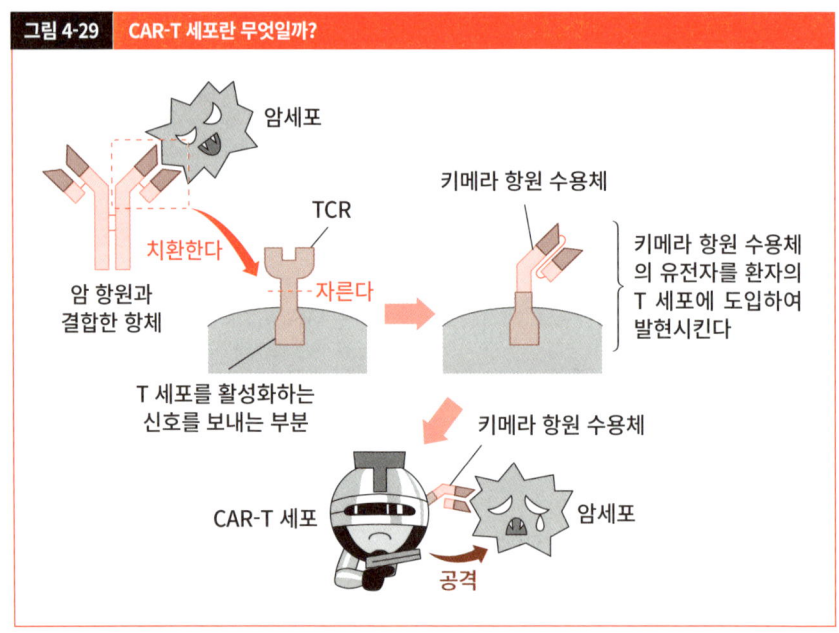

그림 4-29 CAR-T 세포란 무엇일까?

T 세포에 인공적으로 치환한 개조 유전자를 도입하면 발현됩니다.

이렇게 개조한 T 세포(CAR-T 세포)를 배양해서 충분히 불린 다음 환자의 몸속에 다시 집어넣습니다. 그러면 CAR-T 세포는 환자의 몸속에서 암 항원과 마주치면 T 세포의 원래 기능을 발휘해서 암세포를 공격합니다.

CAR-T 세포의 장점

일반적인 T 세포의 TCR은 자기 MHC에 결합한 항원밖에 인식할 수 없다는 제한(MHC 제한)이 있지만, CAR-T 세포의 키메라 항원 수용체는 암 항원 자체를 인식하므로 세포가 항원을 제시하지 않아도 암세포를 공격할 수 있습니다. 그리고 일반적인 T 세포와 마찬가지로 자가 증식하므로 항체 의약품처럼 여러 번 투여하지 않아도 된다는 장점이 있습니다.

다시 말해 **CAR-T 세포 치료는 항체 의료의 장점과 T 세포의 기능을 조합한 치료**라고 할 수 있습니다.

CAR-T 세포의 문제점

CAR-T 세포가 암세포를 공격하면 사이토카인(174쪽)이 대량으로 방출되어 발열, 혈압 저하, 호흡 곤란 등의 증상을 일으킨다는 점이 지적되고 있습니다. 그리고 2025년 6월 현재 CAR-T 세포 치료는 특정 혈액암에서만 승인되었으며, 고형암에 대한 효과는 아직 검증 단계에 있습니다.

제 5 장

생태학

| 제 5 장 | 생태학 | 식생 |

식생과 환경

5장에서는 우리를 둘러싼 환경을 배울 차례입니다.

지구에는 다양한 환경이 존재하고, 저마다 다른 동식물이 환경에 적응해서 살아가고 있습니다. 생물은 환경과 어떤 관계를 맺고 있으며, 인간 활동은 생태계에 어떤 영향을 미칠까요?

첫 번째 주제는 식물입니다. 환경에서 식물은 매우 중요한 존재입니다. 아무것도 없던 자리에 숲이 생기면 환경이 바뀌고, 동물도 모여 살기 쉬워지니까요. 생태계는 동물과 식물, 나아가 눈에 보이지 않는 미생물이 서로 밀접한 관계를 맺으며 살아가는 터전이랍니다.

식물의 집단: 식생

어떤 장소에 자라는 식물의 군락을 **식생**이라고 합니다. 식생은 기온과 강수량 같은 환경 요인의 영향을 받아 그 땅에 적합한 **상관**을 갖추는데, 상관이란 식물 군락의 외형을 가리킵니다. 영어로는 인상학을 뜻하는 physiognomy라고 하지요.

대체로 <u>**환경이 같은 지역에는 상관이 같은 식생이 발달합니다.**</u> 이를테면 연간 강수량이 약 1,000mm 이상인 지역에서는 **삼림**이, 약 200~1,000mm인 지역에서는 **초원**이 발달합니다. 연간 강수량이 200mm 이하거나 기온이 극단적으로 낮은 지역에서는 식물이 거의 자라지 않는 **황원**(wildness)이 펼쳐집니다.

식생 중 잎과 가지가 넓게 뻗어 있어 주변 식물보다 눈에 띄는 종을 **우점종**이라고 합니다. 일반적으로 식생의 상관은 우점종에 따라 결정됩니다.

🌍 삼림의 층상 구조

비교적 강수량이 많은 지역에는 **삼림**이 발달합니다. 나뭇잎이 서로 이어져 삼림의 겉면을 덮고 있는 가장 윗부분을 **임관층**, 그리고 삼림의 가장 아랫부분을 **임상층**이라고 합니다. 발달한 삼림 내부는 높이에 따라 층 구조(**층상 구조**)를 이루는데, 위에서부터 **교목층, 아교목층, 관목층**, 그리고 **초본층**으로 나뉩니다.

이러한 층상 구조로 인해 삼림 내부에 도달하는 빛의 양은 임관층에서 임상층으로 내려갈수록 줄어듭니다. 특히 잎이 무성한 교목층에서 빛이 대부분(75~90%) 흡수되거나 반사되어 소실되고, 임상층까지 도달하는 빛은 수 % 미만에 불과합니다. **식물은 지표면에 떨어진 씨앗에서 발아하므로, 최종적으로는 임상층 수준의 광량으로도 씨를 틔워 자랄 수 있는 종만 살아남게 됩니다.**

단, 낙엽수로 구성된 삼림은 겨울을 맞이할 준비를 하면서 잎이 떨어지므로 봄이 될 때까지

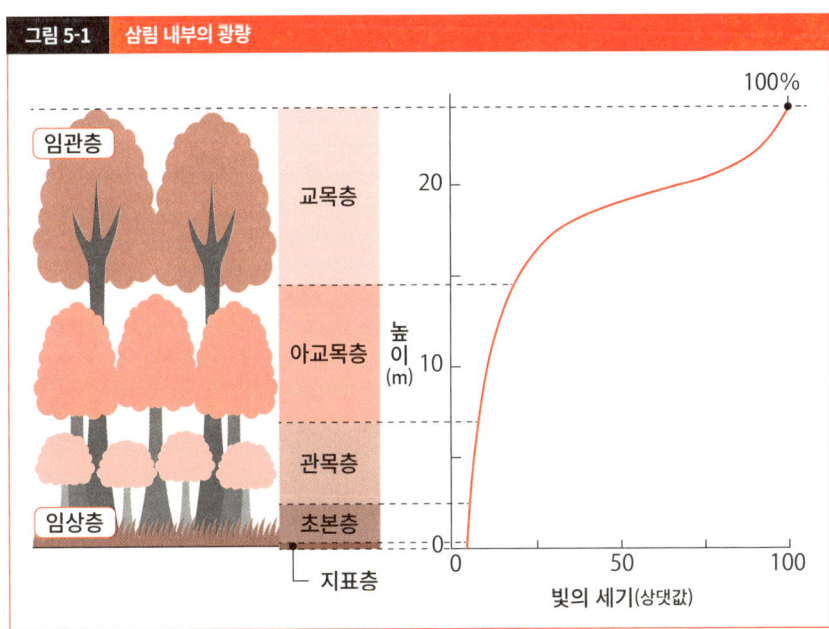

그림 5-1 삼림 내부의 광량

는 임상층에 더 많은 빛이 들어오게 됩니다. 이러한 삼림에서는 초봄에 잠시나마 얼레지처럼 밝은 곳을 선호하는 종도 자랄 수 있습니다.

토양의 성립

토양은 식물체를 지지하는 토대인 동시에 식물의 성장에 필요한 물과 영양염류(생장에 필요한 질소와 인 등의 성분)**의 공급원입니다.**

　토양은 암석이 풍화되어 생긴 모래, 자갈 및 낙엽과 낙지(식물체에서 떨어진 가지―옮긴이)가 분해되어 만들어진 유기물이 모여 형성됩니다. 특히 삼림의 토양은 크게 발달하여 층상 구조를 이루는데요. 지표면은 식물이 떨어뜨린 잎과 가지로 덮여 있고(낙엽 낙지층), 그 아래에는 낙엽과 낙지가 분해되어 만들어진 흑갈색 층(부식층)이 있습니다. 그리고 그 아래에는 차례로 풍화된 암석층과 암석(모암)이 있습니다. 이처럼 **토양은 풍화된 암석을 재료로 식물을 비롯한 생물**

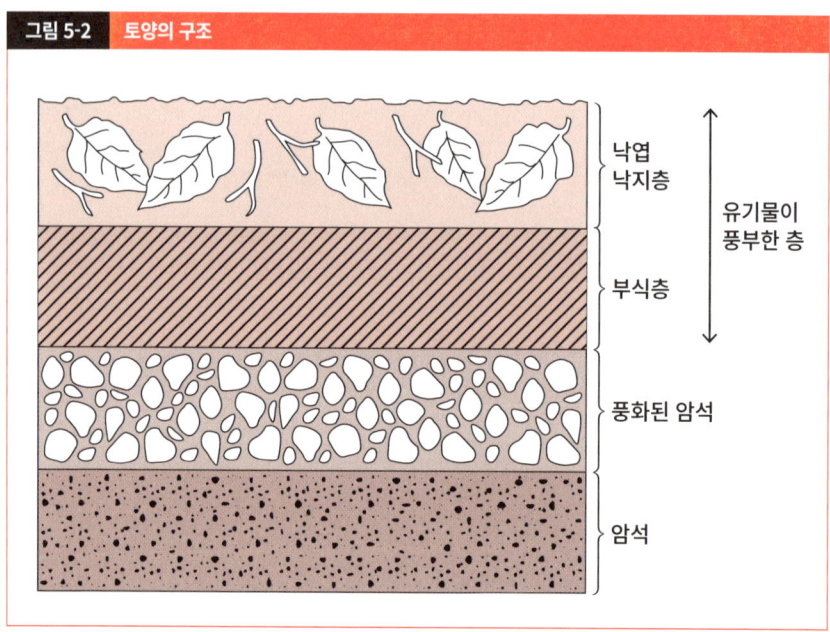

그림 5-2　토양의 구조

이 만들었다고 할 수 있습니다.

부식층에는 지렁이 같은 토양 동물과 미생물이 낙엽과 낙지를 분해해서 만든 유기물이 풍부한데, 이 유기물은 미생물의 호흡에 사용되어 무기물로 분해됩니다. 기온이 높을수록 미생물이 활발하게 호흡하므로 **따뜻한 지방의 삼림일수록 토양의 낙엽 낙지층과 부식층의 두께가 얇은 경향이 있습니다.**

빛의 세기와 광합성의 관계

식물은 광합성으로 성장하므로 환경 요인 중에서도 특히 빛에 영향을 많이 받습니다. 그렇다면 빛의 세기와 광합성은 어떤 관계일까요?

1장 세포의 구조(30쪽)에서도 배웠는데, 식물 세포는 광합성을 하는 **엽록체**와 호흡을 하는 **미토콘드리아**를 둘 다 가지고 있습니다. 낮 동안 빛을 받는 식물의 내부에서는 광합성에 의한 이산화탄소(CO_2) 흡수와 호흡에 의한 이산화탄소 방출이 동시에 일어납니다. 이때 단위 시간당 이산화탄소 흡수량은 광합성에 의한 이산화탄소 흡수 속도(광합성 속도)에서 호흡에 의한 이산화탄소 방출 속도(호흡 속도)를 뺀 값이며, 이를 순 광합성 속도라고 합니다.

식물이 받는 빛이 적어질수록 광합성 속도는 느려지지만, 호흡 속도는 빛과 상관없이 일정하므로 광합성 속도와 호흡 속도는 한 점에서 만나게 됩니다. 이 점에 해당하는 빛의 밝기를 광 보상점이라고 합니다. 식물은 광합성으로 엽록체에서 유기물을 합성하고, 그 유기물을 미토콘드리아에서 호흡으로 분해합니다. 광 보상점에서는 식물이 생산하는 유기물과 소비하는 유기물의 양이 같으므로 식물은 성장할 수 없습니다. 그리고 **빛의 밝기가 광 보상점보다 낮은 환경에서는 유기물의 생산량보다 소비량이 많아지므로 식물은 말라 죽게 됩니다.** 반대로 빛이 광 보상점보다 밝으면 식물은 성장할 수 있지만, 밝기가 높을수록 무한히 빠르게 성장하지는 않습니다. 빛의 밝기가 일정 수준을 넘어서면 광합성 속도는 일정해지거든요.

이때 광합성 속도가 일정해지는 빛의 최소 밝기를 광 포화점이라고 합니다.

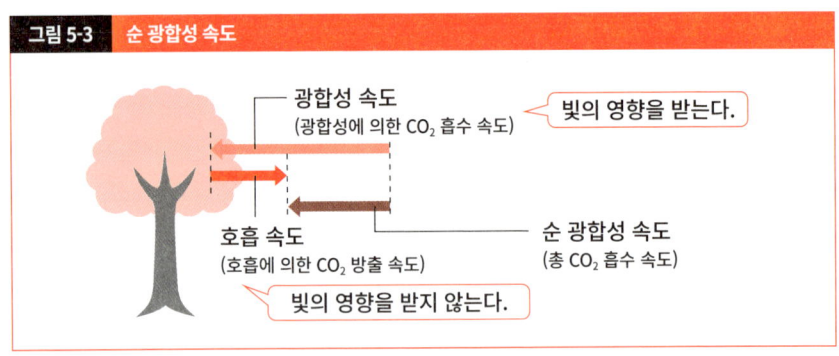

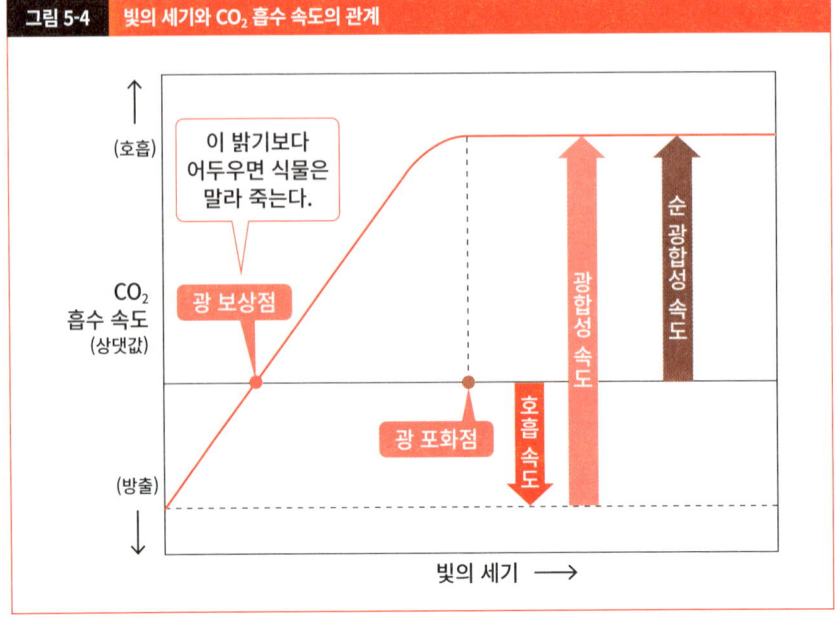

양지 식물과 음지 식물

지구상에는 수많은 식물이 저마다 광 환경에 적응해서 살아가고 있는데요. 빛이 잘 드는 장소에서 자라는 식물을 **양지 식물**, 빛이 잘 들지 않는 장소에서 자라는 식물을 **음지 식물**이라고 합니다. 특히 양지 식물에 속하는 나무는 **양지나무**, 음지 식물에 속하는 나무는 **음지나무**

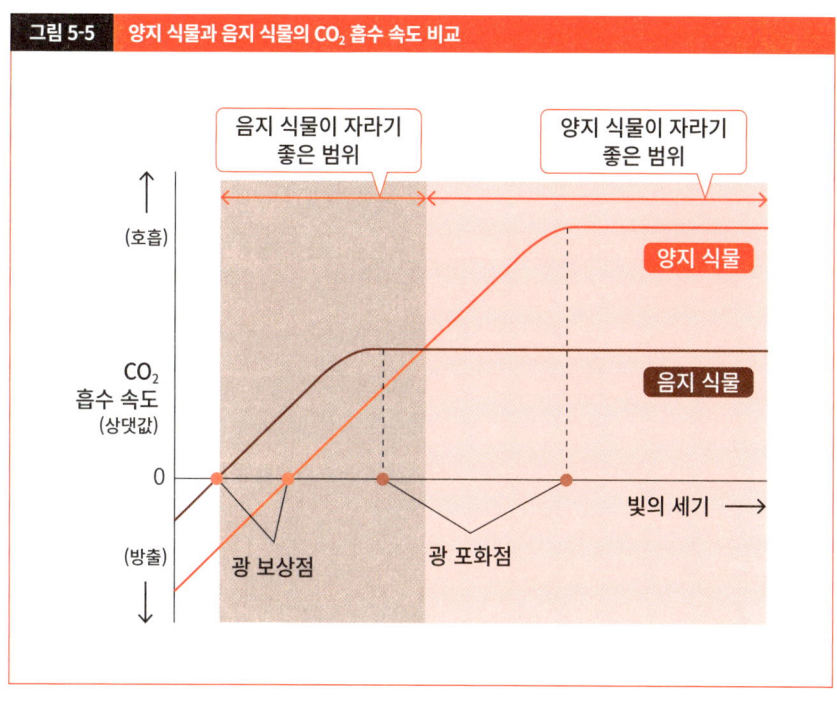

그림 5-5 양지 식물과 음지 식물의 CO_2 흡수 속도 비교

입니다.

  양지 식물과 음지 식물의 이산화탄소 흡수 속도를 비교한 〈그림 5-5〉를 보면 **광 보상점, 광 포화점, 호흡 속도, 최대 광합성 속도, 모두 양지 식물이 음지 식물을 웃돈다**는 사실을 알 수 있습니다. 둘의 성질 차이로 보아 양지 식물은 비교적 밝은 곳에서, 음지 식물은 어두운 곳에서 자라기에 적합하다고 할 수 있습니다.

| 제 5 장 | 생태학 | 천이 |

식생은 어떻게 변할까?

'천이(遷移, succession)'는 과학 분야에서 보편적으로 쓰이는 용어입니다. 생물학에서는 환경의 변화와 시간의 추이에 따른 식생의 변화를 가리키는 용어입니다. 물리학이나 화학에서 물질의 상태가 변화하는 현상을 가리키는 전이(transition)와 헷갈리지 않도록 주의해주세요. 사람의 손길이 끊어진 농지에서는 점차 잡초가 돋고 나무가 자란 끝에 삼림으로 성장합니다. 이처럼 오랜 세월에 걸쳐 식생이 변화하는 현상을 **천이**(식생 천이)라고 합니다.

천이 과정

화산 활동이 활발한 일본에서는 일반적으로 화산 분화로 생겨난 용암 대지가 오랜 세월을 거쳐 초원에서 삼림으로 변화하는 일정한 방향성을 보입니다. 용암 대지에서 시작되는 천이를 예로 들어 그 양상을 따라가 보겠습니다.

• 나지, 황원

화산 분화로 새롭게 만들어진 나지(맨땅)는 토양이 없어 수분과 영양염류가 부족하고, 직사광선을 막아 줄 식물도 없기에 온도가 높고 건조합니다. 이렇게 척박한 환경에 최초로 침입한 생물은 **지의류**와 **선태식물**입니다. 지의류는 특정 식물이 아니라 균류와 녹조류 또는 남세균이 공생 관계를 맺은 복합 생명체입니다. 화산재와 화산 자갈이 쌓인 장소에는 호장근과 억새 같은 **양지 식물**이 침입합니다. 이러한 식물의 씨앗은 작고 가벼워 바람을 타고 멀리 이동합니다. 이처럼 천이 초기 단계에서 볼 수 있는 종을 **선구종**(pioneer species)이라고 합니다.

• 초원

정착한 선구종의 유해가 쌓이는 한편, 암석이 풍화되면서 토양이 형성됩니다. 그로써 호장근, 억새, 띠 같은 초본식물이 우위를 차지하여 초원이 형성됩니다.

• 관목림

초본식물이 정착하면 토양이 안정적으로 형성되면서 더 깊이 뿌리내리는 목본식물도 자랄 수 있게 됩니다. 이렇게 밝은 장소에 침입하는 목본식물은 주로 소나무 같은 **양지나무**이며, 시간이 지나면서 양지나무로 이루어진 관목림이 형성됩니다.

• 양수림

밝은 환경에서 이산화탄소를 흡수하는 속도가 빠른 양지나무는 한층 빠르게 성장해서 교목이 되고 **양수림**을 형성합니다.

• 혼효림

삼림이 성장하고 토양이 한층 안정적으로 형성되면서 삼림 내부로 전달되는 빛이 감소합니다. 이에 따라 **임상층은 양지나무는 자라기 힘들어지는 한편, 음지나무는 싹을 틔워 자라기 좋은 환경으로 점점 바뀝니다.** 그 결과 양지나무와 음지나무가 어우러진 **혼효림**이 형성됩니다.

• 음수림

시간이 흘러 양지나무가 쓰러지거나 수명이 다하면 음지나무만 남아 **음수림**이 형성됩니다. **음지나무만 남은 임상층에서는 음지나무가 싹을 틔워 자랄 수 있으므로 음지나무의 세대교체가 이루어지며, 식물종에 큰 변화가 일어나지 않게 됩니다.** 이처럼 생태계가 안정된 상태를 **극상**(climax)이라고 하며, 극상에 도달한 삼림을 **극상림**이라고 합니다. 그리고 극상림을 구성하는 나무의 종류를 **극상 수종**이라고 합니다.

앞에서 살펴본 바와 같이 토양이 없는 나지부터 시작하는 천이를 **1차 천이**라고 합니다. 한편 나무를 벌채하거나 산불이 일어난 숲, 또는 방치된 농지부터 시작하는 천이는 **2차 천이**라고 합니다. 보통 1차 천이에서 극상에 도달하기까지는 1000여 년이 걸리지만, 2차 천이에서는 수십 년 만에 극상에 도달합니다. 1차 천이보다 2차 천이의 진행 속도가 빠른 이유는, **2차 천이는 토양이 형성되는 시간이 필요 없을뿐더러 대부분 토양에 식물의 씨앗과 뿌리가 있어 이를 바탕으로 식생이 재생되기 때문**입니다.

천이 후반기에 양수림에서 음수림으로 전환되는 메커니즘의 핵심은 **임상층의 밝기가 양지나무의 광 보상점보다 어둡고, 음지나무의 광 보상점보다는 밝다**는 점입니다. 이 때문에 일

그림 5-6 천이 과정

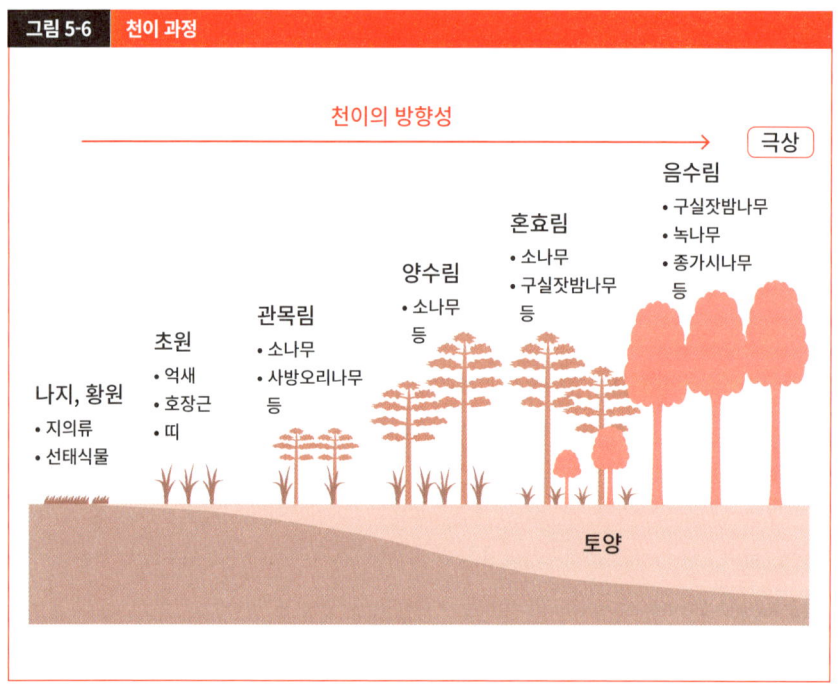

단 삼림이 형성되면 임상층에서 양지나무는 성장하지 못하지만, 음지나무는 성장해서 극상림까지 형성합니다. 삼림 내부에서는 **광 보상점이 낮고 빛이 조금만 들어와도 효율적으로 이용할 수 있는 수종이 최종적으로 우위를 점하게 됩니다.**

선구종과 극상 수종의 씨앗 비교

천이는 식물이 씨앗을 퍼뜨리는 방식과 깊게 관련되어 있습니다.

선구종은 일반적으로 작은 씨앗을 수없이 뿌리는 박리다매 방식을 취합니다. 개중에는 갓털이나 날개가 달려 있어 바람을 타고 멀리 날아가는 씨앗도 있습니다(풍매산포형, 바람에 의한 산포). 이는 씨앗이 부모 나무의 밑동에 떨어지면 그늘에 가려 씨앗을 틔울 수 없으므로 최대한 멀리 이동하기 위해 발달한 구조입니다. 그리고 동물이 열매를 먹게 해서 이동하거나 도꼬마리처럼 동물의 몸에 달라붙어 이동하는 방식도 있습니다(동물산포형).

한편 극상 수종 중에는 씨앗이 크고 무거워 다 자란 나무의 발치에 떨어지는 종이 많습니다(중력산포형). **극상 수종은 어버이가 자란 환경이라면 자식도 확실하게 자랄 수 있기에 멀리 날아갈 필요가 없기 때문**입니다.

앞의 설명은 이론적으로는 맞지만, 실제로 관찰하면 극상 수종도 다 자란 나무 발치에서 싹

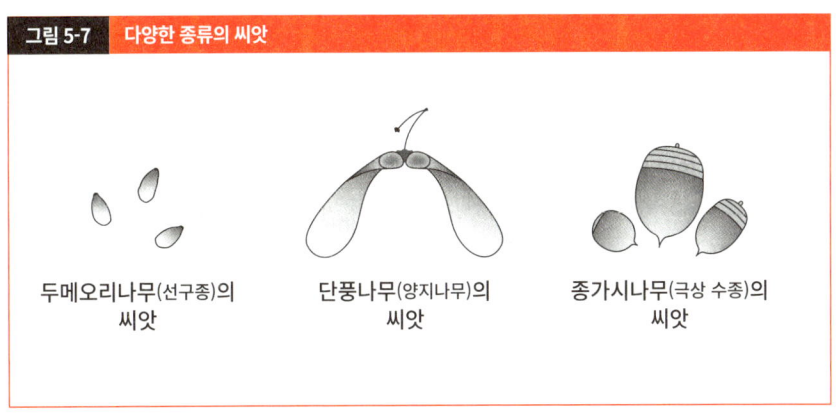

그림 5-7 다양한 종류의 씨앗

두메오리나무(선구종)의 씨앗 / 단풍나무(양지나무)의 씨앗 / 종가시나무(극상 수종)의 씨앗

을 틔우는 경우는 거의 없고, 오히려 멀리 떨어진 장소에서 싹을 틔우는 경우가 더 많습니다. 이는 다 자란 나무 가까이에서 새로운 싹이 빽빽하게 자라면 그 나무의 포식자(천적)와 병원체를 불러들이게 되어 씨앗이나 싹이 죽을 확률이 높아지기 때문입니다. 따라서 다 자란 나무 가까이에서는 같은 종이 씨를 틔우지 못하게 방해받고, 다른 식물종이 자랄 여지가 생깁니다. 이러한 과정을 통해 특정 수종이 우점하지 못하고 삼림의 다양성이 확보된다는 설명을 '얀젠-코넬 가설'이라고 합니다.

틈새 재생

임관층을 구성하는 나무가 말라죽거나 태풍으로 쓰러지면서 임관층에 **틈새**(gap)가 생기기도 합니다. 이 틈새는 나무가 성장하는 과정에서 메워지고, 이후 극상림이 만들어집니다. 이 과정을 **틈새 재생**(gap regeneration)이라고 합니다.

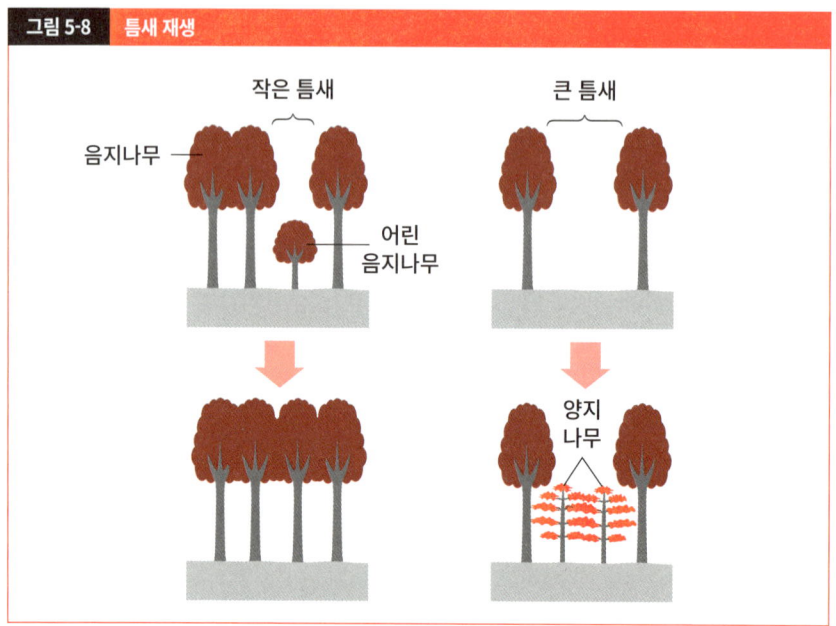

그림 5-8 틈새 재생

틈새가 작으면 쓰러진 나무 둥치에서 자라던 어린 음지나무가 자라면서 틈새를 메웁니다. 반면에 틈새가 크다면 임상층까지 빛이 들어오므로 원래 토양 속에 잠들어 있었거나 외부에서 온 양지나무의 씨앗이 싹을 틔우게 되고, 이 나무들이 성장하면서 틈새는 메워집니다. 극상림에서 군데군데 모여서 자란 양지나무가 발견되는 이유는 이 때문입니다.

제 5 장 | 생태학 | 바이옴

바이옴을 결정하는 기온과 강수량

지구상에는 다양한 환경에 적응한 식생이 있는데요. 이번에는 어떤 식생이 있는지 자세히 들여다볼까요?

바이옴이란 무엇일까?

어떤 지역에서 발견되는 식생과 그 지역에 사는 동물과 미생물을 포함한 생물의 집단을 **바이옴**(biome, **생물 군계**)이라고 합니다.

바이옴은 극상의 상관, 즉 군락의 외형에 따라 분류됩니다. **기온과 강수량 같은 기후 요인에 따라 그 땅에서 발달하는 바이옴이 결정됩니다.**

바이옴은 크게 **삼림, 초원, 황원**으로 나뉩니다. 대략적으로는 연평균 기온이 −5°C 이상이고 연 강수량이 1,000mm인 지역에는 **삼림**이 형성됩니다. 그리고 연 강수량이 200~1,000mm라면 **초원**, 그 이하라면 사막 같은 **황원**이 발달합니다. 즉 강수량이 적은 지역이나 기온이 극단적으로 낮은 지역에서는 극상이더라도 삼림이 형성되지 않습니다.

〈그림 5-9〉는 연평균 기온 및 연 강수량과 바이옴의 관계를 나타낸 도표입니다. 연 강수량이 1,000mm 이상이면 삼림이 형성된다고 설명했지만, 연평균 기온이 낮은 지역에서는 연 강수량이 500mm여도 삼림이 형성된다는 사실을 알 수 있는데요. 이는 기온이 낮을수록 토양 속의 수분이 증발하는 속도가 느려지므로 열대보다 강수량이 적어도 나무가 자라기 때문이랍니다.

그림 5-9 연평균 기온·연 강수량과 바이옴의 관계

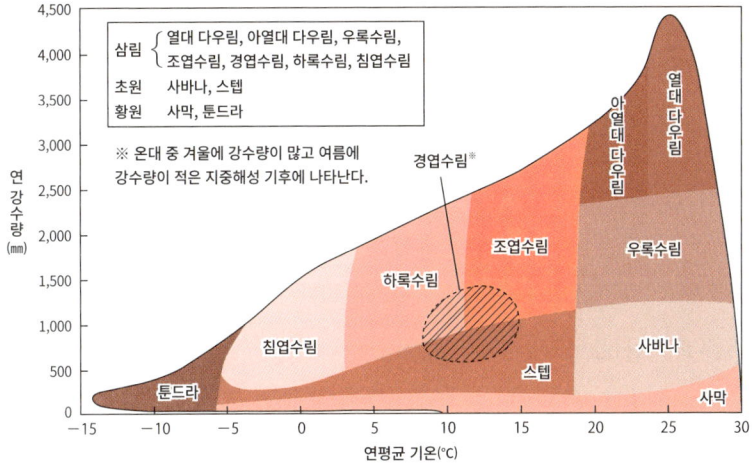

[삼림]
열대 다우림: 열대에서 자라는 상록 활엽수로 이루어진 삼림. 수고(樹高)가 50m를 넘는 나무도 있으며, 6~7층짜리 계층 구조가 발달했다. 덩굴 식물과 기생 식물도 자란다.   예) 딥테로카르푸스

아열대 다우림: 열대보다 약간 기온이 낮은 아열대에 발달한다. 하구 부근에서는 뿌리가 물에 잠긴 맹그로브가 자란다. 예) 대만고무나무, 맹그로브(Kandelia obovata)

우록수림: 열대와 아열대 중에도 우기와 건기가 뚜렷한 지역에서 자라는 낙엽 활엽수로 이루어진 삼림. 건기에 잎이 떨어진다.   예) 티크

조엽수림: 난온대에서 자라는 상록 활엽수로 이루어진 삼림. 일본에서는 혼슈 중부 이남 지역에 분포한다. 잎은 두껍고 광택이 있다.   예) 모밀잣밤나무속, 참나무속, 후박나무, 녹나무

경엽수림: 온대 중 겨울에 강수량이 많고 여름에 강수량이 적은 지중해성 기후에서 발견된다. 잎은 작고 두꺼우며, 이름 그대로 단단하다.   예) 올리브나무, 코르크참나무, 월계수

하록수림: 냉온대에서 자라는 낙엽 활엽수로 이루어진 삼림. 겨울이 되면 잎을 떨군다.   예) 너도밤나무, 물참나무

침엽수림: 아한대와 아고산대 등 매우 추운 지역에 분포한다. 상록 침엽수가 대부분이지만, 잎갈나무 같은 낙엽 침엽수도 자란다.   예) 가문비나무, 전나무

[초원]
사바나: 열대와 아열대 중 연 강수량이 삼림을 형성하기에 불충분한 지역에서 발견된다. 벼과 초본식물이 우점종이며, 건조한 기후에 강한 목본식물이 군데군데 자생한다.   예) 벼과, 아카시아

스텝: 연 강수량이 적은 온대 지역에서 발견된다. 벼과 초본식물이 우점종이며, 목본식물은 거의 자라지 않는다.   예) 벼과

[황원]
툰드라: 연평균 기온이 −5℃ 이하인 한대에서 발견된다. 기온이 낮아 삼림이 발달하기 힘들고, 지의류와 선태식물의 우점도가 높다.   예) 지의류, 선태식물

사막: 연 강수량이 200mm 이하인 매우 건조한 지역에서 발견된다. 건조한 기후에 적응한 선인장 같은 다육 식물과 일년생 초본식물이 자란다.   예) 일년생 초본식물, 다육 식물

일본의 바이옴

일본은 연 강수량이 평균 약 1,700mm로 많은 축에 속하며, 고산 지대와 습지를 비롯한 일부 지역을 제외하고 삼림 바이옴이 발달한 나라입니다. 삼림의 종류는 주로 연평균 기온에 따라 정해집니다.

  일본 열도는 남북으로 길게 뻗어 있어 위도에 따라 기온의 차이가 발생하며, 이에 따라 각기 다른 바이옴이 분포합니다. 그리고 해발고도에 따라서도 기온이 다르므로 바이옴의 분포가 달라집니다. 이처럼 위도의 차이와 해발고도의 차이에 따른 바이옴의 분포를 각각 **수평 분포, 수직 분포**라고 합니다.

 수평 분포

일본에서는 북에서 남으로 내려가면서 침엽수림, 하록수림, 조엽수림, 아열대 다우림 등 네

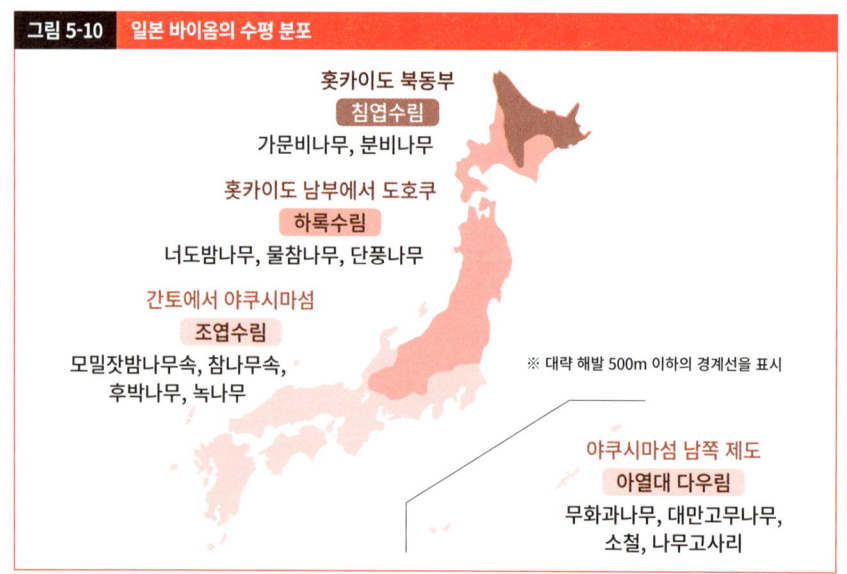

그림 5-10 일본 바이옴의 수평 분포

바이옴이 차례로 나타납니다. 홋카이도 북동부에는 가문비나무와 분비나무를 비롯한 **침엽수림**이, 홋카이도 남부에서 도호쿠에 걸쳐서는 너도밤나무, 물참나무, 단풍나무 등 **하록수림**이 분포합니다. 간토에서 야쿠시마섬에 걸쳐서는 모밀잣밤나무속, 참나무속, 후박나무, 녹나무 등의 **조엽수림**이, 야쿠시마섬보다 남쪽에 있는 제도에서는 무화과나무, 대만고무나무, 소철, 나무고사리 등의 **아열대 다우림**이 분포합니다.

🌐 수직 분포

기온은 보통 해발고도가 100m 높아질 때마다 약 0.6°C씩 낮아집니다. 따라서 위도가 같아도 해발고도에 따라 분포하는 바이옴이 달라집니다.

 일본의 혼슈 중부를 보면, 해발 700m까지의 **구릉 지대**(저지대)에는 모밀잣밤나무속과 참나무속을 주축으로 한 **조엽수림**이, 해발 700~1,500m의 **산지대**에는 너도밤나무와 물참나무로 이루어진 **하록수림**이, 더 높은 해발 1,500~2,500m의 **아고산대**에는 베이트키전나무, 솔송나무 등 **침엽수림**이 자랍니다.

 아고산대의 상한 해발고도(혼슈 중부에서는 2,500m)를 **삼림 한계선**이라고 하며, 이보다 해발고도가 높은 곳은 기온이 낮고 바람이 거세어 삼림이 형성되지 않습니다. 한편 삼림 한계선보다 높은 **고산대**에는 눈잣나무를 비롯한 관목이 분포하며, 눈이 녹는 여름에는 금낭화와 바람꽃 같은 고산식물로 이루어진 초원이 형성됩니다.

 앞에서는 **수평 분포와 수직 분포를 따로따로 봤지만, 사실 둘의 분포는 서로 연결되어 있답니다.** 일본 열도를 옆에서 보면 고위도로 갈수록 수직 분포의 경계선이 낮아지므로 해발 0m 지점이 수평 분포의 경계가 됩니다. 북쪽으로 갈수록 추워지니까 당연하지만요.

그림 5-11 일본 바이옴의 수직 분포

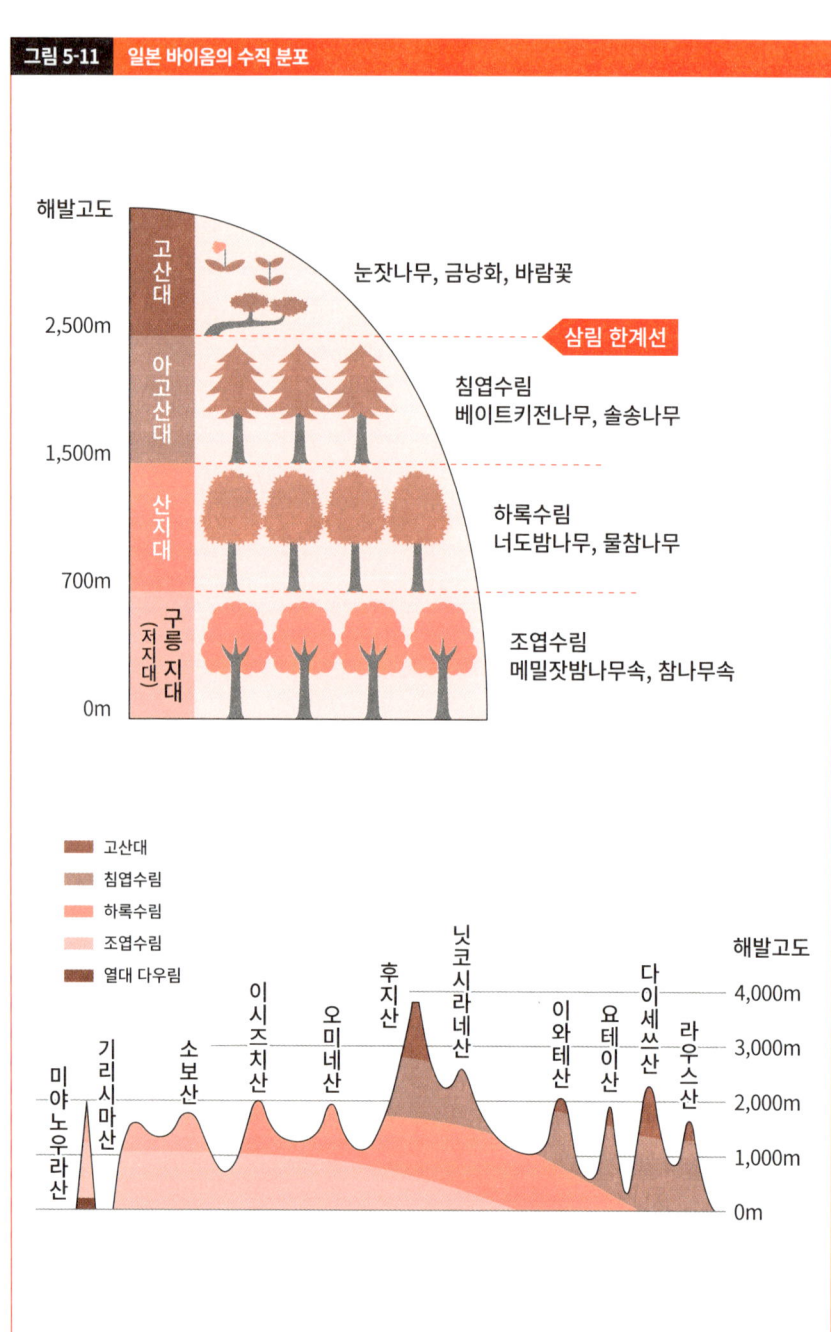

제 5 장 | 생태학　　　　　　　　　　　　　　　　　　　　| 생물 다양성

생태계와 생물의 다양성

 생물과 환경의 관계

생물을 둘러싼 환경은 **생물 요소**와 **비생물 요소**로 나뉩니다. 생물 요소는 생물에게 영향을 미치는 다른 생물입니다. 예를 들어 나방에게 자신을 잡아먹는 새는 생물 요소지요. 그리고 비생물 요소는 빛, 온도, 물, 대기 중의 이산화탄소, 토양 유기물 등 생물 요소를 제외한 모든 환경 요소입니다.

생물 요소와 비생물 요소는 서로 영향을 주고받는데, 비생물 요소가 생물에게 미치는 영향

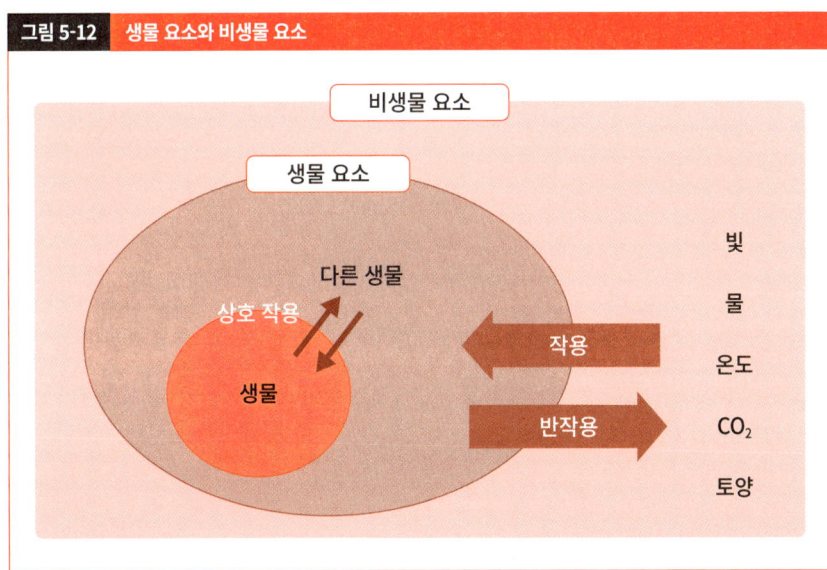

그림 5-12　생물 요소와 비생물 요소

을 **작용**, 생물이 비생물 요소에 미치는 영향을 **반작용**이라고 합니다. 예를 들어 토양 속에 무기 질소 화합물(질소 비료)이 많아서 식물이 빠르게 성장하는 현상은 작용, 나무가 자라면서 지표면이 어두워지는 현상은 반작용입니다.

그리고 같은 종의 생물 사이에서 벌어지는 종 내 경쟁이나 서로 다른 생물 사이에서 나타나는 포식-피식 관계 등, 생물끼리 주고받는 영향을 통틀어 **상호 작용**이라고 합니다.

생물 다양성이란 무엇일까?

지구상에는 다양한 생태계가 있고, 수많은 생물이 그 안에서 살아가고 있습니다. 공통 조상으로부터 갈라져 나온 생물들은 저마다 환경에 적응하는 방법을 배웠고, 환경에 맞게 다양한 형태로 진화해왔습니다. 지구상의 수많은 생물과 그 생물들 사이의 관계를 **생물 다양성**이라고 합니다.

1992년 유엔환경개발회의(United Nations Conference on Environment and Development, UNCED)에서 채택된 생물 다양성 협약에서는 생물 다양성을 **종, 유전자, 생태계** 등 세 가지 수준에서 파악하는 것이 중요하다고 규정했습니다.

- **종 간 다양성**: 다양한 종류의 생물 종을 가리키는 말로, 생물의 종이 많으면 종 간 다양성이 높다고 합니다.
- **유전자 다양성**: 같은 종이라도 개체마다 유전자가 약간씩 다르고, 형질에 차이가 생깁니다. 이를 유전자 다양성 또는 종 내 다양성이라고 합니다.
- **생태계 다양성**: 삼림, 초원, 사막, 해양 등 지구상에는 다양한 환경이 존재하고, 다양한 생물이 적응해서 살고 있습니다. 이를 생태계의 다양성이라고 합니다.

이 세 가지 다양성은 모두 높을수록 좋은 특성입니다. 좋고 나쁘고는 개인의 주관에 따라 다르지 않냐고 생각할지도 모르지만, 다양성이 높을수록 좋다는 말은 단순히 개인의 가치관이 아니라 생물학적으로 모두가 합의한 사실(consensus)이랍니다.

세 가지 다양성은 각각 단독으로 변동하는 게 아니라 서로 영향을 주고받습니다. 가령 생태계 다양성이 낮아지면 한정된 생태계에 적응한 생물만 살아남으면서 종 다양성도 낮아집니다. 종 다양성이 낮아지면 생태계에서 각 생물 종이 수행하던 역할 또한 사라지므로 생태계 전체의 기능이 저하되는 결과를 낳습니다. 예를 들어 꿀벌의 개체 수가 줄어들면 식물은 수분할 수 없게 됩니다. 그리고 어떤 종이 멸종하면 그 종을 잡아먹던 종 또한 멸종하고 맙니다.

이뿐만 아니라 유전자 다양성이 낮아지면 환경 변화나 전염병이 발생했을 때 이에 적응하는 범위 또한 좁아지므로 멸종할 위험성이 커집니다. 반대로 유전자 다양성이 높으면 진화(자연 선택)의 기점이 되어 새로운 종이 탄생할 계기로 이어지기도 합니다.

이처럼 한 생태계 다양성의 저하는 다른 생태계 다양성의 저하를 일으키므로 **세 가지 다양성 모두 높은 쪽이 바람직합니다.**

종 다양성을 평가하는 방법

종 다양성을 평가하는 방법인 **심프슨 다양성 지수**(Simpson's Diversity Index)를 소개하고자 합니다. 심프슨 다양성 지수를 계산하는 방법은 다음과 같습니다.

다양성 지수=1-λ

λ=(종 A의 빈도)²+(종 B의 빈도)²+(종 C의 빈도)²+⋯

여기서 종의 빈도란 전체 개체에서 해당 종의 개체가 차지하는 비율입니다. 그리고 λ(람다)는 각 종의 빈도 제곱을 합한 값이므로, 임의로 선택한 두 개체가 같은 종일 확률입니다. 다양성 지수는 λ의 배반 사건[(1-λ), 한 사건이 일어날 때 절대로 일어나지 않는 다른 사건—옮긴이]이므로 **임**

의로 선택한 두 개체가 다른 종일 확률이라고 할 수 있습니다.

이제 조사지 X와 Y에 자라는 식물의 다양성 지수를 계산해볼까요? 조사지 X에서는 식물 4종이, 조사지 Y에서는 5종이 확인되었고 각 종의 개체 수는 다음 표와 같습니다.

	종 A	종 B	종 C	종 D	종 E	총 개체 수
조사지 X	25	25	25	25	0	100
조사지 Y	80	5	5	5	5	100

각 조사지의 다양성 지수는 다음과 같이 구합니다.

[조사지 X]

$$\lambda = \left(\frac{25}{100}\right)^2 + \left(\frac{25}{100}\right)^2 + \left(\frac{25}{100}\right)^2 + \left(\frac{25}{100}\right)^2 + \left(\frac{0}{100}\right)^2$$

$$= (0.25)^2 + (0.25)^2 + (0.25)^2 + (0.25)^2 + 0$$

$$= 0.0625 \times 4 = 0.25$$

다양성지수 $= 1 - 0.25$

$$= \mathbf{0.75}$$

[조사지 Y]

$$\lambda = \left(\frac{80}{100}\right)^2 + \left(\frac{5}{100}\right)^2 + \left(\frac{5}{100}\right)^2 + \left(\frac{5}{100}\right)^2 + \left(\frac{5}{100}\right)^2$$

$$= (0.8)^2 + (0.05)^2 + (0.05)^2 + (0.05)^2 + (0.05)^2$$

$$= 0.64 + 0.0025 \times 4 = 0.65$$

다양성지수 $= 1 - 0.65$

$$= \mathbf{0.35}$$

앞의 결과를 통해 조사지 X는 조사지 Y보다 종은 적지만 다양성이 높다고 할 수 있습니다. 왜냐하면 계산 과정을 보면 알 수 있다시피 조사지 Y는 종 A의 개체가 특출나게 많아 λ 값이 크기 때문입니다. 실제로 이러한 생태계에서는 개체가 극단적으로 적은 종이 멸종하기 쉽습니다.

이처럼 **종의 다양성은 단순히 종이 많고 적고를 떠나 각 종이 얼마나 골고루 존재하는지가 중요합니다.**

 ## 생태계를 살아가는 생물 사이의 연결고리

생태계를 살아가는 생물들은 먹고 먹히는 관계가 사슬처럼 이어져 있는데, 이를 **먹이사슬**이라고 합니다. 하지만 실제 생태계에서는 포식자가 한 종만 먹는 경우는 거의 없고, 대체로 여러 종류의 생물을 잡아먹고 그 자신도 다른 여러 종류의 생물에게 잡아먹히기도 하지요. 이처럼 먹고 먹히는 관계는 하나의 사슬이 아니라 복잡한 그물망처럼 되어 있는데, 그 전체적인 관계를 **먹이그물**이라고 합니다.

 ## 생태 피라미드

먹이그물을 구성하는 여러 종류의 생물을 먹이사슬 순으로 나열하면 광합성으로 무기물에서 유기물을 만드는 **생산자**, 생산자를 먹는 초식동물인 **1차 소비자**, 1차 소비자를 먹는 소형 육식동물인 **2차 소비자**, 2차 소비자를 먹는 대형 육식동물인 **3차 소비자** 등 단계(**영양 단계**)에 따라 분류할 수 있습니다. 그리고 생산자와 소비자의 유해 및 배설물에 포함된 유기물은 최종적으로 무기물로 분해되는데, 이 과정에 관여하는 진균(곰팡이, 효모, 버섯 등을 포함하는 미생물군—옮긴이)과 세균을 **분해자**라고 합니다.

생물 현존량 혹은 **바이오매스**(biomass)라고도 하는 **생물량**은 한 지역에 서식하는 생물의 총

그림 5-13 먹이그물

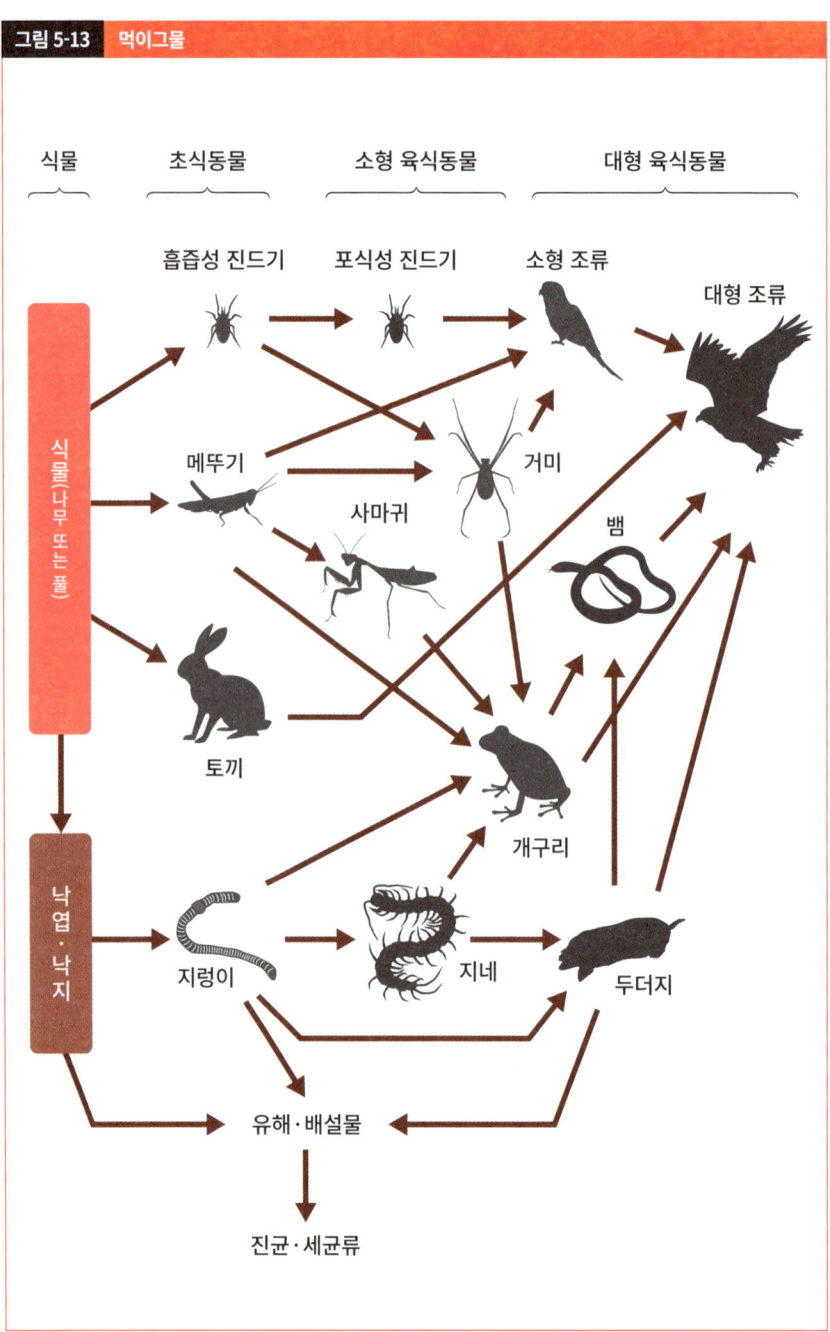

그림 5-14 생태 피라미드(플로리다 실버 스프링스)

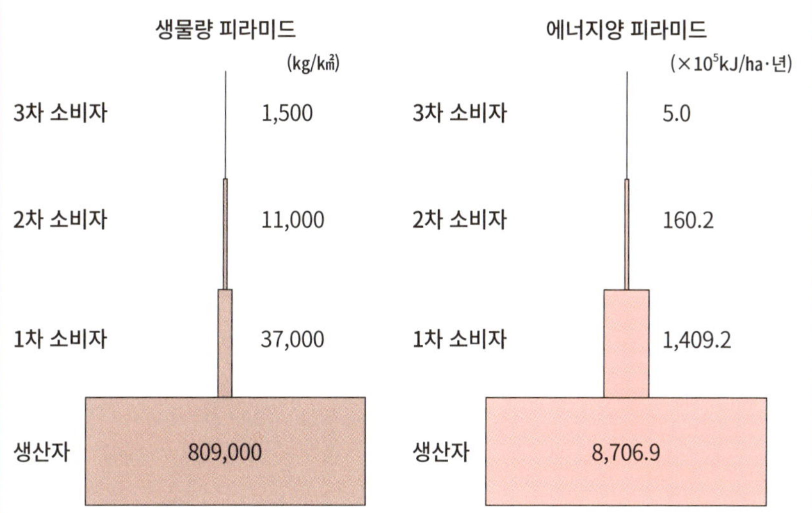

생물량 피라미드 (kg/km²)
- 3차 소비자: 1,500
- 2차 소비자: 11,000
- 1차 소비자: 37,000
- 생산자: 809,000

에너지양 피라미드 (×10⁵kJ/ha·년)
- 3차 소비자: 5.0
- 2차 소비자: 160.2
- 1차 소비자: 1,409.2
- 생산자: 8,706.9

량(유기물량)을 가리키는 용어입니다.

생태계의 생물을 생물량 또는 에너지를 기준으로 영양 단계의 아래 단계부터 차례대로 쌓아 올리면 대부분 상위 단계로 갈수록 좁아지는 피라미드 형태가 됩니다. 이를 **생태 피라미드**라고 합니다. 생물량과 에너지가 피라미드 형태로 나타나는 이유는 **상위 영양 단계의 생물이 하위 단계의 생물량과 에너지를 전부 이용할 수 없기 때문**입니다.

물질의 순환

생태계에서는 비생물 요소에서 생물로 흡수된 물질이 먹이사슬을 통해 생물과 생물 사이를 이동하고, 쓸모를 다한 물질은 비생물 요소로 돌아갑니다. 즉 물질은 생태계를 순환합니다.

탄소(C)와 질소(N)가 어떻게 생태계를 순환하는지 따라가 볼까요?

• 탄소의 순환

탄소(원소 기호: C)는 생물의 몸을 이루는 단백질, 지질, 탄수화물, 핵산 등의 물질을 구성하는 중요한 원소입니다. 탄소는 생물에서 물을 제외한 무게(건조 중량)의 40~50%를 차지합니다. 이러한 탄소의 근원을 따라가 거슬러 올라가면 대기나 바닷물 속에 들어 있는 이산화탄소(CO_2)에 도달하게 됩니다.

① 광합성

식물(생산자)은 광합성으로 흡수한 이산화탄소를 이용해 유기물을 합성합니다. 즉 **생산자의 역할은 무기 탄소 화합물을 유기 탄소 화합물로 바꾸는 것입니다.**

② 섭식, 포식

탄소는 유기물의 형태로 먹이사슬을 따라 생산자 → 1차 소비자 → 2차 소비자 → 3차 소비자 → …로 이동합니다.

③ 호흡

동물(소비자)은 섭취한 유기물을 자기 몸을 이루는 유기물로 변환하거나, 호흡으로 분해합니다. 유기물 속의 탄소는 호흡을 통해 이산화탄소가 되어 대기로 돌아갑니다.

④ 고사체, 유해, 배설물

생산자가 말라 죽은 고사체(枯死體)나 소비자의 유해와 배설물에 들어 있는 유기물은 분해자(진균과 세균)의 호흡에 이용되고, 이산화탄소가 되어 대기로 돌아갑니다.

⑤ 연소

사람이 석탄, 석유, 천연가스 등의 화석 연료를 태울 때 이산화탄소가 방출됩니다. 이러한 탄소의 이동 과정은 원래 자연계에 존재하지 않았지만, 산업혁명을 계기로 급격히 증가했습니다.

화석 연료는 퇴적된 태곳적 생물의 유해가 지열과 압력을 받아 형성됩니다. 이 과정은 수억 년에 걸쳐 진행됩니다. 석탄은 말 그대로 고생대 석탄기의 양치식물로 이루어진 삼림이 퇴적되어 만들어지는데, 당시의 분해자는 세포벽 성분인 리그닌을 분해할 수 없었기에 석탄이 축

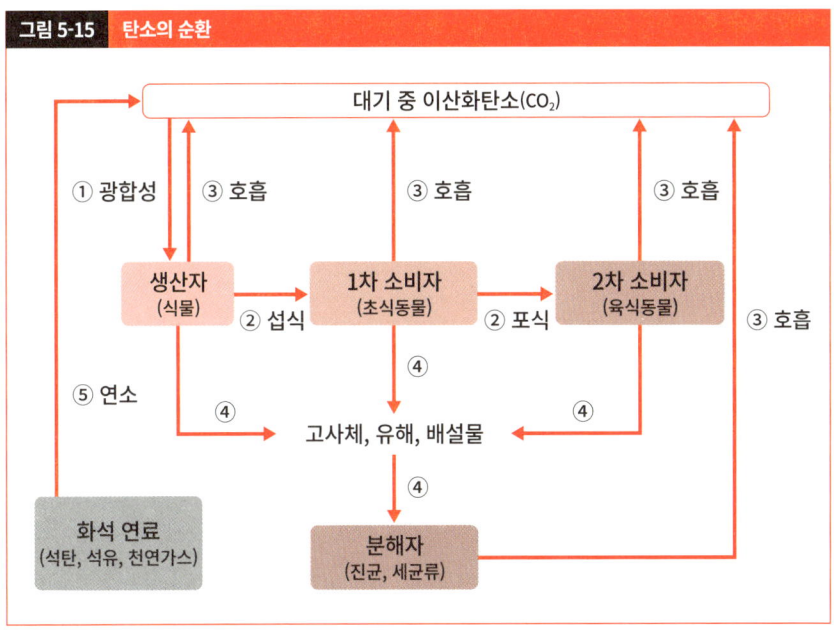

적되었다고 추정됩니다. 이 추정에 따르면 현대에는 식물의 고사체가 금방 분해되므로 석탄이 만들어지지 못한다는 뜻이 됩니다.

이러한 이유로 화석 연료는 두 번 다시 만들어지지 않으리라고 예상됩니다. 그러므로 화석 연료를 사용하면, **순환의 고리에서 벗어난 탄소가 이산화탄소의 형태로 대기에 돌아가면서 오늘날 대기 중 이산화탄소 농도가 높아진 상태입니다.**

질소의 순환

질소(원소 기호: N)는 유기물의 피부, 근육, 뼈 등을 만드는 단백질, 그리고 유전 정보를 담당하는 핵산을 구성하는 중요한 원소입니다. 질소는 지구 대기의 약 80%를 차지하지만, 생물은 대부분 이를 그대로 이용할 수 없습니다. 왜냐하면 대기 중의 질소는 N_2라는 기체로 존재하는데, 두 질소 원자 사이의 강한 결합 때문에 화학 반응을 일으킬 때 다른 화합물이 되기 위해 넘어야 하는 에너지의 장벽(활성화 에너지)이 매우 높기 때문입니다.

그래서 질소 기체는 다른 물질과 잘 반응하지 않지만, 20세기 초 독일의 화학자 프리츠 하버와 카를 보슈가 질소 기체와 수소 기체(H_2)를 반응시켜 암모니아(NH_3)를 만드는(**질소 고정**) 데 성공했습니다. 이로써 화학 비료를 대량으로 생산할 수 있게 되었고, 식량 생산량이 비약적으로 높아졌습니다(〈그림 5-16〉 ①).

하버와 보슈가 개발한 질소 고정법(하버-보슈법)은 질소 기체와 수소 기체와 촉매를 용기에 집어넣고 고온(500°C), 고압(200기압)이라는 극단적인 환경에서 반응을 일으키는 방법입니다.

하지만 생물의 몸에는 이 엄청난 화학 반응을 상온, 상압에서 해내는 세균이 사는데요. 바로 **질소 고정 세균**입니다. 호기성 세균인 아조토박터속(Azotobacter)과 혐기성 세균인 클로스트리디움속(Clostridium), 그리고 노스톡속(Nostoc)을 비롯한 남세균이 질소 고정 세균입니다. 그중 **뿌리혹박테리아**는 매우 독특한 세균이랍니다. 뿌리혹박테리아는 다른 질소 고정 세균과 달리 혼자 있을 때는 질소 고정을 하지 않지만, 콩과 식물의 뿌리를 발견하면 세포로 들어가 질소 고정을 시작하거든요(〈그림 5-16〉 ②). 그리고 질소 고정으로 얻은 암모니아를 콩과 식물에 제공합니다. 한편 콩과 식물은 광합성으로 얻은 유기물 중 일부를 뿌리혹박테리아에 전달합니다. 콩과 식물과 뿌리혹박테리아처럼 공생을 통해 서로 이익을 얻는 관계를 **상리 공생**이라고 합니다. 콩과 식물이 질소가 적은 토양에서도 잘 자라는 이유는 공생하는 뿌리혹박테리아가 공기에서 질소 비료를 만들어 주기 때문입니다.

콩과 식물은 뿌리혹박테리아가 만든 암모니아를 바탕으로 단백질이나 핵산 같은 유기물을 합성하는데, 이를 식물의 **질소 동화**라고 합니다(〈그림 5-16〉 ③).

식물은 질소 기체를 바로 이용할 수는 없지만, 암모니아라는 질소 화합물을 통해 질소를 이용할 수 있습니다. 하지만 동물은 질소 기체도 암모니아도 이용할 수 없기에 다른 생물이 만든 단백질을 통해 질소를 섭취할 수밖에 없답니다.

아조토박터속, 클로스트리디움속, 뿌리혹박테리아 등 일부 원핵생물만이 질소 고정을 할 수 있다고 설명하는 책도 종종 있지만, 최근 특정 종의 조류에 공생하는 질소 고정 세균이 나이트로플라스트(nitroplast)라는 세포 소기관으로 진화하고 있다는 연구 결과가 보고되었습니다. 이제 질소 고정은 원핵생물만의 전유물이 아니게 될지도 모르겠네요.

질소 고정은 공업적인 질소 고정법(하버-보슈법)과 생물학적인 고정법(질소 고정 세균)뿐만 아니라 자연 현상에서도 찾아볼 수 있습니다. 벼락이 치면서 공중에서 방전 현상이 일어날 때, 공기 중의 질소와 산소가 반응해서 질산염을 비롯한 질소 산화물이 만들어집니다. 식물은 빗물에 섞여 내린 이 질소 산화물을 이용할 수 있는데, 그래서 벼락이 많이 친 해에는 벼 이삭이 알차게 여문답니다(〈그림 5-16〉 ④).

이렇게 무기 질소 화합물이 생태계에서 어떻게 순환하는지 알아보았습니다. 다음은 생물이

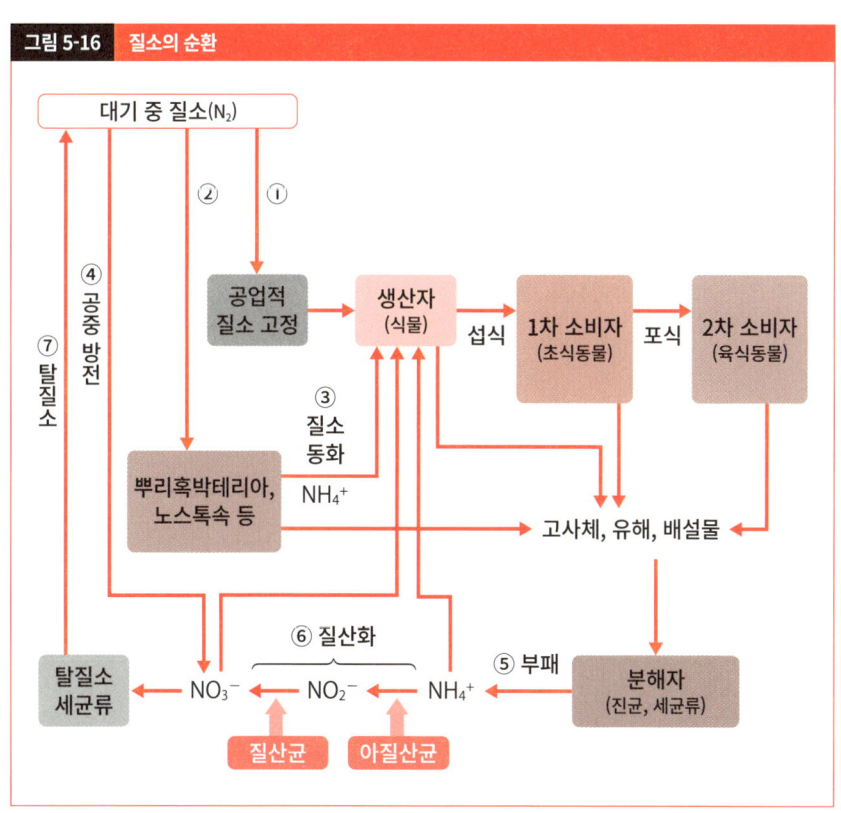

그림 5-16 질소의 순환

죽고 나서 생물의 몸을 구성하는 단백질을 비롯한 유기 질소 화합물이 생태계에서 순환하는 과정을 따라가 보겠습니다.

동물과 식물의 유해는 박테리아 같은 분해자의 작용으로 부패합니다. 이때 단백질이 분해되어 암모늄 이온(NH_4^+)이 만들어집니다(〈그림 5-16〉 ⑤). 이렇게 만들어진 암모늄 이온은 **아질산균**에 의해 아질산 이온(NO_2^-)으로 바뀝니다. 아질산균은 암모니아를 산화시키는 과정에서 만들어지는 에너지를 이용하여 탄소 동화 작용을 하는 독립 영양 세균이기도 합니다. 그리고 아질산 이온은 **질산균**에 의해 질산 이온(NO_3^-)으로 바뀌기도 합니다. 질산균 역시 독립 영양 세균인데, 아질산 이온을 산화시키는 과정에서 만들어지는 에너지를 이용하여 탄소 동화 작용을 합니다.

질산균과 아질산균을 통틀어 **질산화 세균**이라고 하며, 질산화 세균에 의해 암모늄 이온이 산화하는 과정을 **질산화**라고 합니다(〈그림 5-16〉 ⑥). 삼림에서는 식물의 고사체가 부패하여 질산화된 끝에 최종적으로 질산 이온이 됩니다. 그리고 질산 이온은 식물의 뿌리로 흡수되어 질소 동화에 사용됩니다. 이렇게 질소는 식물과 토양 사이를 순환합니다.

탈질소 세균도 질산 이온을 이용하는데요. 탈질소 세균은 산소 대신 질산 이온을 호흡에 이용할 수 있는데, 이 과정에서 질산을 질소 기체(N_2)로 환원합니다(**탈질소**, 〈그림 5-16〉 ⑦). 탈질소 과정을 통해 토양과 물속의 무기 질소 화합물 중 일부가 대기로 돌아갑니다.

에너지의 이동

생태계에서는 물질의 순환과 함께 에너지의 이동이 일어납니다. 에너지는 어떤 식으로 이동할까요?

첫 단계는 태양에서 방출된 **빛 에너지**가 생산자의 광합성에 의해 유기물의 **화학 에너지**로 변환되는 과정입니다. 화학 에너지의 실체는 유기물을 구성하는 원소 사이의 결합, 즉 화학 결합입니다. 1차 소비자가 생산자를 먹고 2차 소비자가 1차 소비자를 먹으면서 유기물에 존재하는 화학 에너지도 먹이사슬을 따라 이동하며, 각 영양 단계의 생물은 이 에너지를 이용합니다. 분해자는 생물의 고사체, 유해, 배설물 속의 유기물을 분해해서 에너지를 얻습니다.

생물은 유기물을 호흡에 이용하고, 호흡으로 만들어 낸 ATP를 생명 활동에 이용합니다. 이 과정에서 **화학 에너지** 중 일부가 **열에너지**의 형태로 생물의 몸 밖으로 방출됩니다. 사람을 예로 들자면 식사로 섭취한 유기물을 미토콘드리아가 분해하여 ATP를 생산하고, 이 ATP를 생명 활동에 이용할 때 열(체온)이 발생하지요. 격렬한 운동을 하면 더 큰 열에너지가 방출됩니다.

의외로 생산자와 분해자도 열에너지를 방출한답니다. 극단적인 예를 들자면 연꽃은 꽃을 피울 때 30°C가 넘는 열을 냄으로써 곤충을 불러들여 수분할 확률을 높입니다. 연꽃이나 여러해살이풀인 '앉은부채'의 발열 세포에 풍부한 미토콘드리아가 열을 발생시킵니다. 그리고 진균과 세균 등 분해자는 낙엽을 분해·발효하여 퇴비를 만드는 과정에서 열에너지를 방출합니다.

열에너지는 빛 에너지나 화학 에너지와 달리 모든 생물이 이용하므로 대기로 방출된 열에

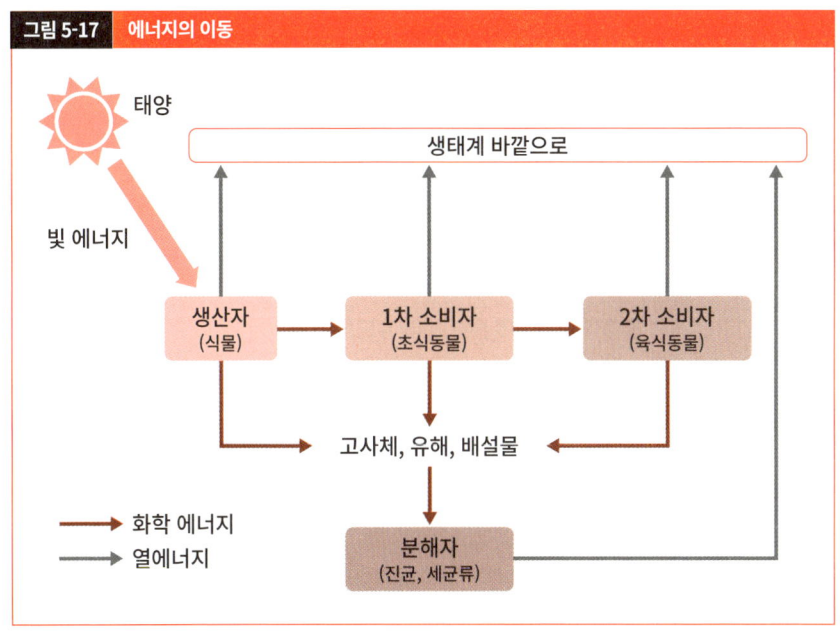

그림 5-17 에너지의 이동

너지는 최종적으로 생태계 바깥(우주)으로 확산합니다. 즉 **태양에서 유래한 에너지는 생태계 안에서 이동하지만, 물질처럼 순환하지는 않는답니다.**

생태계에서 인간의 위치

자, 그렇다면 우리 인간은 생태계에서 어떤 위치를 차지하고 있을까요? 정말로 인간은 먹이사슬의 정점에서 군림하는 생물일까요? 지금으로부터 1만여 년 전, 오늘날보다 인구가 적고 수렵 채집 생활을 하던 인류는 먹이사슬의 일원이라고 할 수 있을지도 모릅니다. 하지만 현대가 되면서 상황이 달라졌습니다.

우리가 평소에 먹는 식단은 대부분 쌀과 밀가루 같은 농작물, 그리고 소고기와 돼지고기 같은 고기반찬입니다. 이는 인류가 먹기 위해 야생종을 반복해서 품종 개량한 결과물입니다. 다시 말해 인류도, 인류의 주식도 자연계의 먹이사슬을 구성하는 종은 아닙니다. 그러므로 현 상황에 맞게 표현한다면 **"인류는 자연의 먹이사슬 바깥에 존재한다"** 혹은 **"인류는 자신에게 유리하게 만들어 낸 먹이사슬 가운데에 있다"**라고 해야 할지도 모르겠군요.

이제 에너지로 초점을 옮기면 상황은 더욱 복잡해집니다. 앞에서 소개한 에너지양 피라미드(〈그림 5-14〉)의 에너지는 주로 생물의 몸을 구성하는 유기물의 화학 에너지나 호흡 과정에서 잃어버리는 열에너지를 가리킵니다. 야생 동물은 이러한 에너지를 오로지 먹이를 통해 얻습니다.

하지만 인간은 생체 물질을 만들고 호흡하는 데 필요한 에너지, 즉 원래 생물에게 필요한 최소한의 에너지보다 많은 에너지를 소비합니다. 일상을 쾌적하게 해주는 가전제품이나 컴퓨터의 에너지, 그리고 이동하는 데 들어가는 자동차나 비행기의 에너지가 대표적입니다.

이러한 에너지를 보충하기 위해 **인류는 화석 연료와 핵연료를 사용하기 시작했습니다. 이 에너지는 먹이사슬에서 얻는 에너지와 전혀 성질이 다릅니다. 한 번 소비되면 재생되지 않는 에너지거든요.** 결국 인간은 다른 생물과 달리 생태계에 저장된 '에너지 저금'을 갉아먹으면서 인구를 유지하고 있는 상태이기에, 인간이 에너지양 피라미드 어디쯤 위치하는지를 논하는 것 자체가 무의미한 셈입니다. 인간이라는 생물은 생태계에서도 '붕 떠 있는' 존재니까요.

종 다양성과 생물 사이의 관계

다시 야생 생물에 관한 주제로 돌아가 볼까요? 다음은 자연계의 먹이그물에 속하는 생물들은 단순히 먹고 먹히는 관계가 아님을 보여주는 대표적인 사례입니다.

북태평양 알류샨 열도 근해에는 자이언트 켈프로 불리는 거대한 해초가 자라는데, 이 해역에는 성게가 켈프를 먹고 그 성게를 해달이 먹는 먹이사슬이 존재했습니다. 그런데 1990년대에 해역 일부에서 해달의 개체 수가 급격히 감소하기 시작했습니다. 범고래가 해달을 잡아먹은 것이 주요 원인이었지요.

해달이 줄어들자 해달이 잡아먹던 성게가 늘어났고, 급격히 늘어난 성게는 자이언트 켈프를 남김없이 먹어 치웠습니다. 그 결과 켈프 숲에 서식하던 어류와 갑각류가 감소했고 이들을 잡아먹던 포식자인 바다표범마저 모습을 감추고 말았습니다. 해달은 자이언트 켈프나 바다표범과는 직접적인 관계가 없었지만, 간접적으로 영향을 준 셈입니다. 이러한 영향을 **간접 효과**라고 합니다.

앞 사례의 해달처럼 어떤 생태계 먹이그물의 상위 포식자가 그 생태계에 큰 영향을 미치는

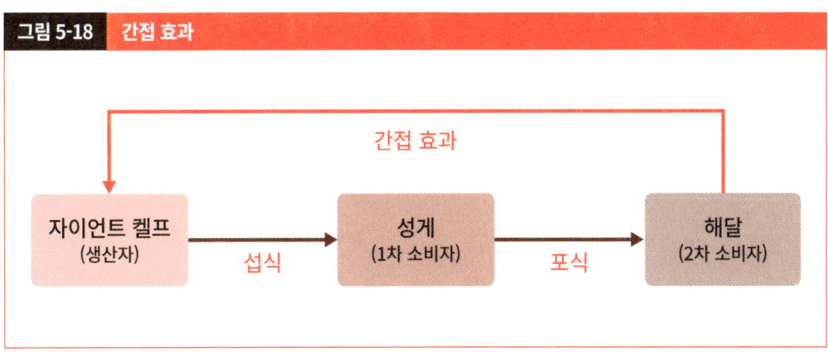

그림 5-18 간접 효과

경우, 그 종을 **핵심종**(keystone species)이라고 합니다. 핵심종이 되기 위한 조건은 "생태계에 큰 영향을 줄 것", "생물량이 적을 것" 두 가지입니다. 따라서 **우점종처럼 생태계에 미치는 영향이 크더라도 생물량이 많은 종은 핵심종이 아닙니다.**

해달 외에도 다음과 같은 핵심종이 있습니다.

 ## 북태평양 조간대 암초 지대의 불가사리

북아메리카 암초 지대에는 따개비와 홍합을 비롯하여 수많은 생물이 서식하며, 이 생물들을 잡아먹는 불가사리도 있습니다. 불가사리를 인위적으로 제거하자 홍합이 증식해서 암초를 뒤덮었고, 다른 생물의 개체 수는 감소했습니다. 따라서 불가사리는 홍합을 잡아먹어 홍합이 암초를 독점하지 못하도록 막는 한편, 다양한 생물이 서식할 수 있는 환경을 유지했던 것으로 볼 수 있습니다.

 ## 옐로스톤 국립공원의 늑대

미국 옐로스톤 국립공원에 서식하던 마지막 늑대가 1926년에 사살되자 사슴의 개체 수가 늘어났고, 식물을 먹어 치우기 시작했습니다. 그 영향은 식물을 먹는 다른 동물에게도 돌아가, 비버의 개체 수가 감소했습니다. 그러다가 1995년과 1996년에 캐나다에서 늑대를 이송해서 국립공원에 방생하자, 늑대가 사슴을 잡아먹으면서 사슴의 개체 수가 다시 줄어들었습니다. 이에 따라 식생이 회복되는 한편, 비버를 비롯한 동물의 개체 수도 원래대로 회복되었습니다.

| 제 5 장 | 생태학 | | 생태계의 균형 |

생태계의 균형과 보전

 생태계의 균형

생태계는 영원히 변하지 않는 환경이 아닙니다. 생태계를 이루는 생물 요소도, 비생물 요소도 끊임없이 변동하지요. 하지만 장기적으로 보면 그 변동의 폭은 일정 범위를 벗어나지 않는데, 이를 **생태계의 균형**이라고 합니다.

〈그림 5-19〉는 캐나다 북부에 서식하는 눈덧신토끼와 캐나다스라소니의 90년간 개체 수 변동을 나타낸 그래프입니다. 두 종의 개체 수는 약 10년 주기로 증가와 감소를 반복하지만, 일정 범위로 수렴합니다.

눈덧신토끼와 캐나다스라소니는 먹고 먹히는 포식-피식 관계로, 눈덧신토끼는 피식자, 캐나다스라소니는 포식자입니다. 개체 수가 변동하는 이유는 다음과 같이 설명할 수 있습니다.

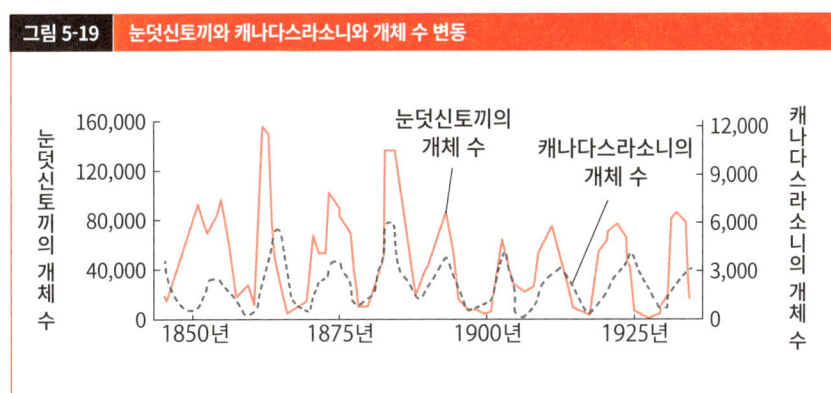

그림 5-19 눈덧신토끼와 캐나다스라소니와 개체 수 변동

① 피식자가 늘어난다.
② 포식자의 먹이가 늘어나므로 포식자의 개체 수가 늘어난다.
③ 피식자의 천적이 늘어나므로 피식자의 개체 수가 줄어든다.
④ 포식자의 먹이가 줄어들므로 포식자의 개체 수가 줄어든다.
⑤ 피식자의 천적이 줄어들므로 ①로 돌아간다.

이러한 이유로 피식자의 개체 수가 늘어나거나 줄어들면 포식자의 개체 수도 뒤따라 늘어나거나 줄어듭니다. 생태계가 적절한 균형을 유지하면 생물의 개체 수는 크게 변동하지 않습니다.

 생태계의 교란

절묘하게 균형을 유지하던 생태계가 외부적인 요인에 의해 부분적으로 파괴되기도 하는데, 이를 **생태계의 교란**이라고 합니다. 교란의 원인은 태풍, 산사태, 산불 등의 자연재해와 벌목 등의 인간 활동으로 나뉩니다. **생태계는 복원력이 있어 교란의 규모가 작으면 원래대로 회복되지만, 화산 분화나 인간 활동처럼 교란의 규모가 크면 원래대로 돌아가지 못하고 다른 생태계로 변화합니다.**

 자연정화

소규모 교란의 사례를 들여다볼까요? 생활 하수에 들어 있는 수많은 오탁 물질(유기물) 때문에 하천과 호수와 늪의 생태계가 교란됩니다. 하지만 오탁 물질이 그렇게 많지 않으면 하류로 흐르면서 수질이 개선되는데, 이를 **자연정화**라고 합니다. 하천에서는 생활 하수(오수)가 유입된 지점부터 하류로 흘러갈 때까지 다음과 같은 현상이 일어납니다.

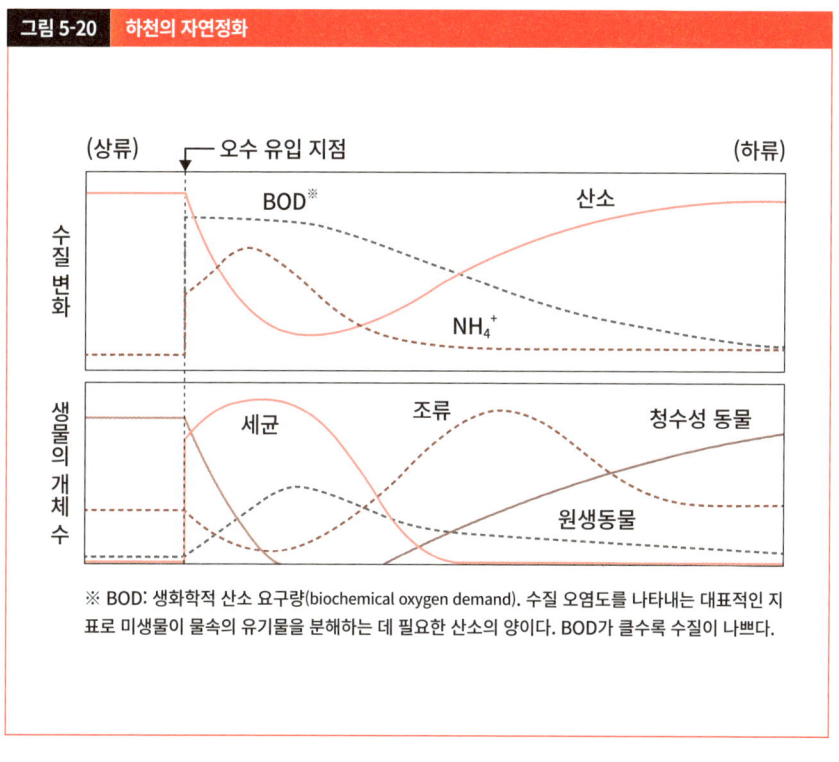

그림 5-20 하천의 자연정화

※ BOD: 생화학적 산소 요구량(biochemical oxygen demand). 수질 오염도를 나타내는 대표적인 지표로 미생물이 물속의 유기물을 분해하는 데 필요한 산소의 양이다. BOD가 클수록 수질이 나쁘다.

① 세균이 유기물을 먹고 증식합니다. 이때 세균은 호흡하면서 산소를 소비하며, 유기물의 단백질이 분해되면서 암모늄 이온(NH_4^+)이 만들어집니다.

② 세균이 증식하면 세균을 잡아먹는 짚신벌레 같은 원생동물도 증식합니다. 한편 세균은 원생동물에게 잡아먹히면서 개체 수가 감소합니다.

③ 유기물이 감소하면 물의 투명도가 증가하므로 빛이 강바닥까지 도달하여 광합성을 하는 조류가 증가하고, 조류가 광합성으로 만들어 내는 산소 역시 증가합니다. 조류는 ①에서 만들어진 암모늄 이온을 흡수하여 질소 동화에 이용합니다.

④ 암모늄 이온이 소비되어 감소하면 조류도 줄어듭니다. 수질이 맑은 하류에는 하루살이, 강도래, 날도래 등 맑은 물에서 사는 수생동물(청수성 동물)이 서식하게 됩니다.

 부영양화

때로는 생태계의 복원력을 뛰어넘는 교란이 일어나기도 합니다.

호수나 늪, 혹은 바다에 영양염류가 축적되어 농도가 높아지는 현상을 부영양화라고 합니다. 영양염류의 '영양'이란 동물의 영양이 되는 유기물이 아니라 질소와 인을 비롯한 무기염류를 가리킵니다. 식물과 남세균의 영양이 되기 때문에 붙은 이름이지요.

부영양화는 자연환경 중 습지에서 발견할 수 있는데, 인간 활동 때문에 부영양화가 심각해지기도 합니다. 하버-보슈법으로 생산된 화학 비료가 물에 유입되는 경우가 대표적입니다. 부영양화가 진행된 호수나 늪에서는 남세균을 비롯한 식물성 플랑크톤이 대량으로 증식하여 **담수조**(민물에서 자라는 녹조류, 민물말이라고도 한다—옮긴이)가 발생합니다. 칙칙한 녹색으로 물든 호수를 본 적이 있다면, 그 호수는 담수조가 발생한 상태입니다. 담수조가 발생하면 물속까지 빛이 도달하지 못하므로 수생식물이 자랄 수 없게 됩니다. 그리고 만이나 내해에서 부영양화가 진행되면 편모조류와 규조류 같은 식물성 플랑크톤이 증식하여 **적조**가 발생하기도 합니다.

적조와 담수조의 원인인 식물성 플랑크톤 중에는 독소를 내뿜는 종도 있고, 대량 증식한 플랑크톤이 어패류의 아가미를 막기도 합니다. 그리고 플랑크톤이 대량으로 사멸하면 분해자가 산소를 대량으로 소비하기 때문에 물속의 산소가 부족해져 수생동물의 떼죽음으로 이어질 수도 있습니다. 이 상태가 되면 생물상이 크게 바뀌고 기존의 먹이그물이 무너지므로 생태계는 원래대로 돌아오지 않습니다.

적당한 교란이 생태계에 필요하다고?

그렇다면 생태계의 균형을 지키고 생물 다양성을 유지하려면 교란이 절대 일어나서는 안 될까요? 사실 그렇지는 않습니다.

앞에서 언급한 '얀젠-코넬 가설'을 주장한 조셉 코넬은 **적절한 수준의 교란이 일어나는 생**

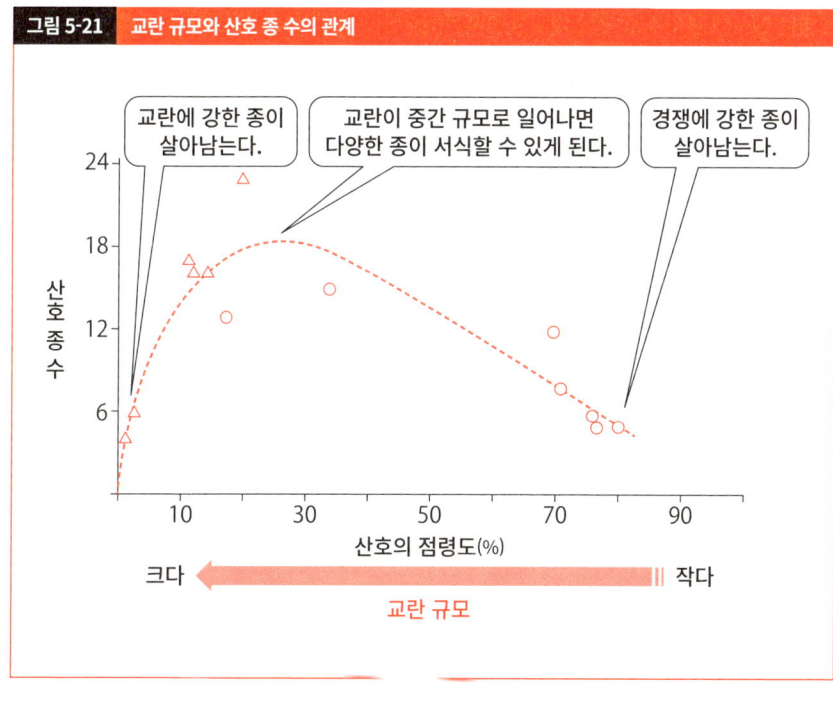

그림 5-21 교란 규모와 산호 종 수의 관계

태계가 교란이 전혀 일어나지 않는 생태계보다 다양성이 높다는 **중간 교란 가설**을 주장했습니다.

〈그림 5-21〉은 오스트레일리아의 거대 산호초 지대인 그레이트 배리어 리프(Great Barrier Reef, 대보초) 남부의 헤론섬에서 기록한 내용을 바탕으로 그린 도표입니다. 산호섬인 헤론섬에는 다양한 종의 산호가 서식하는데요. 태풍에 파괴되거나 파도에 휩쓸리기 쉬운 환경, 즉 교란이 크고 자주 일어나는 환경에서는 교란으로 소멸하는 종이 많아지면서 교란에 내성이 있는 종만 살아남습니다.

반면 교란이 거의 일어나지 않는 조용한 환경에서는 산호 사이에 경쟁이 일어나 경쟁력이 강한 종이 성장해서 산호초를 차지하게 됩니다. 따라서 교란이 중간 규모로 일어날 때 산호의 종 수가 가장 많습니다. 중간 교란 가설의 대표적인 사례는 224쪽에서 살펴본 삼림의 틈새 재생입니다. 다시 한번 간단히 되짚어 보자면 극상에 이른 삼림에서는 음지나무만 자라지만, 태풍이나 산사태 등의 교란으로 커다란 틈새가 생기면 양지나무와 관목도 자랄 수 있었지요. 그 덕분에 틈새가 생긴 삼림에서는 극상림보다 다양한 종류의 나무가 자라고, 나무가 다양해지면 이를 먹이나 서식지로 삼는 동물도 늘어나면서 다양성은 높아집니다.

사람들은 예로부터 이 메커니즘을 생활에 이용해왔습니다. 마을 인근의 이차림이 대표적입니다. 이차림(secondary forest)은 원래 있던 삼림을 부분적으로 벌채한 자리에 양지나무가 자라 형성된 숲입니다. 이차림에는 장수풍뎅이와 사슴벌레뿐만 아니라 왕오색나비나 기후나비(Luehdorfia japonica) 같은 나비도 모이고, 이를 먹이로 삼는 새들도 찾아옵니다. 그리고 솎아낸 나무는 장작이나 버섯 재배용 목재로 활용됩니다.

즉 삼림에 인위적으로 교란을 일으키면 종 다양성이 극대화되고, 우리도 그 혜택을 누릴 수 있는 셈이랍니다.

| 제 5 장 | 생태학 | 인간 활동 |

인간 활동과 생태계

인간의 활동은 생태계의 복원력을 넘는 교란을 일으키곤 하는데요. 이는 생태계의 파괴와 생물 다양성의 저하로 이어지고, 이윽고 심각한 결과를 불러일으킬지도 모른답니다. 과연 인간 활동은 생태계에 어떤 영향을 미칠까요?

인구의 추이

인간 활동이 생태계에 미치는 영향이 큰 이유는 인간(호모 사피엔스)이 많기 때문입니다.

다음에 나오는 〈그림 5-22〉는 인간이 탄생한 직후부터 오늘날에 이르기까지 세계 인구 추이를 나타낸 그래프입니다. 꾸준히 우상향을 그리는 이 그래프는 척도 문제상 그리 급격해 보이지 않지만, 농경과 목축의 시작, 그리고 산업혁명을 기점으로 급격하게 증가하는 선을 그립니다.

일반적으로 생물은 개체 수가 증가하여 개체군 밀도가 높아지면 식량, 에너지 등 이용할 수 있는 자원의 부족, 환경 악화, 천적에 의한 포식, 전염병의 만연 등의 이유로 개체 수가 이전처럼 증가하지 않게 됩니다. 하지만 인간은 비상한 두뇌와 지혜로 그러한 저항을 뛰어넘었습니다. 공업적 질소 고정법을 발명하여 농작물의 수확량을 늘리고, 백신을 개발하여 전염병을 극복하고, 화석 연료처럼 물질의 순환에서 벗어난 에너지를 확보했기에 가능한 일이었지요.

인구의 증가는 비생물 요소뿐만 아니라 다른 생물에게까지 영향을 미쳤습니다. 오늘날 인류를 제외한 지구상의 생물은 대부분 인간이 식량으로 활용할 수 있는 생물 종입니다. 지구상

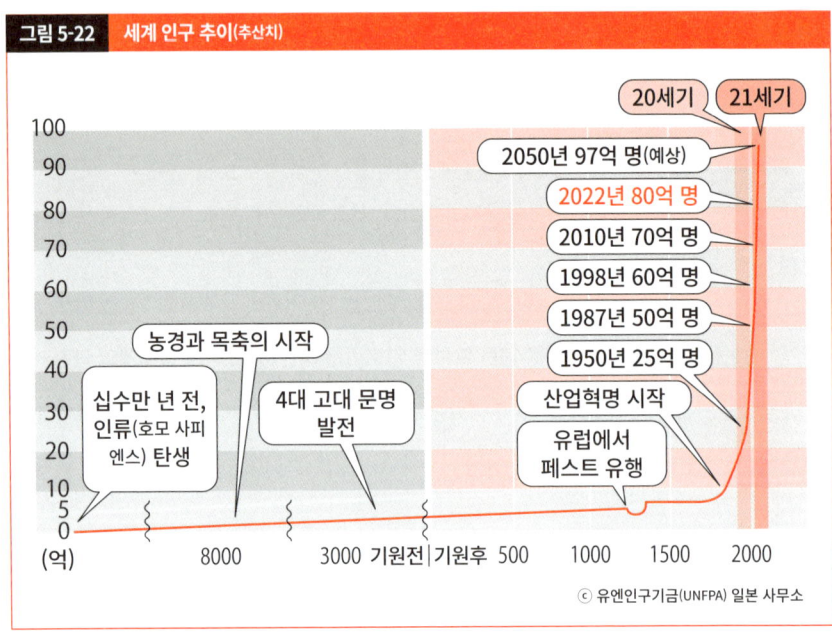

에 존재하는 모든 포유류의 생물량을 비율로 나타내면 〈그림 5-23〉과 같습니다(2015년 시점). 포유류에서 인간이라는 한 종이 차지하는 비율은 34%, 가축이 62%, 그리고 야생 포유류는 고작 4%에 불과합니다. 이처럼 인구 증가와 함께 나타난 생물 다양성의 급격한 저하는 새로운 문제로 지적받고 있습니다.

 외래 생물

인간 활동에 의해 원래 서식 장소에서 다른 장소로 이동되어 정착한 생물을 **외래 생물**이라고 합니다. 여기서 '인간 활동'이란 사육이나 반려동물로 키우려고 수입하는 의도적 행위뿐만 아니라 대형 유조선의 선박 평형수(밸러스트 수)에 미생물이나 미역의 포자가 섞여 들어 온 경우처럼 의도치 않은 상황도 포함됩니다.

'외래 생물'이라고 해서 모두 해외에서 국내로 들어온 생물은 아닙니다. **국내에 서식하더라**

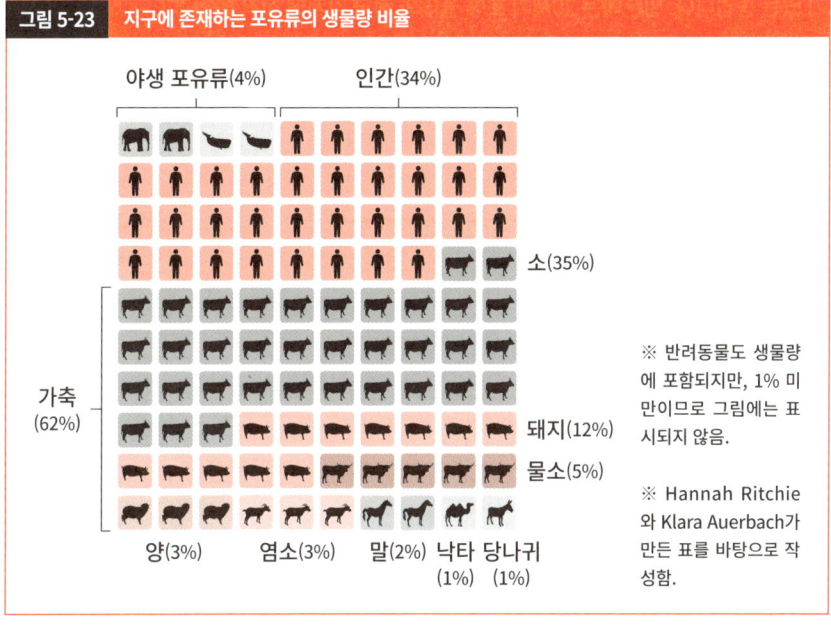

그림 5-23 지구에 존재하는 포유류의 생물량 비율

도 원래 서식지(자연 분포 지역)에서 다른 지역으로 옮겨졌다면 외래 생물로 취급됩니다. 일본의 경우 인간의 이동과 물자의 교류가 활발해진 19세기 말 이래 해외에서 들어온 생물이 2천여 종에 이른다고 합니다.

생물은 일반적으로 원래 서식지에 천적인 포식자나 경쟁자가 있어서 그 종만 증식하지 않습니다. 그러나 외래 생물은 유입된 장소가 자라기에 적합한 환경이고 천적이 없다면 폭발적으로 증식하여 생태계의 균형을 무너뜨릴 수도 있습니다. 외래 생물 중에서도 생태계에 큰 영향을 미치고 생물 다양성을 위협할 우려가 있는 종을 **침략적 외래 생물**이라고 합니다. 일본에서 지정한 침략적 외래 생물은 다음과 같습니다.

침략적 외래 생물 ① 큰입배스

검정우럭과에 속하는 큰입배스는 미국이 원산지인 민물고기로, 낚시 게임에 등장하는 등 인기 있는 종입니다. 일본에는 20세기 초에 들어와 전국 각지에 정착했습니다.

큰입배스는 육식성이 강하여 유입된 지역의 토착종을 잡아먹습니다. 일본 최대의 호수인 비와호에서는 비와호줄몰개나 니고로부나(Carassius auratus grandoculis)와 같은 고유종이 큰입배스에게 잡아먹히는 바람에 멸종의 위기에 처한 상황입니다.

큰입배스는 토착종과 경쟁을 벌여 먹이와 터전을 빼앗아 토착종의 개체 수를 줄이고 멸종시킬 위험성도 있습니다.

침략적 외래 생물 ② 작은인도몽구스

사람들은 한때 오키나와나 아마미오섬에서 밭을 어지럽히는 쥐나 농사를 망치는 뱀을 박멸하기 위해 포식자인 작은인도몽구스를 들여왔습니다. 하지만 몽구스는 주행성이고 뱀은 야행성이었기에 몽구스는 뱀을 잡아먹는 대신 가축을 습격했습니다. 특히 아마미오섬에서는 몽구스가 희귀종인 아마미검은토끼를 잡아먹는 바람에 토끼의 개체 수가 줄어들고 말았지요.

이를 알게 된 일본 환경성은 2000년부터 방제 사업을 개시하여 아마미오섬에서 몽구스를 전부 잡아들이기로 했습니다. 수색견과 함정을 활용하여 적극적으로 방제한 덕에 2000년 당시 최고 1만여 마리를 기록했던 몽구스는 해가 갈수록 감소했고, 2019년에는 10마리 이하로 줄었습니다. 그리고 마침내 2024년 9월, 환경성은 아마미오섬에서 몽구스가 근절되었다고 선언했습니다. 1979년 섬에 들여왔던 약 30마리의 몽구스를 박멸하는 데 45년이라는 세월과 35억 엔이라는 비용이 들어간 것입니다.

일본은 2005년 「외래 생물법」을 시행하여 생태계와 인간 생활에 특히 큰 영향을 미치거나 그럴 가능성이 있는 외래 생물을 **특정 외래 생물**로 지정하여 수입, 사육, 운반, 방류, 판매, 재배 등의 행위를 금지했습니다. 이러한 행위에 앞서 사전에 허가가 필요하며, 허가를 받지 않을 시 처벌받게 됩니다.

생물 농축

특정 물질이 몸 안으로 들어가 외부 환경이나 먹이보다 높은 농도로 축적되는 현상을 **생물 농축**이라고 합니다. 생물 농축은 잘 분해되지 않고 몸 밖으로 배출되지도 않는 물질이 몸 안으로 들어오면 일어납니다. **이러한 물질은 외부 환경에서는 농도가 낮아도 먹이사슬을 통해 상위 영양 단계로 갈수록 체내 농도가 높아집니다.** 마치 각 영양 단계의 생물이 필터처럼 물질을 여과하는 셈이지요.

따라서 PCB나 DDT 같은 유해 물질은 상위 영양 단계로 갈수록 악영향이 나타나기 쉽습니다. PCB(폴리염화 바이페닐)는 인공적으로 만든 기름 형태의 물질로, 전자기기의 절연체와 열매체로 쓰입니다. 그리고 DDT는 인공적으로 만들어진 살충제 및 농약입니다. 둘 다 지금은 제조, 사용, 수입이 금지되었습니다.

최근에는 미세 플라스틱(지름 5㎜ 이하의 플라스틱 입자)도 몸에 영향을 미치는 물질로 주목받고 있습니다. 바다로 유출된 플라스틱은 잘게 쪼개져 미세 플라스틱의 형태로 동물의 몸에 들어가는데요. 미세 플라스틱에 각종 유해 물질이 붙고, 생물 농축으로 상위 소비자에게 축적되어 악영향을 미칠지도 모른다고 합니다.

여기까지 읽으면 생물 농축이 인공 화합물에서만 일어나는 현상 같지만, 실제로는 그렇지 않습니다. 자연계에 존재하는 물질에서도 생물 농축은 일어납니다. 이를테면 복어 독인 테트로도톡신은 복어가 만드는 게 아니라 세균이 만드는 물질입니다. 조개와 불가사리를 거쳐 복어의 몸에 축적되는데, 복어는 테트로도톡신에 내성이 있어 중독으로 죽지 않습니다.

연어 살을 빨갛게 만드는 아스타잔틴 역시 생물 농축되는 물질입니다. 원래 흰살생선인 연어는 강에서 바다로 내려와 오호츠크해와 베링해의 크릴새우를 잡아먹습니다. 이 크릴새우 속의 아스타잔틴이 연어의 근육에 축적되면서 빨간색을 띠게 됩니다. 연어는 산란기가 되면 태어난 강으로 거슬러 올라가 알을 낳는데, 이 연어알이 빨간색을 띠는 이유 역시 아스타잔틴 때문입니다. 산란을 마친 연어는 빨간색이 옅어져 흰살생선으로 생애를 마친답니다.

 지구 온난화

대기 중의 이산화탄소와 메테인 등의 기체는 지표에서 방출된 적외선을 흡수하고, 그중 일부를 다시 방출하여 지표와 대기의 온도를 올립니다. 이 현상을 **온실 효과**라고 하며, 온실 효과를 일으키는 기체를 **온실가스**라고 합니다. 온실가스의 종류는 〈그림 5-24〉와 같습니다.

최근 지구의 평균 기온이 올라가고 있는데, 산업혁명 이전보다 약 1.2°C가 높습니다. 그리고 대기 중 이산화탄소 농도는 산업혁명 이전에는 280ppm이었지만, 2023년 기준 420ppm을 돌파했습니다. 이처럼 이산화탄소 농도 상승과 더불어 지구 평균 기온도 상승하고 있으므로, 지구 온난화의 원인은 이산화탄소를 비롯한 온실가스의 증가로 볼 수 있습니다.

그림 5-24 온실가스

종류	지구 온난화 지수※	성질 및 배출원
이산화탄소 (CO_2)	1	산업혁명 이후 석유와 석탄 같은 화석 연료를 대량으로 소비하게 되면서 배출량이 증가하고 있다.
메테인 (CH_4)	28	천연가스의 주성분이며, 쉽게 연소한다. 가축의 장내 발효, 벼농사 지대, 폐기물 매립지 등에서 발생한다.
일산화 이질소 (N_2O)	265	토양 미생물에 의한 비료의 대사, 산업 공정, 화석 연료의 연소 등에서 발생한다.
프레온 가스 (SF_6, PFCs, HFCs, NF_3)	수천~1만	염소가 포함된 불연성 기체로, 오존층을 파괴하는 물질이다. 스프레이, 에어컨과 냉장고의 냉매로 쓰였으나 사용이 금지되었다.

※ 지구 온난화 지수=이산화탄소를 기준으로, 다른 온실가스가 지구 온난화에 미치는 영향을 나타낸 지표

일본 환경성

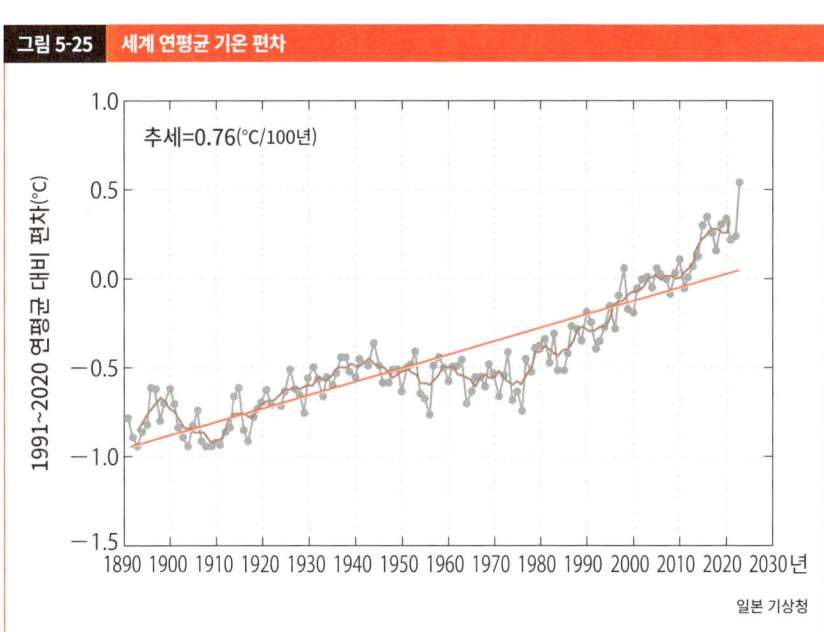

그림 5-25 세계 연평균 기온 편차

일본 기상청

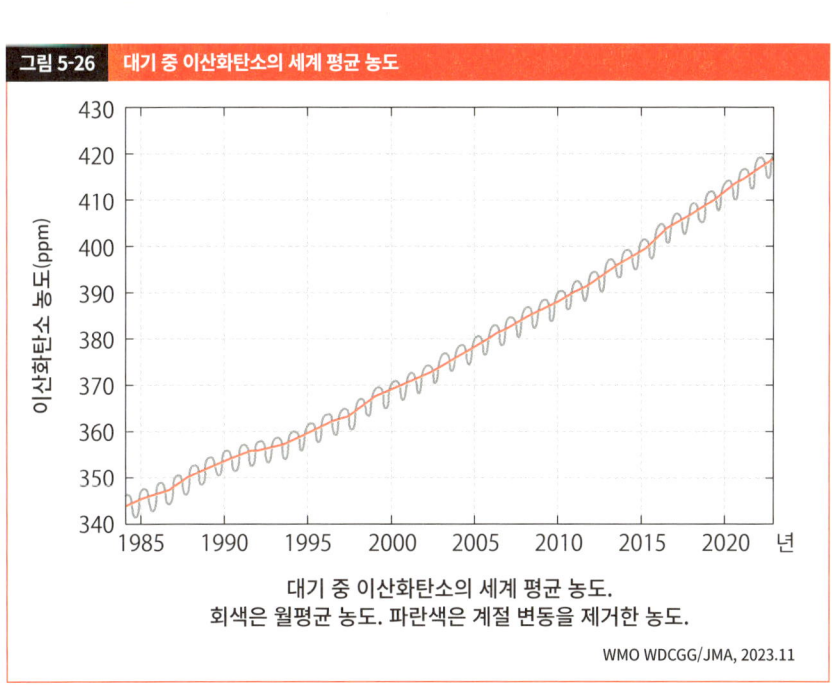

그림 5-26 대기 중 이산화탄소의 세계 평균 농도

대기 중 이산화탄소의 세계 평균 농도.
회색은 월평균 농도. 파란색은 계절 변동을 제거한 농도.

WMO WDCGG/JMA, 2023.11

지구 온난화가 생물에 미치는 영향

지구 온난화는 생태계와 생물에 엄청난 영향을 미칩니다. 다음은 그 예시입니다.

① **서식지 변화**: 온난화와 함께 동식물의 서식 분포 지역이 바뀝니다. 많은 종이 북쪽 혹은 고지대로 이동하는데, 적응하지 못하는 종은 멸종의 위기에 처하게 됩니다.

② **산호 백화 현상**: 산호는 바닷속 온도가 올라가면 하얗게 변하고, 결국 죽게 됩니다. 백화 현상은 산호와 공생하던 황록공생조류(zooxanthellae)가 사라지면서 산호의 하얀 골격이 비쳐 보이기 때문에 일어납니다. 산호는 동물이지만 공생 조류가 만드는 광합성 산물이 필요하므로 공생 조류가 사라지면 살 수 없습니다.

③ **연간 생체 리듬 변화**: 기온이 상승하면 생물의 계절 감각 또한 변하므로 식물의 개화 시기 및 동물의 번식 시기가 달라집니다. 이 때문에 특정 계절에 먹이가 부족해지고, 먹이사슬에도 변화가 생길 가능성이 있습니다.

④ **병원체와 해충 확산**: 말라리아와 뎅기열을 전파하는 모기의 분포 지역이 확대됩니다. 뎅기열을 전파하는 흰줄숲모기의 분포 지역은 연평균 기온이 11°C 이상인 지역과 대체로 일치합니다. 일본의 경우 이 분포 지역이 점점 북쪽으로 이동하고 있습니다. 1950년경에는 간토 지방이 한계였으나, 2010년에는 도호쿠 지방까지 확대되었습니다.

⑤ **해양 동물에 미치는 영향**: 지구 온난화의 원인인 이산화탄소는 바닷물에 녹아 산성화를 일으킵니다. 산호, 조개류, 갑각류 등의 골격은 탄산 칼슘으로 이루어져 있는데, 바닷물이 산성화되면 탄산 칼슘으로 된 껍질이 형성되는 데 지장이 생깁니다. 따라서 해양생물의 성장과 번식에 영향을 미칠 우려가 있습니다.

그림 5-27 멸종의 소용돌이

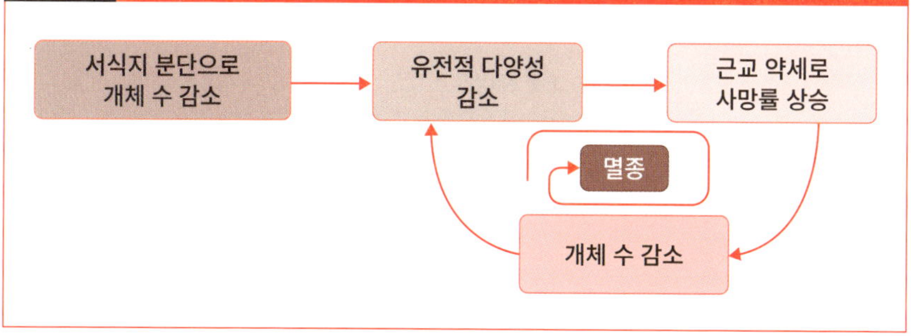

서식지 분단으로 개체 수 감소 → 유전적 다양성 감소 → 근교 약세로 사망률 상승 → 개체 수 감소 → 멸종

🌱 서식지 분단의 영향

개발 때문에 생물의 서식지가 분단되기도 합니다. 예를 들어 도로, 운하, 댐 등을 건설하면 생물의 이동을 가로막아 활동 영역이 한정되지요.

서식지가 분단되어 고립될수록 그 생물은 국소적으로 멸종할 위험성이 커집니다. **작은 생물 집단에서는 근친 교배를 통해 생존에 해로운 대립 유전자가 동형 접합되어 말현되기 쉬워집니다. 근교 약세**라고 하는 이 현상은 사망률을 높일 뿐만 아니라 성비가 한쪽으로 치우쳐 교배 상대와 만날 기회를 잃게 되므로 출생률이 낮아지는 원인이기도 합니다. 결과적으로 개체 수가 감소하는 동시에 **유전적 다양성도 낮아져 질병에 대한 내성과 환경에 대한 적응력이 약해집니다.**

이렇게 되면 그 생물 집단의 개체 수는 더 감소하고, 유전적 다양성도 계속 낮아집니다. 이처럼 서식지 분단으로 생긴 소규모 생물 집단은 점점 빠르게 멸종을 향해 달려가는데, 이 과정을 **멸종의 소용돌이**라고 합니다.

생태계 보전의 중요성

앞에서 생태계가 직면한 위기 상황을 소개했습니다. '생태계가 변한다고 무슨 문제가 될까?'

그림 5-28 생태계 서비스

① 공급 서비스
유용한 자원 공급
- 식재료(물고기, 채소, 과일 등)
- 물(식수, 관개용수)
- 목재(건축 자재, 장작 등)
- 의약품(약용 식물, 항생 물질, 화장품, 염료)

② 조정 서비스
생활 환경 조정 및 안정
- 기후 조절(삼림이 이산화탄소를 흡수하여 기후를 안정시킴)
- 재해 억제(맹그로브숲이 해일 피해를 완화함)
- 수질 정화(삼림과 습지가 물을 정화함)
- 병충해 방지(특정 해충의 발생을 억제함)

③ 문화 서비스
풍부한 문화 육성
- 관광 및 레크레이션
- 정신적 충족감(미적 가치)
- 교육 및 학습 기회(자연을 통한 학습과 연구)

④ 기반 서비스
생태계를 뒷받침하는 기본적인 기능. ①~③ 서비스의 기반이 된다.
- 토양 형성(토양을 만들어 식물의 성장을 뒷받침함)
- 광합성(식물의 광합성으로 산소 생산)
- 영양 순환(식물에 필요한 영양염류의 순환)
- 생물 다양성(다양한 생물이 생태계에 존재함)

라고 생각하는 사람도 있을 텐데요. 인간이 늘어났으니 환경도 인간 생활에 맞게 바뀌는 쪽이 좋지 않겠냐고 주장하는 사람도 있을 테고요.

하지만 인간도 생태계의 일원으로서 생태계로부터 온갖 혜택을 누려왔습니다. 인간이 생태계로부터 받은 각종 이익과 혜택을 **생태계 서비스**라고 합니다. **생태계 서비스는 우리의 생활과 사회가 성립할 수 있도록 직간접적으로 뒷받침해왔습니다. 따라서 인간의 사정에 맞추어 생태계를 멋대로 뒤바꿀 수는 없습니다.** 오늘날 우리는 생태계를 지키고, 지속 가능한 방법으로 이용해야 합니다. 장기적인 관점에서는 그것이 인간의 이익과 연결되기 때문입니다.

🌐 생태계 보전을 위한 노력

생태계를 지키기 위해 우리가 할 수 있는 일에는 무엇이 있을까요? 현재 인류는 생태계 보전을 위해 국제 수준, 국가 수준, 지역 수준에서 다양한 노력을 하고 있습니다.

1. 적색 목록

멸종 위기에 처한 생물 종(**멸종 위기종**)의 목록을 **적색 목록**(Red List)이라고 하며, 이에 관해 자세한 설명을 수록한 책을 『적색자료집(Red Data Book)』이라고 합니다. 적색 목록은 세계자연보전연맹(International Union for Conservation of Nature, IUCN)에서 전 세계적으로 발간하고 있으며, 일본에서는 환경성과 각 지역 자치 단체, NGO 등 여러 단체에서 발간하고 있습니다. 한국에서도 2011년부터 적색자료집 발간 사업에 착수하여 각 생물군에 대한 『지역적색자료집(국가 적색 목록)』을 연차적으로 발간할 예정입니다.

적색 목록과 적색자료집은 사람들에게 보호 활동을 알리고 생태계를 보전하는 방법을 생각하게끔 해주는 자료라고 할 수 있습니다.

2. 생물 다양성 협약

생물 다양성 협약(CBD)은 1992년 유엔 환경 개발 회의에서 채택된 협약입니다. 생물 다양성의 보전 및 지속 가능한 이용, 그리고 유전자원의 이용으로 생기는 이익의 공정한 배분이 목적입니다. 이 조약을 바탕으로 아이치 목표(2010년)와 쿤밍-몬트리올 글로벌 생물 다양성 프레임워크(2022년) 등 구체적인 목표가 설정되었습니다.

3. 워싱턴 협약

워싱턴 협약(CITES)은 멸종할 우려가 있는 야생 동식물의 국제 거래를 규제하는 협약으로, 1973년에 채택되었습니다. 거래로 멸종 위기종이 감소하지 않도록 막기 위한 국제 협력의 대표적인 사례입니다.

4. 람사르 협약

1971년 이란 람사르에서 채택된 협약으로, 습지의 보전과 지속적인 이용을 목표로 합니다.

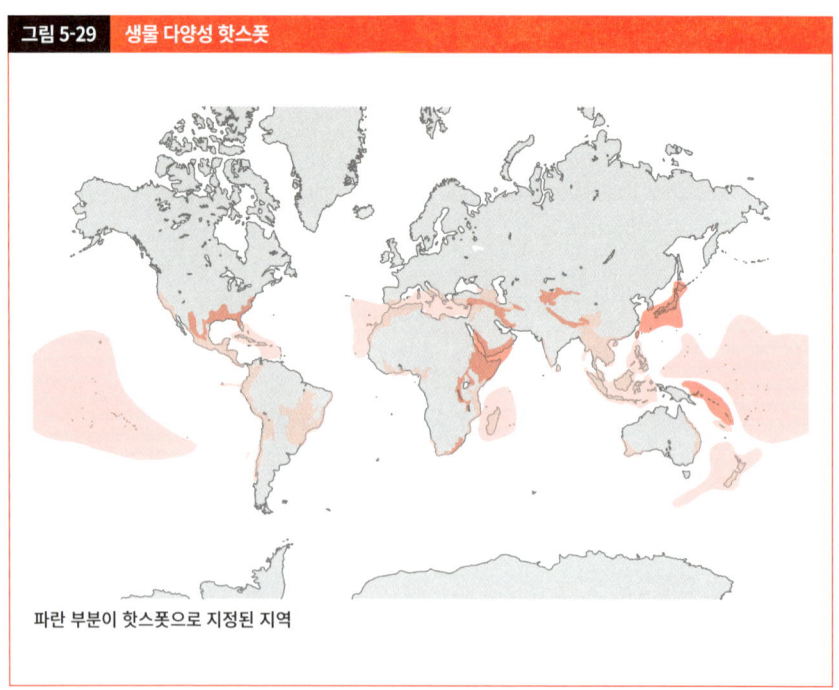

그림 5-29 생물 다양성 핫스폿

파란 부분이 핫스폿으로 지정된 지역

생물 다양성을 중점적으로 지켜야 할 지역으로 지정된 **생물 다양성 핫스폿**도 있습니다. 생물 다양성 핫스폿은 생물 다양성이 높은데 인간 활동으로 파괴될 위기에 처한 지역을 가리킵니다. 현재(2024년 기준) 일본, 미얀마, 라오스, 마다가스카 등 전 세계에서 36개 지역이 지정되었습니다.

생물 다양성 핫스폿은 지구의 육지 총면적 중 겨우 2.4%밖에 되지 않지만, 모든 식물의 50%, 양서류의 60%, 파충류의 40%, 조류와 포유류의 30%가 서식합니다.

5. 유엔기후변화협약 당사국총회

기후 변동 문제와 온실가스 감축에 관한 대처를 의논하는 국제회의입니다. 기후 변동 문제는 국경을 넘어 전 세계 규모의 대처가 필요합니다. 유엔기후변화협약 당사국총회(COP)는 국가 간 합의를 이루는 자리입니다.

① **교토의정서**

1997년 교토에서 개최된 제3차 당사국총회(COP3)에서 채택된 협약입니다. 선진국은 2012년까지 온실가스 배출량을 총 5.2% 감축할 것을 목표로 합니다.

② **파리협정**

2015년 파리에서 개최된 제21차 당사국총회(COP21)에서 채택된 협약으로, 교토의정서의 뒤를 잇는 새로운 기후 협약입니다. 파리협정의 주요 목표는 다음과 같습니다.

- **기온 상승 억제**

  지구 평균 기온 상승량을 산업혁명 이전 대비 2°C, 가능하면 1.5°C 이하로 억제할 것을 목표로 합니다. 기후 변동에 의한 이상 기후와 해수면 상승을 방지하는 것이 목적입니다.

- **모든 국가의 협력**

  교토의정서는 선진국만을 대상으로 했기에 공평성에 대한 의문이 제기되었습니다. 이를 보완하기 위해 파리협정에서는 선진국과 개발도상국의 구별 없이 모든 국기가 온실가스 감축을 목표로 실천하기로 했습니다. 참가국은 각자 온실가스 감축 목표를 설정하고, 정기적으로 진척 상황을 보고해야 합니다.

- **시장 메커니즘 활용**

  각 국가가 온실가스 감축 목표를 달성하기 위해 다른 국가와 협력해서 효율적으로 진행하는 체제입니다. 온실가스 감축 비용은 국가와 지역마다 다릅니다. 각 국가는 크레딧(credit)이라는 감축량을 다른 국가와 거래함으로써, 싼 가격에 감축할 수 있는 지역에서 감축량을 활용하여 전체적인 비용을 줄일 수 있습니다.

나오며

학생도 아니고 성인이 생명과학을 배우는 데 어떤 의의가 있을까요? 저는 이 책을 집필하면서 일상을 보낼 때는 미처 생각지 못했던, 인류가 안고 있는 문제를 독자들과 공유하고 싶었습니다.

  5장에서 살펴봤다시피 인류는 지금 굉장히 어려운 상황에 놓여 있습니다. 지구상의 생명체 중 오직 인간만이 지나치게 많아졌기 때문입니다. 생물학적으로는 어떤 생물이든 무한하게 증식할 수는 없습니다. 반드시 환경 수용력(그 장소에 살 수 있는 개체 수의 상한치)에 수렴하는 것이 생물의 운명입니다. 인간도 예외는 아닙니다. UN은 21세기 말이 되면 세계 인구가 102억 명으로 정점에 도달한 뒤 감소할 것으로 예측했습니다. 다시 말해 앞으로 인류는 강한 제한 요인(인구 증가를 방해하는 요인)에 노출된다는 의미입니다.

  앞으로 우리는 인구를 증가시키려는 생물로서의 성질과 환경으로부터 받는 제한 요인이 충돌하는 장면을 수없이 목격하게 될 것입니다. 둘을 타협해서 환경 수용력까지 안착시키는 것은 인류가 해결해야 할 과제입니다.

  하지만 이를 이루기 위해서는 두 가지 관문을 넘어야 합니다. 바로 현상 자체가 모순을 품고 있다는 점, 그리고 문제를 해결하고자 하는 동기가 부족하다는 점입니다.

1. 현상 자체가 모순을 품고 있다

의료의 발전으로 과거였으면 죽었을지도 모르는 생명을 살려내고, 인간의 수명이 연장되는 현상은 일반적으로 '좋은 일'일 것입니다. 하지만 그로 인해 인구가 지나치게 늘어난 탓에 환경에 부담을 주고 있다는 측면에서는 '나쁜 일'이기도 합니다. 이는 구성의 오류, 즉 어떤 행동이 개인적으로는 합리적인 선택일지라도 집단 전체로 보면 합리적이지 않은 오류에 해당합니다. 개인 수준에서 생태계 수준으로 확대되는 과정에서 선악의 역전이 일어난 셈이지요. 이러한 가치관은 표리일체이기에 어디까지가 '선'이고 어디까지가 '악'인지 확실하게 구분 짓기는 어렵습니다.

2. 문제를 해결하고자 하는 동기가 부족하다

인류가 서로 협력하려면 사람들의 행동을 하나로 묶는 규칙이 필요합니다. 하지만 제한 요인에 의해 형성되는 규칙은 마냥 따르기 힘들다는 특징이 있습니다. 대표적인 사례가 환경 문제입니다. 환경 문제는 공교육을 통해 이미 많은 사람이 인시하고 있지만, 여전히 모두의 합의를 끌어내지 못하고 있습니다. 2025년 미국의 트럼프 대통령이 취임하자마자 파리협정을 탈퇴하겠다는 대통령령에 서명한 일은 이를 대표하는 상징적 사건입니다. 트럼프 대통령이 이러한 결정을 내린 이유는 다음과 같이 생각해볼 수 있습니다.

우리 주변의 규칙은 당연하게 여기는 습관이나 도덕부터 훨씬 복잡하고 문명화된 법률까지 다양한데, 대체로 개인의 존재와 권리를 지키고 안전한 생활을 보장하기 위해 만들어졌습니다. 따라서 사람들은 이러한 규칙을 따르는 데 저항을 느끼지 않습니다.

하지만 환경 문제를 해결하기 위해 만들어진 규칙은 완전히 반대로 작용합니다. 국가의 경제 활동에 제약을 걸고, 때로는 개인에게까지 불편함과 양해를 강요합니다. 애초에 우리 몸에 환경이 받는 부담을 고통으로 받아들이는 피드백 시스템이 없기에 환경을 보호하기 위해 만든 규칙을 따라야 할 동기가 없는 셈입니다.

이처럼 당장 해결할 수 없는 문제를 많은 사람과 공유해서 다양한 아이디어가 탄생할 계기가 되기를 바라는 마음에서 저는 이 책을 집필했습니다.

제 개인적인 의견으로는 앞으로 이러한 문제를 고민할 때 생명과학이 중요한 역할을 맡으리라고 생각합니다. 인간은 어떻게 행동해야 하는가, 인류는 어떻게 살아야 하는가 같은 물음에 도덕이나 법률과는 다른 관점에서 대답을 제시해야 할 때가 올지도 모르기 때문입니다.

물론 문화와 언어와 과학 기술을 보유한 인간을 단순히 생물학적 모델에 적용할 수는 없다는 비판도 나오고 있지요. 하지만 일각에서는 이미 생태생물학, 진화심리학, 사회생태학 등 인간을 생물학적으로 연구하는 움직임도 진행되고 있습니다.

저는 학생들에게 다음과 같은 질문을 받곤 합니다.

"생물은 개체의 밀도가 환경 수용력에 가까워질수록 종 내 경쟁이 심해지는데, 과연 인류도 그렇게 될까요? 지금보다도 더 전쟁이 빈번히 일어나고 살아남기 위해 사람이 사람을 골라내는, 공상 과학 소설에서나 볼 법한 디스토피아가 기다리고 있을까요?"

저는 이 질문에 대해 사람에게는 공감력이라는 게 있으니까 다른 동물과 다른 결과가 나올 거라고 대답했습니다. 안타깝게도 전쟁이 없는 세상은 아직 찾아오지 않았습니다. 그렇지만 저는 낙관적인 미래를 바라고 있습니다. 인간의 뇌에는 거울 뉴런이라는 신경 세포가 있어서, 다른 사람의 불안과 고통을 자신의 감정처럼 느낄 수 있거든요. 더 많은 사람이 다른 사람의 아픔에 공감한다면 공정과 평등, 그리고 인권을 해치지 않으면서도 환경 수용력을 맞이할 수 있으리라고, 저는 생각합니다.

  마지막으로 이 자리를 빌려, 지금까지 책을 읽어 주신 모든 독자 여러분께 감사를 전합니다. 집필의 기회를 주신 출판사 관계자 여러분, 그리고 끝까지 원고를 기다려 주시고 편집에 힘써 주신 사이토 님 진심으로 고맙습니다.

2025년 3월

야마카와 요시테루

주요 참고문헌

- 『ノーベル賞の光と陰』科学朝日編　朝日新聞出版
- 『生態学キーノート』A.Mackenzie他　岩城英夫訳　シュプリンガー・フェアラーク東京
- 「Diversity in Tropical Rain Forests and Coral Reefs」Joseph H. Connell
  Science, New Series, Vol.199, No.4335, 1302-1310 (Mar. 24. 1978)
- 「綜説　基礎から見た衛生仮説の再考」松田明生
  アレルギー 68(1), 29-34 (2019)
- 「総説　抑制性免疫補助受容体PD-1によるがんと自己免疫の制御」岡崎拓, 岡崎一美
  Journal of Japanese Biochemical Society 87(6), 693-704 (2015)
- 「胎児を拒絶しない免疫機構」三谷祐貴子訳
  Nature ダイジェスト Vol.10 No.1
- 「CAR-T細胞療法について」一般社団法人　日本造血・免疫細胞療法学会ホームページ
- 「日本人エピゲノム年齢推定法の開発と百寿者研究により，健康長寿に関与しうるゲノム上の特徴を発見」岩手医科大学，慶應義塾大学，KDDI総合研究所
- 「第17話　二次リンパ器官による抗原の捕捉」リバーセル株式会社ホームページ
- 「走馬灯の逆廻しエッセイ第34話　コロナmRNAワクチン発見・開発の軌跡」古市泰宏　日本RNA学会